Construction, Configuration and
Management of Network Server

网络服务器搭建、配置与管理

Linux

统信 UOS V20 | 微课版

吴敏 杨昊龙 ◉ 主编

人民邮电出版社

北 京

图书在版编目（ＣＩＰ）数据

网络服务器搭建、配置与管理：Linux（统信UOS V
20）：微课版 / 吴敏，杨昊龙主编. -- 北京 ：人民邮
电出版社，2024.7
名校名师精品系列教材
ISBN 978-7-115-63729-1

Ⅰ. ①网… Ⅱ. ①吴… ②杨… Ⅲ. ①Linux操作系统
－网络服务器－职业教育－教材 Ⅳ. ①TP316.85

中国国家版本馆CIP数据核字(2024)第033228号

内 容 提 要

　　本书以国产服务器操作系统统信 UOS V20 为平台，满足国家自主可控操作系统和信息技术创新发展的战略需求，对接"全国职业院校技能大赛"和"世界技能大赛"，符合"三教"（教师、教材、教法）改革精神。本书是采用了基于"项目驱动、任务导向"的"双元"模式的"纸质教材+电子活页"的项目化教程。

　　本书根据网络工程实际工作过程中所需的知识和技能抽取出 31 个教学项目（含 20 个电子活页视频教学项目）。教学项目包括：安装与配置统信 UOS V20、配置网络和使用 SSH 服务、配置与管理防火墙和 SELinux、配置与管理代理服务器、配置与管理 samba 服务器、配置与管理 NFS 服务器、配置与管理 DHCP 服务器、配置与管理 DNS 服务器、配置与管理 Apache 服务器、配置与管理 FTP 服务器、配置与管理 postfix 邮件服务器。部分项目配有"企业实战与应用""故障排除""项目实训"等结合实践应用的内容，大量详尽的企业应用实例，配以知识点微课和课堂慕课，实现"教、学、做"统一。电子活页含"系统安全与故障排除""拓展提升"两大学习情境。

　　本书可作为普通高等学校、职业院校计算机网络技术、大数据技术、人工智能技术应用、云计算技术应用、计算机应用技术、软件技术等专业的"理实一体化"教材，也可作为统信 UOS 技术认证用书。

　◆　主　　编　吴　敏　杨昊龙
　　　副主编　郑　泽　杨　云　李谷伟　刘　遄
　　　责任编辑　马小霞
　　　责任印制　王　郁　焦志炜
　◆　人民邮电出版社出版发行　　北京市丰台区成寿寺路 11 号
　　　邮编　100164　电子邮件　315@ptpress.com.cn
　　　网址　https://www.ptpress.com.cn
　　　北京七彩京通数码快印有限公司印刷
　◆　开本：787×1092　1/16
　　　印张：17　　　　　　　　　2024 年 7 月第 1 版
　　　字数：431 千字　　　　　　2025 年 3 月北京第 2 次印刷

定价：69.80 元
读者服务热线：(010)81055256　印装质量热线：(010)81055316
反盗版热线：(010)81055315

前言

党的二十大报告指出"必须坚持科技是第一生产力、人才是第一资源、创新是第一动力"。大国工匠和高技能人才作为人才强国战略的重要组成部分，在现代化国家建设中起着重要的作用。高等职业教育肩负着培养大国工匠和高技能人才的使命，近几年得到了迅速发展和普及。

网络强国是国家的发展战略。网络技能型人才培养显得尤为重要，国产服务器操作系统的应用是重中之重。

1. 本书特点

本书提供一站式课程解决方案和立体化教学资源，助力"易教易学"，同时对接"全国职业院校技能大赛"和"世界技能大赛"。

（1）落实立德树人根本任务。

本书精心设计，在专业内容的讲解中融入科学精神和爱国情怀，通过讲解中国计算机领域的重要事件和人物，弘扬精益求精的专业精神、职业精神和工匠精神，培养学生的创新意识，激发学生的爱国热情。

（2）满足国家自主可控操作系统和信息技术创新发展的战略需求。

本书作为国产操作系统统信 UOS V20 的教学用书，教学案例经过 20 多年的积累和创新，为培养使用国产操作系统的应用型人才提供了极佳的教学方案，完全满足国家自主可控操作系统的发展需求，为信息技术创新国产操作系统的发展提供了支持。

（3）提供"教、学、做、导、考"一站式课程解决方案。

本书是浙江省精品开放在线课程的配套辅助教材。本书提供了"微课+3A 学习平台+共享课程+资源库"四位一体教学平台，配有知识点微课和课堂慕课，教学视频和实验视频全部放在课程网站供大家下载学习和在线观看；本书还提供了教学中用到的 PPT 课件、电子教案、实践教学、授课计划、课程标准、题库、学习指南、习题解答、补充材料等内容，为院校提供"教、学、做、导、考"一站式课程解决方案。

（4）产教融合、书证融通、课证融通，校企"双元"合作开发"理实一体化"教材。

本书内容对接职业标准和岗位需求，以企业真实工程项目为素材进行项目设计及实施，将教学内容与信创认证相融合，由业界专家拍摄项目实录视频，书证融通、课证融通。

（5）符合"三教"改革精神，创新教材形态。

将教材、课堂、教学资源、理培（LEEPEE）教学法四者融合，实现线上与线下有机结合，为"翻转课堂"和"混合课堂"改革奠定基础。采用"纸质教材+电子活页"的形式编写教材。

2. 教学参考学时

本书的参考学时为 76 学时，其中实训环节为 40 学时。各项目的参考学时参见下面的学时分配表。另外，电子活页的参考学时为 50 学时。

学时分配表

项目编号	课程内容	学时分配	
		讲授	实训
项目 1	安装与配置统信 UOS V20	4	4
项目 2	配置网络和使用 SSH 服务	4	4
项目 3	配置与管理防火墙和 SELinux	2	4
项目 4	配置与管理代理服务器	2	2
项目 5	配置与管理 samba 服务器	4	4
项目 6	配置与管理 NFS 服务器	4	4
项目 7	配置与管理 DHCP 服务器	4	4
项目 8	配置与管理 DNS 服务器	4	4
项目 9	配置与管理 Apache 服务器	4	4
项目 10	配置与管理 FTP 服务器	2	4
项目 11	配置与管理 postfix 邮件服务器	2	2
学时总计		36	40

3. 配套的教学资源

（1）知识点微课和课堂慕课。

（2）课件、电子教案、授课计划、项目指导书、课程标准、拓展提升、项目任务单、实训指导书等。

（3）服务器的配置文件。

（4）大赛试题（试卷 A、试卷 B）及答案、本书习题及答案。

本书由吴敏、杨昊龙担任主编，郑泽、杨云、李谷伟、刘端担任副主编，薛立强、王瑞也参加了编写。编者衷心感谢统信软件技术有限公司、浪潮集团、山东鹏森信息科技有限公司和济南博赛网络技术有限公司提供了教学案例和大力帮助。

订购本书后请向编者索要全套备课包，编者 QQ 号为 23126653。欢迎加入计算机研讨及资源共享 QQ 群，号码为 30539076。

本书在编排上加入了一些注意事项、提示、技巧和拓展的内容等信息，提醒读者注意一些容易被忽视的细节。本书还涉及大量的 Linux 命令，为了阅读方便，这些需要读者自己输入的命令均采用加粗字体编排；计算机的输出信息采用小字体编排。

编　者

2024 年 1 月于温州

目录

项目1
安装与配置统信UOS V20

01

项目导入

　　某高校组建校园网，需要部署具有 Web、FTP、DNS、DHCP、samba 等功能的服务器来为校园网用户提供服务，现需要选择一种既安全又易于管理的网络操作系统，正确搭建服务器并测试。

项目目标

- 了解 Linux 操作系统的历史及版本。
- 理解统信操作系统的由来。
- 掌握安装统信 UOS V20 的方法。

- 掌握重置 root 管理员密码的方法。
- 掌握 yum 软件仓库的使用方法。
- 掌握启动和退出系统的方法。

素养提示

- "天下兴亡，匹夫有责"，了解"核高基"和国产操作系统，理解自主可控于我国的重大意义，激发学生的爱国情怀和学习动力。

- 明确操作系统在新一代信息技术中的重要地位，激发学生科技报国的家国情怀和使命担当。

//// 1.1 //// 项目知识准备

　　Linux 是一个类似 UNIX 的操作系统。Linux 操作系统是 UNIX 在计算机上的完整实现，它的标志是一只名为 Tux 的可爱的小企鹅，如图 1-1 所示。UNIX 是 1969 年由肯·莱恩·汤普森（Kenneth Lane Thompson）和丹尼斯·里奇（Dennis Ritchie）在美国贝尔实验室开发的一个操作系统。由于具有良好且稳定的性能，Linux 操作系统迅速在计算机中得到广泛的应用，在随后的几十年中又不断地被改进。

图 1-1　Linux 的标志 Tux

1.1.1　Linux 操作系统的历史

1990 年，芬兰人莱纳斯·贝内迪克特·托瓦尔兹（Linus Benedict Torvalds）（以下简称莱纳斯）接触了为教学而设计的 Minix 系统后，开始着手开发一个开放的、与 Minix 系统兼容的操作系统。1991 年 10 月 5 日，莱纳斯在芬兰赫尔辛基大学的一台文件传送协议（File Transfer Protocol，FTP）服务器上发布了一条消息。这也标志着 Linux 操作系统的诞生。因特网（Internet）的兴起，使得 Linux 操作系统十分迅速地发展，很快就有许多程序员加入 Linux 操作系统的编写行列。

1-1　微课

自由开源的
Linux 操作系统

1994 年 3 月，内核 1.0 版本的推出，标志着 Linux 第一个正式版本的诞生。

1.1.2　理解 Linux 的体系结构

Linux 一般由 3 个部分组成：内核（Kernel）、命令解释层（Shell 或其他操作环境）、实用工具。

1-2　拓展阅读

Linux 操作
系统的特点

1. 内核

内核是系统的"心脏"，是运行程序、管理磁盘及打印机等硬件设备的核心程序。命令解释层向用户提供一个操作界面，从用户那里接收命令，并且将命令送入内核去执行。由于内核提供的都是操作系统基本的功能，所以如果内核发生问题，那么整个计算机系统可能会崩溃。

2. 命令解释层

Shell 是系统的用户界面，提供用户与内核进行交互操作的接口。它接收用户输入的命令，并且将命令送入内核去执行。

Linux 存在几种操作环境，分别是桌面（Desktop）、窗口管理器（Window Manager）和命令行 Shell（Command Line Shell）。

3. 实用工具

标准的 Linux 操作系统都有一套叫作实用工具的程序，它们是专门的程序，如编辑器、交互程序等。用户也可以使用自己的工具。

实用工具可分为以下 3 类。

- 编辑器：用于编辑文件。
- 过滤器：用于接收数据并过滤数据。
- 交互程序：允许用户发送信息或接收来自其他用户的信息。

1.1.3　Linux 的版本

Linux 的版本分为内核版本和发行版本两种。

1. 内核版本

内核提供了一个在裸设备与应用程序间的抽象层。

Linux 内核的版本号命名是有一定规则的，版本号的格式通常为"主版本号.次版本号.修正号"。

主版本号和次版本号标志着重要的功能变更，修正号表示较小的功能变更。以 5.13.18 为例，5 代表主版本号，13 代表次版本号，18 代表修正号。

2. 发行版本

仅有内核而没有应用软件的操作系统是无法使用的，所以许多公司将内核、源代码及相关的应用程序组织成一个完整的操作系统，让一般的用户可以简便地安装和使用 Linux，这就是所谓的发行版本（Distribution）。一般谈论的 Linux 操作系统便是针对这些发行版本的。目前各种发行版本超过 300 种，发行版本号不相同，使用的内核版本号也可能不一样，现在流行的 Linux 操作系统套件有红帽企业 Linux（Red Hat Enterprise Linux，RHEL）、CentOS、Fedora、openSUSE、Debian、Ubuntu 等。

1-3 拓展阅读

Linux 发行版本

1.1.4 统信 UOS V20

统信 UOS 是一款基于 Debian 操作系统的商业化版本，其前身为 Deepin。Deepin 是我国自主研发的开源 Linux 操作系统，于 2012 年发布。它的设计目标是提供一个用户友好、界面美观、稳定和安全的桌面操作系统，同时支持多语言和多文化环境。

Deepin 在我国用户中非常受欢迎，因其易用性和优美的用户界面而备受青睐。统信 UOS 则是 Deepin 的商业化版本，针对企业和政府机构定制，为他们提供更加稳定和安全的操作系统，同时提供更加丰富的支持和服务。

统信 UOS 的核心技术包括自主研发的桌面环境、系统安全机制、云端协同、容器技术等。它还提供了全面的应用程序支持，包括办公软件、设计软件、多媒体软件等，以满足企业和政府机构的不同需求。

统信软件技术有限公司（以下简称统信软件）由国内领先的操作系统厂家于 2019 年联合成立。2020 年，统信软件响应国家对于教育软件国产化的政策要求，推出统信服务器操作系统 V20 1050E（以下简称统信 UOS V20），统信 UOS V20 是一个基于 Linux 内核的完整而紧密的服务器操作系统。

统信 UOS V20 拥有自主的软件包管理系统。这些系统给予统信 UOS V20 系统管理员对安装到系统上的软件包的完全控制，包括安装单个软件包和自动升级整个操作系统。个别软件包也可以被保护而不被升级。甚至可以告诉软件包管理系统哪些软件是自己编译的，以及它们所需的依赖关系。

为了提防"特洛伊木马"和其他恶意软件，更好地保护系统，统信 UOS V20 会校验维护人员上传的软件包。统信 UOS V20 的开发人员也会特别注意以安全的方式配置软件包。（加入 QQ 群 30539076，可随时索要备课包、ISO 映像文件及其他资料，后面不再说明）。

1.2 项目设计与准备

中小型企业在选择网络操作系统时，通常首选统信 UOS V20。一是其拥有开源的优势，二是其安全性较高。

要想成功安装统信 UOS V20，首先需要充分考虑硬件的基本要求、多重引

1-4 课堂慕课

安装与配置统信 UOS V20 操作系统

导、磁盘分区和安装方式等，并查看硬件是否兼容，获取发行版本，再选择合适的安装方式。做好这些准备工作，统信 UOS V20 的安装之旅才可能一帆风顺。

1.2.1 物理设备的命名规则

在 Linux 系统中，一切都被视为文件，包括硬件设备。统信 UOS V20 遵循这一原则，并使用 udev 设备管理器来规范硬件设备的命名。udev 设备管理器是 Linux 系统中的一个设备管理器，它的作用是为系统中的每个设备分配唯一的设备文件名，以便用户可以通过这些文件名来访问设备。

udev 设备管理器是一个守护进程，它会一直运行并侦听内核发出的信号，以检测设备的添加、删除、修改等事件。当一个设备被添加到系统中时，udev 设备管理器会自动为其分配唯一的设备文件名，并将其创建在/dev 目录下。这个设备文件名通常包含与设备有关的一些信息，如设备类型、厂商 ID、设备 ID 等，这使得用户可以通过文件名来识别设备的大致属性及分区信息等。统信 UOS 中常见的硬件设备及其文件名如表 1-1 所示。

表 1-1　统信 UOS 中常见的硬件设备及其文件名

硬件设备	文件名
电子集成驱动器（Integrated Drive Electronics，IDE）	/dev/hd[a-d]
小型计算机系统接口（Small Computer System Interface，SCSI）设备/串行 ATA 接口（Serial Advanced Technology Attachment Interface，SATA）设备/U 盘	/dev/sd[a-p]
非易失性存储器标准（Non-Volatile Memory express，NVMe）硬盘	/dev/nvme0n[1-m]，如/dev/nvme0n1 就是第一个 NVMe 硬盘
打印机	/dev/lp[0-15]
光驱	/dev/cdrom
鼠标	/dev/mouse

由于现在的 IDE 设备已经很少见了，所以一般的硬盘设备都是以"/dev/sd"开头的。而一台主机上可以有多块硬盘，因此系统采用 a~p 来代表 16 块不同的硬盘（默认从 a 开始分配），而且硬盘的分区编号也有规定。

- 主分区或扩展分区的编号从 1 开始，到 4 结束。
- 逻辑分区的编号从 5 开始。

> **注意** ① /dev 目录中的 sda 设备之所以是 a，并不是由插槽决定的，而是由系统内核的识别顺序决定的。读者以后在使用互联网 SCSI（internet SCSI，iSCSI）网络存储设备时就会发现，明明主板上第二个插槽是空的，系统却能识别到/dev/sdb 这个设备。② sda3 表示编号为 3 的分区，而不能判断 sda 设备上已经存在 3 个分区。

那么/dev/sda5 这个设备文件名包含哪些信息呢？其包含的信息如图 1-2 所示。

首先，/dev/目录中保存的应当是硬件设备文件；其次，sd 表示存储设备，a 表示系统中同类接口中第一块被识别的设备，5 表示这个设备的逻辑分区编号。一言以蔽之，/dev/sda5 表示的是"这是系统中第一块被识别到的硬件设备中逻辑分区编号为 5 的设备文件"。

特别 说明 目前越来越多的用户使用固态盘，所以磁盘多表示为/dev/nvme0n[1-m]，请读者在使用"fdisk""df -hT"命令及 quota 配额时一定要特别留意。

1.2.2 硬盘相关知识

硬盘设备是由大量的扇区组成的，每个扇区的容量为 512B。其中第一个扇区最重要，它里面保存着主引导记录（Master Boot Record，MBR）与硬盘分区表信息。就第一个扇区来讲，MBR 需要占用 446B，硬盘分区表需要占用 64B，结束符需要占用 2B；其中硬盘分区表中每记录一个分区信息就需要 16B，这样一来，最多只有 4 个分区信息可以写到第一个扇区中，这 4 个分区就是主分区或扩展分区。第一个扇区中的数据信息如图 1-3 所示。

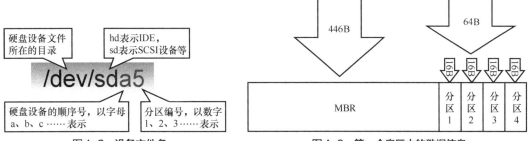

图 1-2 设备文件名   图 1-3 第一个扇区中的数据信息

第一个扇区最多只能创建出 4 个分区，为了解决分区数不够的问题，可以将第一个扇区的分区表中 16B（原本要写入主分区信息）的空间（称为扩展分区）拿出来指向另外一个分区。也就是说，扩展分区其实并不是一个真正的分区，而更像是一个占用 16B 分区表空间的指针——一个指向另外一个分区的指针。用户一般会选择使用 3 个主分区加 1 个扩展分区的方法，然后在扩展分区中创建出数个逻辑分区，从而满足多分区（大于 4 个）的需求。硬盘分区的规划如图 1-4 所示。

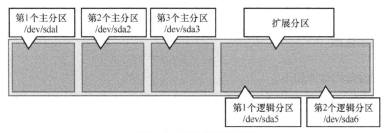

图 1-4 硬盘分区的规划

注意 严格地讲，扩展分区不是一个实际意义上的分区，它仅仅是指向下一个分区的指针，这种指针结构将形成单向链表。

思考 /dev/sdb8 是什么意思？

1.2.3　安装方式

任何硬盘在使用前都要进行分区。硬盘的分区有两种类型：主分区和扩展分区。统信 UOS V20 提供了 4 种安装方式：从 CD/DVD-ROM 启动安装、从 USB 安装、从 PXE 安装和从镜像引导安装。

1.2.4　规划分区

在启动统信 UOS V20 安装程序前，需根据实际情况准备统信 UOS V20 DVD 安装映像，同时要规划分区。

对于初次接触统信 UOS 的用户来说，分区方案越简单越好，所以最好的选择就是为统信 UOS 准备 3 个分区，即用户保存系统和数据的根分区（/）、启动分区（/boot）和交换分区（swap）。其中，交换分区不用太大，与物理内存同样大小即可；启动分区用于保存系统启动时所需的文件，一般 500MB 就足够了；根分区则需要根据统信 UOS V20 安装后占用资源的大小和所需保存数据的多少来调整大小（一般情况下，划分 15GB～20GB 就足够了）。

> **特别注意**　如果选择的固件类型为 UEFI，则 Linux 系统至少必须建立 4 个分区：根分区（/）、启动分区（/boot）、EFI 启动分区（/boot/efi）和交换分区（swap）。

当然，对于"统信 UOS 熟手"或者要安装服务器的管理员来说，这种分区方案就不太适合了。此时，一般会再创建一个/usr 分区，操作系统基本都放在这个分区中；还需要创建一个/home 分区，所有的用户信息都放在这个分区中；还有/var 分区，服务器的登录文件、邮件、Web 服务器的数据文件都放在这个分区中。统信 UOS 的常见分区方案（预留 60GB）如图 1-5 所示。

挂载点	设备	说明
/	/dev/sda1	10GB，主分区
/home	/dev/sda2	8GB，主分区
/boot	/dev/sda3	500MB，主分区
swap	/dev/sda5	4GB（内存的 2 倍）
/var	/dev/sda6	8GB，逻辑分区
/usr	/dev/sda7	8GB，逻辑分区

图 1-5　统信 UOS 的常见分区方案（预留 60GB）

1.2.5　项目准备

本项目需要的设备和软件如下。
- 一台安装有 Windows 10 操作系统的计算机，名称为 Win10-1，IP 地址为 192.168.10.31/24。
- 一套统信 UOS V20 的 ISO 映像文件。
- 一套 VMware Workstation 16 Pro 软件。

> **特别说明**　原则上，在本书中，统信 UOS V20 服务器可使用的 IP 地址范围是 192.168.10.1/24～192.168.10.10/24，统信 UOS V20 客户端可使用的 IP 地址范围是 192.168.10.20/24～192.168.10.30/24，Windows 客户端可使用的 IP 地址范围是 192.168.10.31/24～192.168.10.50/24。

本项目将借助虚拟机软件完成如下 3 项任务。

- 安装 VMware Workstation 16 Pro。
- 安装统信 UOS V20 的第一台虚拟机，名称为 Server01。
- 完成对 Server01 的基本配置。

下面通过统信 UOS V20 DVD 来启动计算机，并逐步安装程序。

1.3 项目实施

任务 1-1 安装与配置虚拟机

（1）成功安装 VMware Workstation 16 Pro 后的界面如图 1-6 所示。

图 1-6 虚拟机软件的管理界面

（2）在图 1-6 所示的界面中单击"创建新的虚拟机"，并在弹出的"新建虚拟机向导"对话框中选中"典型(推荐)"单选按钮，然后单击"下一步"按钮，如图 1-7 所示。

（3）在"安装客户机操作系统"界面中选中"稍后安装操作系统"单选按钮，然后单击"下一步"按钮，如图 1-8 所示。

图 1-7 "新建虚拟机向导"对话框

图 1-8 "安装客户机操作系统"界面

注意　请一定要选中"稍后安装操作系统"单选按钮。如果选中"安装程序光盘映像文件(iso)"
单选按钮，并把下载好的统信 UOS V20 的映像文件选中，则虚拟机会通过默认的安装策
略部署最精简的统信 UOS V20，而不会再询问安装设置的选项。

（4）在图 1-9 所示的界面中选择客户机操作系统的类型为"Linux"，版本为"Debian 10.x 64
位"，然后单击"下一步"按钮。

（5）在"命名虚拟机"界面输入虚拟机名称，单击"浏览"按钮，并在选择安装位置之后单击
"下一步"按钮，如图 1-10 所示。

图 1-9　"选择客户机操作系统"界面　　　　　图 1-10　"命名虚拟机"界面

（6）在"指定磁盘容量"界面，将虚拟机的"最大磁盘大小"设置为 100GB（默认值是 20GB），
然后单击"下一步"按钮，如图 1-11 所示。

（7）在"已准备好创建虚拟机"界面单击"自定义硬件"按钮，再单击"完成"按钮，如图 1-12
所示。

图 1-11　"指定磁盘容量"界面　　　　　图 1-12　"已准备好创建虚拟机"界面

（8）在图 1-13 所示的界面中单击"处理器"，根据"宿主机"的性能设置处理器的数量，以及
每个处理器的内核数量，并开启虚拟化功能。单击"添加"按钮，在弹出的对话框中选中"通用 SCSI
设备"，单击"完成"按钮，重复 4 次，添加 4 块硬盘，如图 1-14 所示。

图 1-13　设置虚拟机内存的可用量界面　　　　图 1-14　设置虚拟机的处理器参数界面

（9）单击"新 CD/DVD(IDE)"，此时应在"使用 ISO 映像文件"中选择下载好的统信 UOS V20 映像文件，如图 1-15 所示。

（10）单击"网络适配器"，选择"仅主机模式"，如图 1-16 所示。虚拟机软件为用户提供了 3 种可选的网络连接模式，分别为桥接模式、NAT 模式与仅主机模式。

- **桥接模式：** 相当于在物理主机与虚拟机网卡之间架设了一座桥梁，从而可以通过物理主机的网卡访问外网。在实际使用中，桥接模式虚拟机网卡对应的网卡是 VMnet0。
- **NAT 模式：** 让虚拟机的网络服务发挥路由器的作用，使得通过虚拟机软件模拟的主机可以通过物理主机访问外网。在实际使用中，NAT 模式虚拟机网卡对应的网卡是 VMnet8。
- **仅主机模式：** 仅让虚拟机内的主机与物理主机通信，不能访问外网。在实际使用中，仅主机模式虚拟机网卡对应的网卡是 VMnet1。

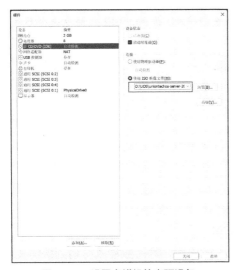 

图 1-15　设置虚拟机的光驱设备　　　　图 1-16　设置虚拟机的网络适配器

（11）把 USB 控制器、声卡、打印机等不需要的设备移除。移除声卡可以避免在输入错误时发出提示声音，确保自己在今后实验中的思绪不被打乱。单击"关闭"→"完成"按钮。

（12）右击新建的虚拟机，选择"设置"命令，单击"选项"标签，单击"高级"，根据实际情况选择固件类型，如图 1-17 所示。

（13）单击"确定"按钮，虚拟机的配置顺利完成。当看到图 1-18 所示的界面时，说明虚拟机已经配置成功了。

图 1-17 虚拟机的高级设置界面

图 1-18 虚拟机配置成功的界面

小知识　① 统一可扩展固件接口（Unified Extensible Firmware Interface，UEFI）启动需要一个独立的分区，它将系统启动文件和操作系统本身隔离，可以更好地保护系统的启动。
② UEFI 启动方式支持的硬盘容量更大。传统的基本输入输出系统（Basic Input/Output System，BIOS）启动由于受 MBR 的限制，默认无法引导 2.1TB 以上的硬盘。随着硬盘价格的不断下降，2.1TB 以上的硬盘会逐渐普及，因此 UEFI 启动也是今后主流的启动方式。
③ 本书主要采取 UEFI 启动，但在某些关键点会同时讲解两种方式，请读者学习时注意。

任务 1-2　安装统信 UOS V20

安装统信 UOS V20 时，计算机的中央处理器（Central Processing Unit，CPU）需要支持虚拟化技术（Virtualization Technology，VT）。VT 指的是让单台计算机能够分割出多个独立资源区，并让每个资源区按照需要模拟系统的一项技术，其本质就是通过中间层实现计算机资源的管理和再分配，让系统资源的利用率最大化。如果开启虚拟机后依然提示"CPU 不支持 VT"等报错信息，则重启计算机并进入 BIOS，把 VT 功能开启即可。

（1）在虚拟机管理界面中单击"开启此虚拟机"按钮后，等待数秒就可看到统信 UOS V20安装界面，如图 1-19 所示，默认从"Install UnionTech OS Server 20(Graphic)"引导启动，需要在 60 秒之内使用键盘中的"↑"和"↓"方向键选择安装统信 UOS V20 的选项，并在选项为高亮状态时按"Enter"键。

- Install UnionTech OS Server 20 (Graphic)：使用图形用户界面模式安装。
- Install UnionTech OS Server 20：使用字符界面安装，无用户界面交互模式。
- Rescue UnionTech OS Server 20：进入救援模式。
- Check ISO md5sum：校验 ISO 映像的完整性。

（2）按"Enter"键，开始安装映像，所需时间为 30~60 秒，请耐心等待。选择系统的安装语言"简体中文(中国)"后单击"继续"按钮，如图 1-20 所示。

图 1-19　统信 UOS V20 安装界面

图 1-20　选择系统的安装语言

（3）在图 1-21 所示的"安装信息摘要"界面，"软件选择"保留系统默认值，不必更改。统信 UOS V20 已默认选中"带 DDE 的服务器"（**带 DDE 的服务器指的是安装了 DDE 桌面环境的服务器操作系统，它提供了图形化界面，方便用户进行操作和管理**）和内核"4.19"单选按钮，可以不做任何更改，直接单击"完成"按钮，如图 1-22 所示。

图 1-21　"安装信息摘要"界面

图 1-22　"软件选择"界面

（4）返回到统信 UOS V20"安装信息摘要"界面，单击"网络和主机名"后，将"主机名"设置为 server01，将以太网的连接状态改成"打开"状态，然后单击左上角的"完成"按钮，如图 1-23 所示。

（5）返回"安装信息摘要"界面，单击"时间和日期"，设置时区为亚洲，城市为上海，单击"完成"按钮。

（6）返回"安装信息摘要"界面，单击"安装目的地"后，选中"自定义"单选按钮，然后单击左上角的"完成"按钮，如图 1-24 所示。

图 1-23 "网络和主机名"界面　　　　　　图 1-24 "安装目标位置"界面

（7）开始配置分区。磁盘分区允许用户将一个磁盘划分成几个单独的部分，每一部分都有自己的盘符。在分区之前，首先规划分区，以 100GB 的硬盘为例，做如下规划。

- /boot 分区大小为 500MB。
- /boot/efi 分区大小为 500MB。
- /分区大小为 10GB。
- /home 分区大小为 8GB。
- swap 分区大小为 4GB。
- /usr 分区大小为 8GB。
- /var 分区大小为 8GB。
- /tmp 分区大小为 1GB。
- 预留 60GB 左右。

下面进行具体的分区操作。

① 创建启动分区。在"新挂载点将使用以下分区方案"下拉列表中选择"标准分区"。单击"+"按钮，选择挂载点为"/boot"（**也可以直接输入挂载点**），期望容量设置为 500MB，如图 1-25 所示，然后单击"添加挂载点"按钮。在图 1-26 所示的界面中设置**文件系统**类型，默认的文件系统类型为"xfs"。

> **注意** ① 一定要选中"标准分区"，以保证/home 为单独分区，为后面的配额实训做准备。
> ② 单击图 1-26 所示的"—"按钮，可以删除选中的分区。

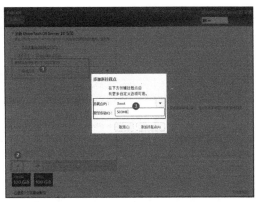

图 1-25　添加/boot 挂载点　　　　图 1-26　设置/boot 挂载点的文件系统类型

② 创建交换分区。单击"+"按钮，创建交换分区。在"文件系统"下拉列表中选择"swap"选项，大小一般设置为物理内存的两倍。例如，计算机物理内存大小为 2GB，那么设置的 swap 分区大小为 4GB。

> **说明** 什么是 swap 分区？简单地说，swap 分区就是虚拟内存分区，它类似于 Windows 中的 pagefile.sys 页面交换文件。就是当计算机的物理内存不够时，利用硬盘上的指定空间作为"后备军"来动态扩充内存的大小。

③ 创建 EFI 启动分区。用与上面类似的方法创建 EFI 启动分区，大小为 500MB。

④ 创建根分区。用与上面类似的方法创建根分区，大小为 10GB。

⑤ 用与上面类似的方法创建/home 分区（大小为 8GB）、/usr 分区（大小为 8GB）、/var 分区（大小为 8GB）、/tmp 分区（大小为 1GB）。文件系统类型全部设置为"xfs"，设备类型全部设置为"标准分区"。设置完成后的界面如图 1-27 所示。

> **特别注意** ① 不可与根分区分开的目录是/dev、/etc、/sbin、/bin 和/lib。系统启动时，内核只载入一个分区，那就是根分区，因为内核启动时要加载/dev、/etc、/sbin、/bin 和/lib 这 5 个目录中的程序，所以这 5 个目录必须和根目录在一起。
> ② 最好单独分区的目录是/home、/usr、/var 和/tmp。出于安全和管理的目的，最好将这 4 个目录独立出来。例如，在 samba 服务中，/home 目录可以配置磁盘配额；在 postfix 服务中，/var 目录可以配置磁盘配额。

⑥ 单击左上角的"完成"按钮。然后单击"接受更改"按钮完成分区，如图 1-28 所示。在本例中，/home 使用了独立分区/dev/nvme0n1p2。分区号与分区顺序有关。

> **注意** 对于 NVMe 硬盘要特别注意，这是一种固态盘。/dev/nvme0n1 是第 1 个 NVMe 硬盘，/dev/nvme0n2 是第 2 个 NVMe 硬盘，而/dev/nvme0n1p1 表示第 1 个 NVMe 硬盘的第 1 个主分区，/dev/nvme0n1p5 表示第 1 个 NVMe 硬盘的第 1 个逻辑分区，以此类推。

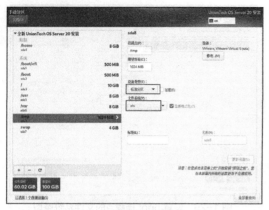

图1-27　手动分区界面

图1-28　完成分区后的结果界面

（8）返回"安装信息摘要"界面，单击"根密码"后，若输入弱口令的密码，则无法通过。因此，一定要让 root 管理员的密码足够复杂，否则系统将面临严重的安全问题。完成根密码的设置后，单击"完成"按钮，如图 1-29 所示。

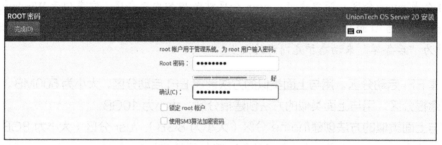

图1-29　设置根密码界面

（9）返回"安装信息摘要"界面，单击"创建用户"后，即可看到设置普通账户和密码界面，如图 1-30 所示。例如，设置该账户的用户名为"yangyun"，密码为"passw0@d"，单击"完成"按钮。

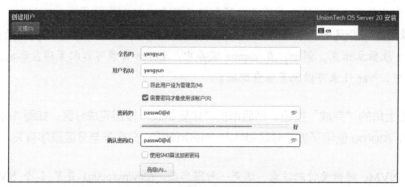

图1-30　设置普通账户和密码界面

（10）返回"安装信息摘要"界面，单击"开始安装"按钮。十几分钟后，统信 UOS V20 完成安装，如图 1-31 所示。单击"重启系统"按钮，系统将会重启。

（11）重启系统后将看到系统初始化界面，单击"许可信息"，如图 1-32 所示。

图1-31　重启系统　　　　　　　图1-32　系统初始化界面

（12）选中"我同意许可协议"复选框，然后单击左上角的"完成"按钮，如图 1-33 所示。

（13）返回系统初始化界面后，单击"结束配置"按钮，系统自动重启。

（14）系统重启后，出现图 1-34 所示的用户登录界面，输入用户名和密码等信息。例如，输入用户名"yangyun"、密码"passw0@d"，单击"→"按钮，登录系统。

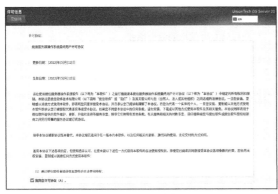

图1-33　许可信息　　　　　　　图1-34　用户登录界面

（15）登录成功后，在右下角的任务栏上单击"电源"按钮⏻，出现图 1-35 所示的界面，单击"切换用户"按钮后，以 root 管理员身份登录账户。

（16）统信 UOS V20 登录后的界面如图 1-36 所示。

图1-35　切换用户界面　　　　　图1-36　统信 UOS V20 登录后的界面

任务 1-3　了解 RPM

红帽软件包管理器（Red Hat Package Manager，RPM）是国产操作系统广泛使用的软件包管理器。早期在 Linux 系统中安装程序是一件非常困难、极需耐心的事情，而且大多数的服务程序仅提供源代码，需要运维人员自行编译代码并解决许多的软件依赖问题。因此，要安装好一个服务程序，运维人员需要具备丰富的知识和高超的技能，以及良好的耐心，并且在安装、升级、卸载服务程序时还要考虑其他程序、库的依赖关系，所以校验、安装、卸载、查询、升级等管理软件操作的难度非常大。

RPM 机制就是为解决这些问题而设计的。RPM 有点像 Windows 操作系统中的控制面板，它会建立统一的数据库文件，详细记录软件信息并自动分析依赖关系。表 1-2 所示为常用的 RPM 命令。

表 1-2　常用的 RPM 命令

命令	功能
rpm – ivh filename.rpm	安装软件的命令格式
rpm – Uvh filename.rpm	升级软件的命令格式
rpm – e filename.rpm	卸载软件的命令格式
rpm – qpi filename.rpm	查询软件描述信息的命令格式
rpm – qpl filename.rpm	列出软件文件信息的命令格式
rpm – qf filename	查询文件属于哪个 RPM 的命令格式

任务 1-4　搜索 yum 软件仓库和 AppStream

尽管 RPM 命令能够帮助用户查询软件相关的依赖关系，但具体问题还是要运维人员自己来解决。而有些大型软件可能与数十个程序都有依赖关系，在这种情况下安装软件是非常痛苦的。yum 软件仓库便是为了进一步降低软件安装难度和复杂度而设计的。

1. yum 软件仓库

yum（Yellowdog Updater Modified）软件仓库是一种在 Linux 操作系统中进行软件包管理的工具，主要用于安装、升级和删除软件包。它可以自动解决依赖性问题，并提供了简单的命令行界面和图形用户界面，方便用户进行软件包管理。

目前，国产操作系统都采用将发布的软件存储在 yum 软件仓库内的方式进行软件管理。这种管理方式通过分析软件的依赖属性，将软件内的记录信息写入清单列表，然后将这些清单列表记录成软件相关的容器（Repository）。当用户需要安装软件时，操作系统客户端会向网络上的 yum 仓库的 VRL 请求下载清单列表。通过将清单列表的数据与本机 RPM 数据库中已有的软件数据进行比较，用户可以一次性安装所有需要的具有依赖属性的软件。

统信 UOS V20 也采用了这种基于 yum 软件仓库管理的方式进行软件管理。用户可以通过命令行界面或图形用户界面来访问统信 UOS V20 的软件仓库，查找、安装、更新和卸载软件。统信 UOS V20 的软件仓库中包含大量的软件包，覆盖各种不同的应用领域，用户可以根据自己的需求进行选择和安装。yum 软件仓库的使用流程如图 1-37 所示。

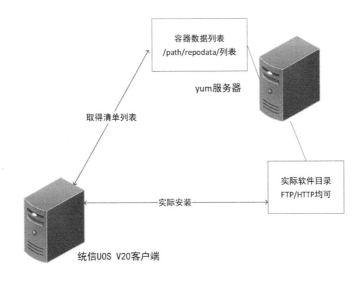

图 1-37　yum 软件仓库的使用流程

统信 UOS V20 客户端有更新、安装的需求时，会向容器请求更新清单列表，使清单列表更新到本机的/var/cache/yum 中。统信 UOS V20 客户端实施更新、安装时，会用清单列表的数据与本机的 RPM 数据库中的数据进行比较，这样就知道该下载什么软件了。接下来会到 yum 服务器下载所需的软件，然后通过 RPM 机制开始安装软件。这就是整个流程，仍然离不开 RPM。

除了使用 yum 进行软件包管理外，还有另一种现代的工具，即 dnf 命令。dnf 是 yum 的后继者，是为了提供更好的性能和功能而开发的。常见的 dnf 命令如表 1-3 所示。

表 1-3　常见的 dnf 命令

命令	作用
dnf　repolist　all	列出所有仓库
dnf　list　all	列出仓库中的所有软件包
dnf　info　软件包名称	查看软件包信息
dnf　install　软件包名称	安装软件包
dnf　reinstall　软件包名称	重新安装软件包
dnf　update　软件包名称	升级软件包
dnf　remove　软件包名称	移除软件包
dnf　clean　all	清除所有仓库缓存
dnf　check-update	检查可更新的软件包
dnf　grouplist	查看系统中已经安装的软件包组
dnf　groupinstall　软件包组	安装指定的软件包组
dnf　groupremove　软件包组	移除指定的软件包组
dnf　groupinfo　软件包组	查询指定的软件包组信息

2. AppStream

统信 UOS V20 采用了 RHEL 提出的新的设计理念——应用程序流（AppStream），这一设计

理念使得用户能够更加轻松地升级用户空间软件包，同时保留核心操作系统软件包。通过
AppStream，用户可以在独立的生命周期中安装其他版本的软件，保证操作系统始终保持最新的状态。此外，AppStream 还允许用户安装同一程序的多个版本，从而为用户提供更多的选择。

AppStream 包含额外的用户空间应用程序、运行时语言和数据库，以支持不同的工作负载和用例。AppStream 中的内容有两种格式：一种是熟悉的 RPM 格式，另一种是称为模块的 RPM 格式扩展。通过这两种格式，用户可以根据自己的需求进行安装。

【例 1-1】配置本地 yum 源，安装 firefox。

创建挂载 ISO 映像文件的文件夹。/media 一般是系统安装时建立的，读者不必创建文件夹，直接使用该文件夹即可。但如果想把 ISO 映像文件挂载到其他文件夹，则需要创建。

（1）新建配置文件/etc/yum.repos.d/dvd.repo。

```
[root@Server01 ~]# vim /etc/yum.repos.d/dvd.repo
[root@Server01 ~]# cat /etc/yum.repos.d/dvd.repo
[uosv20-AppStream]
name=uosv20-AppStream
baseurl=file:///media
gpgcheck=0
enabled=1
```

> **注意** 语句 baseurl=file:/// media 中有 3 个 "/"。

（2）挂载 ISO 映像文件（保证/media 存在）。在本书中，**黑体**一般表示输入命令。

```
[root@Server01 ~]# mount /dev/cdrom /media
mount: /media: WARNING: device write-protected, mounted read-only.
[root@Server01 ~]#
```

（3）清理缓存并建立元数据缓存。

```
[root@Server01 ~]# dnf clean all
[root@Server01 ~]# dnf makecache          //建立元数据缓存
```

（4）查看。

```
[root@Server01 ~]# dnf repolist           //查看系统中可用和不可用的所有 DNF 软件库
[root@Server01 ~]# dnf list               //列出所有 RPM 包
[root@Server01 ~]# dnf list installed      //列出所有安装了的 RPM 包
[root@Server01 ~]# dnf search firefox      //搜索软件库中的 RPM 包
[root@Server01 ~]# dnf provides /bin/bash      //查找某一文件的提供者
[root@Server01 ~]# dnf info firefox        //查看软件包详情
```

（5）安装 firefox（无须信息确认）。

```
[root@Server01 ~]# dnf install firefox  -y
```

> **注意** 如果要使用本地配置的 yum 源，则需要将/etc/yum.repos.d/目录下的 5 个文件（UnionTechOS-kernel510-x86_64.repo、UnionTechOS-update-x86_64.repo、UnionTechOS-everything-x86_64.repo、UnionTechOS-modular-x86_64.repo、UnionTechOS- x86_64.repo）内的 enabled 值全改为 0，否则可能会导致没联网时安装软件依赖出问题，报错。在后续实验中，可能会无法联网，建议读者按要求做好修改，如果需要联网安装，则再把 enabled 值改为 1。

任务 1-5　systemd 初始化进程服务

统信 UOS 的开机过程从 BIOS 开始，进入 Boot Loader，再加载系统内核，然后内核进行初始化，最后启动初始化进程。初始化进程是统信 UOS 的第一个进程，它需要完成一些系统初始化工作，为用户提供一个合适的工作环境。统信 UOS V20 已经替换了熟悉的初始化进程服务 System V init，正式采用 Linux 全新的 systemd 初始化进程服务。systemd 初始化进程服务采用并发启动机制，从而大大提高了开机速度。

统信 UOS V20 选择 systemd 初始化进程服务已经是一个既定事实，因此不再使用"运行级别"这个概念。统信 UOS V20 在启动时需要进行大量的初始化工作，如挂载文件系统、交换分区，以及启动各种进程服务等，这些都可以看作一个个的单元（Unit）。systemd 使用目标（Target）的概念来代替 System V init 中运行级别的概念，它们表示一组要在特定时间启动的单元。不同的目标对应不同的系统运行状态，例如，基本多用户目标（multi-user.target）表示系统已经启动并且准备好接受多个用户登录。使用目标，systemd 可以更加高效地管理系统服务的启动顺序，以及进行依赖关系的处理。System V init 与 systemd 的区别如表 1-4 所示。

表 1-4　System V init 与 systemd 的区别

System V init 运行级别	systemd 目标名称	作用
0	poweroff.target	关机
1	rescue.target	单用户模式
2	multi-user.target	等同于级别 3
3	multi-user.target	多用户的文本界面
4	multi-user.target	等同于级别 3
5	graphical.target	多用户的图形界面
6	reboot.target	重启
emergency	emergency.target	紧急 Shell

下面在统信 UOS V20 中运行两个实例。

【例 1-2】将多用户的图形界面转换为多用户的文本界面。

```
[root@Server01 ~]# systemctl get-default
graphical.target
[root@Server01 ~]# systemctl set-default multi-user.target
Removed /etc/systemd/system/default.target.
Created symlink /etc/systemd/system/default.target→
 /usr/lib/systemd/system/multi-user.target.
[root@Server01 ~]# reboot
```

【例 1-3】将多用户的文本界面转换为多用户的图形界面。

```
[root@Server01 ~]# systemctl set-default graphical.target
Removed /etc/systemd/system/default.target.
Created symlink /etc/systemd/system/default.target→
 /usr/lib/systemd/system/graphical.target.
[root@Server01 ~]# reboot
```

任务 1-6　启动 Shell

统信 UOS V20 中的 Shell 又称为命令行，在这个命令行的终端窗口中，用户输入命令，操作系统执行并将结果显示在屏幕上。

1. 使用统信 UOS V20 的终端窗口

现在的统信 UOS V20 默认采用图形界面的 Desktop Development Kit 操作方式，要想使用 Shell 功能，就必须像在 Windows 中那样打开一个终端窗口。一般用户可以执行"启动器"→"终端"来打开终端窗口，如图 1-38 所示。

```
Welcome to 4.19.90-2211.5.0.0178.22.uel20.x86_64

System information as of time:          2023年 05月 14日 星期日 07:39:17 CST

System load:          0.44
Processes:            294
Memory used:          38.5%
Swap used:            0.0%
Usage On:             4%
Users online:         1


[root@server01 ~]#
```

图 1-38　打开的终端窗口

执行以上操作后，就打开了一个绿字黑底的终端窗口，这里可以使用统信 UOS V20 支持的所有命令行命令。

2. 使用 Shell 提示符

登录之后，普通用户的 Shell 提示符以"$"结尾，超级用户的 Shell 提示符以"#"结尾。

```
[root@Server01 ~]#                      #root 用户以"#"结尾
[root@Server01 ~]# su - yangyun         #切换到普通用户 yangyun，"#"提示符将变为"$"
[yangyun@Server01 ~]$ su - root         #再切换回 root 用户，"$"提示符将变为"#"
密码：
```

3. 退出系统

在终端窗口执行 shutdown　-P　now 命令，或者单击右下角任务栏上的"电源"按钮 ⏻ ，选择"关机"命令，可以退出系统。

4. 再次登录

如果想再次登录，则为了后面的实训能顺利进行，请选择 root 用户。在图 1-39 所示的用户登录界面中输入 root 用户名及密码，以 root 用户身份登录系统。

图 1-39　用户登录界面

任务 1-7　制作系统快照

安装成功后，请一定使用虚拟机的快照功能进行快照备份，以便在需要时立即恢复到系统的初始状态。对于重要实训节点，也可以进行快照备份，以便后续可以恢复到适当断点。

1.4 拓展阅读 "核高基" 与国产操作系统

"核高基"就是"核心电子器件、高端通用芯片及基础软件产品"的简称，是国务院于 2006 年发布的《国家中长期科学和技术发展规划纲要（2006—2020 年）》中与载人航天、探月工程并列的 16 个重大科技专项之一。近年来，一批国产基础软件企业的强势发展给我国软件市场增添了信心，而"核高基"犹如助推器，给国产基础软件更强劲的发展提供了力量。

自 2008 年 10 月 21 日起，微软公司对盗版 Windows 和 Office 用户进行"黑屏"警告性提示。自从"黑屏事件"发生之后，我国大量的计算机用户将目光转移到国产操作系统和办公软件上，国产操作系统和办公软件的下载量一时间以几倍的速度增长，国产操作系统和办公软件的发展也引起了大家的关注。

随着国产软件技术的不断进步，我国的信息化建设也会朝着更安全、更可靠、更可信的方向发展。

1.5 项目实训 安装与配置统信 UOS V20

1. 项目背景

某公司需要新安装一台带有统信 UOS V20 的计算机，该计算机硬盘大小为 100GB，固件类型仍采用传统的 BIOS 模式，而不采用 UEFI 模式。

2. 项目要求

（1）规划好两台计算机（Server01 和 Client1）的 IP 地址、主机名、虚拟机网络连接模式等内容。

（2）在 Server01 上安装完整的统信 UOS V20。

（3）硬盘大小为 100GB，按以下要求完成分区的创建。

- /boot 分区大小为 600MB。
- swap 分区大小为 4GB。
- / 分区大小为 10GB。
- /usr 分区大小为 8GB。
- /home 分区大小为 8GB。
- /var 分区大小为 8GB。
- /tmp 分区大小为 6GB。
- 预留约 55GB 不进行分区。

（4）简单设置新安装的统信 UOS V20 的网络环境。

（5）安装 DDE 桌面环境，将显示分辨率调至 1280 像素×768 像素。

（6）制作快照。

（7）使用虚拟机的"克隆"功能新生成一个统信 UOS V20，主机名为 Client1，并设置该主机的 IP 地址等参数（用"克隆"功能生成的主机系统要避免与原主机冲突）。

（8）使用 ping 命令测试这两台 Linux 主机的连通性。

3. 深度思考

思考以下几个问题。

（1）分区规划为什么必须慎之又慎？

（2）第一个系统的虚拟内存至少设置多大？为什么？

4. 做一做

根据项目要求，完成项目实训。

1.6 练习题

一、填空题

1. GNU 的含义是＿＿＿＿＿＿。

2. Linux 内核一般有 3 个主要部分：＿＿＿＿＿＿、＿＿＿＿＿＿、＿＿＿＿＿＿。

3. Linux 是基于＿＿＿＿＿＿的软件模式发布的，它是 GNU 项目制定的通用公共许可证，英文是＿＿＿＿＿＿。

4. Linux 的版本分为＿＿＿＿＿＿和＿＿＿＿＿＿两种。

5. 安装统信 UOS V20 最少需要两个分区，分别是＿＿＿＿＿＿和＿＿＿＿＿＿。

6. 统信 UOS V20 默认的系统管理员账号是＿＿＿＿＿＿。

7. UEFI 是＿＿＿＿＿＿＿＿＿＿＿＿＿＿＿的缩写，中文含义是＿＿＿＿＿＿＿＿＿＿＿＿＿＿。

8. NVMe 是＿＿＿＿＿＿＿＿＿＿＿＿＿＿＿的缩写，中文含义是＿＿＿＿＿＿＿＿＿＿＿＿＿＿。

9. NVMe 是一种固态盘。/dev/nvme0n1 表示第＿＿＿＿＿＿个 NVMe 硬盘，/dev/nvme0n2 表示第＿＿＿＿＿＿个 NVMe 硬盘，而/dev/nvme0n1p1 表示＿＿＿＿＿＿＿＿＿，/dev/nvme0n1p5 表示＿＿＿＿＿＿＿＿＿＿＿＿＿，以此类推。

10. 传统的 BIOS 启动由于＿＿＿＿＿＿的限制，默认无法引导超过＿＿＿＿＿＿TB 以上的硬盘。

11. 如果选择的固件类型为 UEFI，则 Linux 操作系统至少必须建立 4 个分区：＿＿＿＿＿＿、＿＿＿＿＿＿、＿＿＿＿＿＿和＿＿＿＿＿＿。

二、选择题

1. Linux 最早是由计算机爱好者（　　　）开发的。

A. 理查德·彼得森　　　　　　　　B. 莱纳斯·贝内迪克特·托瓦尔兹

C. 罗布·皮克　　　　　　　　　　D. 林克斯·萨尔瓦尔

2. 下列选项中，（　　　）是自由软件。

A. Windows 10　　　　　　　　　B. UNIX

C. Linux　　　　　　　　　　　　D. Windows Server 2016

3. 下列选项中，（　　　）不是 Linux 的特点。

A. 多任务　　　　　　　　　　　　B. 单用户

C. 设备独立性　　　　　　　　　　D. 开放性

4. Linux 的内核版本 2.3.20 是（　　　）的版本。

A. 不稳定　　　　　　　　　　　　B. 稳定

C. 第三次修订　　　　　　　　　　D. 第二次修订

5. 统信 UOS V20 安装过程中的硬盘分区工具是（　　）。

A. PQMagic　　　　　B. FDISK　　　　　C. FIPS　　　　　D. Disk Druid

6. 统信 UOS V20 的根分区可以设置成（　　）。

A. FATl6　　　　　　B. FAT32　　　　　C. xfs　　　　　　D. NTFS

三、简答题

1. 简述 Linux 的体系结构。

2. 使用虚拟机安装统信 UOS V20 时，为什么要选择"稍后安装操作系统"，而不是选择"安装程序光盘映像文件（iso）"？

3. 简述 RPM 与 yum 软件仓库的作用。

4. 安装统信 UOS V20 的基本磁盘分区有哪些？

5. 统信 UOS V20 支持的文件类型有哪些？

6. 统信 UOS V20 采用 systemd 作为初始化进程，那么如何查看某个服务的运行状态？

1.7 实践习题

用虚拟机和安装光盘安装和配置统信 UOS V20，试着在安装过程中对 IPv4 进行配置。

1.8 超链接

访问并学习**国家精品资源共享课程网站**中学习情境的相关内容。后面的项目也访问该学习网站，不再一一标注。

国家精品资源
共享课程网站

项目2
配置网络和使用SSH服务

项目导入

作为统信系统的网络管理员，学习统信服务器的网络配置是至关重要的，管理服务器也是必须熟练掌握的。这些是后续配置网络服务的基础。

本项目讲解如何使用 nmtui 命令配置网络参数，以及通过 nmcli 命令查看网络信息并管理网络会话服务，从而能够在不同工作场景中快速切换网络运行参数。本项目还深入介绍 SSH 与 sshd 服务程序的理论知识、统信系统的远程控制及在系统中配置服务程序的方法。

项目目标

- 掌握常见的网络配置服务。
- 掌握远程控制服务。

- 掌握网络会话服务。

素养提示

- 了解为什么会推出 IPv6。接下来的 IPv6 时代，我国有着巨大机遇，其中我国推出的"雪人计划"就是一件益国益民的大事，这一计划必将助力中华民族的伟大复兴，这也必将激发学生的爱国情怀和学习动力。

- "路漫漫其修远兮，吾将上下而求索。"国产化替代之路"道阻且长，行则将至，行而不辍，未来可期"。青年学生更应坚信中华民族的伟大复兴终会有时！

2.1 项目知识准备

统信主机要与网络中的其他主机通信，首先要正确配置网络。网络配置通常包括主机名、IP 地址、子网掩码、默认网关、域名系统（Domain Name System，DNS）服务器等的设置，其中设置主机名是首要任务。

统信 UOS V20 有以下 3 种形式的主机名。

- 静态的（Static）："静态"主机名也称为内核主机名，是系统在启动时从/etc/hostname 自动初始化的主机名。
- 瞬态的（Transient）："瞬态"主机名是在系统运行时临时分配的主机名，由内核管理。例如，通过动态主机配置协议（Dynamic Host Configuration Protocol，DHCP）或 DNS 服务器分配的 localhost 就是这种形式的主机名。
- 灵活的（Pretty）："灵活"主机名是 UTF8 格式的自由主机名，以展示给终端用户。

统信 UOS V20 中的主机名配置文件为/etc/hostname，可以在配置文件中直接更改主机名。请读者使用"vim /etc/hostname"命令试一试。

1. 使用 nmtui 修改主机名

```
[root@Server01 ~]# nmtui
```
在图 2-1、图 2-2 所示的界面中进行配置。

图 2-1　设置系统主机名

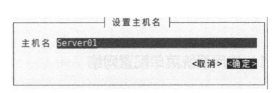

图 2-2　修改主机名为 Server01

使用网络管理器的 nmtui 接口修改了静态主机名（/etc/hostname 文件）后，不会通知 hostnamectl。要想强制让 hostnamectl 知道静态主机名已经被修改，需要重启 systemd-hostnamed 服务。

```
[root@Server01 ~]# systemctl restart systemd-hostnamed
```

2. 使用 hostnamectl 修改主机名

（1）查看主机名。

```
[root@Server01 ~]# hostnamectl status
    Static hostname: Server01
    ......
```
（2）设置新的主机名。

```
[root@Server01 ~]# hostnamectl set-hostname my.smile60.cn
```
（3）再次查看主机名。

```
[root@Server01 ~]# hostnamectl status
    Static hostname: my.smile60.cn
    ......
```

3. 使用 nmcli 修改主机名

（1）使用 nmcli 可以修改/etc/hostname 中的主机名。

```
//查看主机名
[root@Server01 ~]# nmcli general hostname
my.smile60.cn
//设置新的主机名
[root@Server01 ~]# nmcli general hostname Server01
```

```
//再次查看主机名
[root@Server01 ~]# nmcli general hostname
Server01
```

（2）重启 systemd-hostnamed 服务让 hostnamectl 知道静态主机名已经被修改。

```
[root@Server01 ~]# systemctl restart systemd-hostnamed
```

2.2 项目设计与准备

本项目要用到 Server01 和 Client1，要完成的任务如下。

（1）配置 Server01 和 Client1 的网络参数。

（2）创建网络会话。

（3）配置远程控制服务。

其中，Server01 的 IP 地址为 192.168.10.1/24，Client1 的 IP 地址为
192.168.10.20/24，这两台计算机的网络连接模式都是**桥接模式**。

2-2 课堂慕课

配置网络和使用
SSH 服务

2.3 项目实施

任务 2-1 使用系统菜单配置网络

后文我们将学习如何在统信 UOS V20 上配置服务。在此之前，必须先保证主机能够顺畅地通
信。如果网络不通，则即便服务部署正确，用户也无法顺利访问，所以配置网络并确保网络的连通
性是学习部署统信 UOS V20 之前的重要知识点。

下面以 Server01 为例进行介绍。

（1）在任务栏上打开"启动器"，单击"控制中心"→"网络"→"有线网络"→"有线网
卡"，在有线网卡 ens32 一栏右侧单击"＞"，打开网络配置界面，一步步完成网络配置。具体
过程如图 2-3、图 2-4 所示。

图 2-3 打开"网络"界面

图 2-4 配置 ens32 有线连接

（2）按图 2-4 所示的步骤设置后，单击"保存"按钮应用配置。注意网络会自动重新连接。

（3）回到"网络"界面，单击"网络详情"，可以看到最新的网络配置情况，如图 2-5 所示。

图 2-5 最新的配置情况

（4）按同样的方法配置 Client1 的网络参数：IP 地址为 192.168.10.20/24，默认网关为 192.168.10.254。

（5）在 Server01 上测试与 Client1 的连通性，测试结果为已连通。

```
[root@Server01 Desktop]# ping 192.168.10.20 -c 4
PING 192.168.10.20 (192.168.10.20) 56(84) bytes of data.
64 bytes from 192.168.10.20: icmp_seq=1 ttl=64 time=0.452 ms
64 bytes from 192.168.10.20: icmp_seq=2 ttl=64 time=0.241 ms
64 bytes from 192.168.10.20: icmp_seq=3 ttl=64 time=0.341 ms
64 bytes from 192.168.10.20: icmp_seq=4 ttl=64 time=0.263 ms


--- 192.168.10.20 ping statistics ---
4 packets transmitted, 4 received, 0% packet loss, time 3156ms
rtt min/avg/max/mdev = 0.241/0.324/0.452/0.082 ms
```

任务 2-2 使用图形界面配置网络

使用图形界面配置网络是比较方便、简单的一种网络配置方式。下面仍以 Server01 为例进行介绍。

（1）任务 2-1 中我们已经使用系统菜单配置网络，现在使用 nmtui 命令来配置网络。

```
[root@Server01 ~]# nmtui
```

（2）执行命令后，显示图 2-6 所示的图形配置界面。选中"编辑连接"并按"Enter"键。

（3）配置过程如图 2-7、图 2-8 所示。

图 2-6 图形配置界面

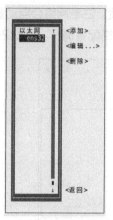

图 2-7　选中要编辑的网卡名称并按"Enter"键

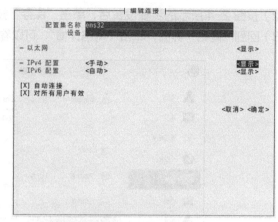

图 2-8　把网络 IPv4 的配置方式改成手动

> **注意**　本书中所有服务器主机的 IP 地址均设为 192.168.10.1，而客户端主机的 IP 地址一般设为 192.168.10.20 及 192.168.10.30。这样做是为了方便后面的服务器配置。

（4）单击"显示"，显示信息配置。在服务器主机的网络配置信息中填写 IP 地址（192.168.10.1/24）等参数，如图 2-9 所示，然后单击"确定"保存配置，如图 2-10 所示。

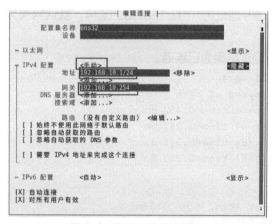

图 2-9　填写 IP 地址等参数

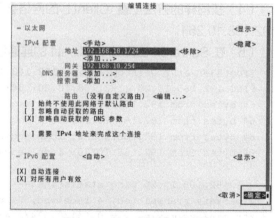

图 2-10　单击"确定"保存配置

（5）单击"返回"回到 nmtui 图形界面初始状态，选择"启用连接"选项，如图 2-11 所示，激活连接 ens32。前面有"*"表示已经激活，如图 2-12 所示。

（6）至此，使用图形界面配置网络的步骤就结束了，使用 ifconfig 命令测试配置情况。

```
[root@Server01 ~]# ifconfig
ens32: flags=4163<UP,BROADCAST,RUNNING,MULTICAST>  mtu 1500
        inet 192.168.10.1  netmask 255.255.255.0  broadcast 192.168.10.255
        inet6 fe80::58fc:be5e:bb2b:d086  prefixlen 64  scopeid 0x20<link>
        ether 00:0c:29:c6:00:0a  txqueuelen 1000  (Ethernet)
        RX packets 577  bytes 109198 (106.6 KiB)
        RX errors 0  dropped 0  overruns 0  frame 0
        TX packets 276  bytes 37643 (36.7 KiB)
        TX errors 0  dropped 0  overruns 0  carrier 0  collisions 0
```

```
lo: flags=73<UP,LOOPBACK,RUNNING>  mtu 65536
        inet 127.0.0.1  netmask 255.0.0.0
        ......
```

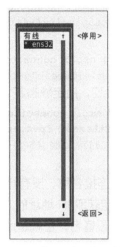

图 2-11　选择"启用连接"选项　　　　图 2-12　激活连接或停用连接

任务 2-3　使用 nmcli 命令配置网络接口

网络管理器是管理和监控网络设备的守护进程，网络设备即网络接口，连接是对网络接口的配置。一个网络接口可以有多个连接配置，但同一时刻只有一个连接配置生效。下面使用 nmcli 命令配置网络接口，以下实例仍在 Server01 上实现。

常用的 nmcli 命令如表 2-1 所示。

表 2-1　常用的 nmcli 命令

命令	作用
nmcli connection show	显示所有连接
nmcli connection show --active	显示所有活动的连接状态
nmcli connection show "ens32"	显示网络连接配置
nmcli device status	显示设备状态
nmcli device show ens32	显示网络接口属性
nmcli connection add help	查看帮助信息
nmcli connection reload	重新加载配置
nmcli connection down test2	禁用 test2 的配置，注意一块网卡可以有多个配置
nmcli connection up test2	启用 test2 的配置
nmcli device disconnect ens32	禁用 ens32 网卡
nmcli device connect ens32	启用 ens32 网卡

1.　创建新连接

（1）创建新连接 default，IP 地址通过 DHCP 自动获取。

```
[root@Server01 ~]# nmcli connection show
NAME   UUID                                  TYPE      DEVICE
ens32  7f7ebeee-6baa-3528-b092-f4fc37273528  ethernet  ens32
[root@Server01 ~]# nmcli connection add con-name default type Ethernet ifname ens32
连接 "default" (58ce5b3d-1624-44f4-9d59-7fc1d83983e5) 已成功添加。
```

（2）删除连接。

```
[root@Server01 ~]# nmcli connection delete default
成功删除连接 "default" (58ce5b3d-1624-44f4-9d59-7fc1d83983e5)。
```

（3）创建新连接 test2，指定静态 IP 地址，不自动连接。

```
[root@Server01 ~]# nmcli connection add con-name test2 ipv4.method manual ifname ens32
autoconnect no type Ethernet ipv4.addresses 192.168.10.100/24 gw4 192.168.10.254
连接 "test2" (e6404347-f914-4505-8cf8-ef4ab198d90e) 已成功添加。
```

部分参数说明如下。

con-name：指定连接名称，没有特殊要求。

ipv4.method：指定获取 IP 地址的方式。

ifname：指定网卡设备名，也就是此次配置生效的网卡。

autoconnect：指定是否自动启动。

ipv4.addresses：指定 IPv4 地址。

gw4：指定网关。

2. 查看/etc/sysconfig/network-scripts/目录

```
[root@Server01 ~]# ls /etc/sysconfig/network-scripts/ifcfg-*
/etc/sysconfig/network-scripts/ifcfg-ens32
/etc/sysconfig/network-scripts/ifcfg-test2
/etc/sysconfig/network-scripts/ifcfg-lo
```

上述代码中多出一个/etc/sysconfig/network-scripts/ifcfg-test2 文件，说明添加确实生效了。

3. 启用 test2 连接

```
[root@Server01 ~]# nmcli connection up test2
连接已成功激活（D-Bus 活动路径: /org/freedesktop/NetworkManager/ActiveConnection/3）
[root@Server01 ~]# nmcli  connection show
NAME   UUID                                  TYPE      DEVICE
test2  e6404347-f914-4505-8cf8-ef4ab198d90e  ethernet  ens32
ens32  7f7ebeee-6baa-3528-b092-f4fc37273528  ethernet  --
```

4. 查看是否生效

```
[root@Server01 ~]# nmcli device show ens32
GENERAL.DEVICE:                       ens32
......
```

至此，IP 地址配置成功。

5. 修改连接

（1）修改 test2 为自动启动。

```
[root@Server01 ~]#  nmcli connection modify test2 connection.autoconnect yes
```

（2）修改 DNS 为 192.168.10.1。

```
[root@Server01 ~]# nmcli connection modify test2 ipv4.dns 192.168.10.1
```

（3）添加 DNS 114.114.114.114。

```
[root@Server01 ~]# nmcli connection modify test2 +ipv4.dns 114.114.114.114
```
（4）查看是否设置成功。

```
[root@Server01 ~]# cat /etc/sysconfig/network-scripts/ifcfg-test2
TYPE=Ethernet
PROXY_METHOD=none
BROWSER_ONLY=no
BOOTPROTO=none
IPADDR=192.168.10.100
PREFIX=24
GATEWAY=192.168.10.254
DEFROUTE=yes
IPV4_FAILURE_FATAL=no
IPV6INIT=yes
IPV6_AUTOCONF=yes
IPV6_DEFROUTE=yes
IPV6_FAILURE_FATAL=no
IPV6_ADDR_GEN_MODE=stable-privacy
NAME=test2
UUID=e6404347-f914-4505-8cf8-ef4ab198d90e
DEVICE=ens32
ONBOOT=yes
DNS1=192.168.10.1
DNS2=114.114.114.114
```
可以看到修改均已生效。

（5）删除 DNS。

```
[root@Server01 ~]# nmcli connection modify test2 -ipv4.dns 114.114.114.114
```
（6）修改 IP 地址和默认网关。

```
[root@Server01 ~]# nmcli connection modify test2 ipv4.addresses 192.168.10.200/24 gw4
192.168.10.254
```
（7）还可以添加多个 IP 地址。

```
[root@Server01 ~]# nmcli connection modify test2 +ipv4.addresses 192.168.10.250/24
[root@Server01 ~]# nmcli connection show "test2"
```
（8）为了不影响后面的实训，将 test2 连接删除。

```
[root@Server01 ~]# nmcli connection delete test2
成功删除连接 "test2" (e6404347-f914-4505-8cf8-ef4ab198d90e)。
[root@Server01 ~]# nmcli connection show
NAME   UUID                                   TYPE       DEVICE
ens32  7f7ebeee-6baa-3528-b092-f4fc37273528   ethernet   ens32
```

6. nmcli 命令和/etc/sysconfig/network-scripts/ifcfg-*文件的对应关系

nmcli 命令和/etc/sysconfig/network-scripts/ifcfg-*文件的对应关系如表 2-2 所示。

表 2-2   nmcli 命令和/etc/sysconfig/network-scripts/ifcfg-*文件的对应关系

nmcli 命令	/etc/sysconfig/network-scripts/ifcfg-*文件
ipv4.method manual	BOOTPROTO=none
ipv4.method auto	BOOTPROTO=dhcp
ipv4.addresses 192.0.2.1/24	IPADDR=192.0.2.1 PREFIX=24

续表

nmcli 命令	/etc/sysconfig/network-scripts/ifcfg-*文件
gw4 192.0.2.254	GATEWAY=192.0.2.254
ipv4.dns 8.8.8.8	DNS0=8.8.8.8
ipv4.dns-search long60.cn	DOMAIN= long60.cn
ipv4.ignore-auto-dns true	PEERDNS=no
connection.autoconnect yes	ONBOOT=yes
connection.id eth0	NAME=eth0
connection.interface-name eth0	DEVICE=eth0
802-3-ethernet.mac-address ...	HWADDR= ...

任务 2-4　创建网络会话实例

统信 UOS V20 默认使用网络管理器来提供网络服务，这是一种动态管理网络配置的守护进程，能够让网络设备保持连接状态。前文讲过，可以使用 nmcli 命令来管理网络管理器服务。nmcli 是一款基于命令行的网络配置工具，功能丰富，参数众多。使用它可以轻松地查看网络信息或网络状态。以下实例在 Server01 上实现。

```
[root@Server01 ~]# nmcli connection show
NAME    UUID                                       TYPE       DEVICE
ens32   7f7ebeee-6baa-3528-b092-f4fc37273528       ethernet   ens32
```

另外，统信 UOS V20 支持网络会话功能，允许用户在多个配置文件中快速切换（非常类似于 firewalld 服务中的区域技术）。如果我们在企业网络中使用笔记本电脑，需要手动指定网络的 IP 地址，而回到家中使用 DHCP 自动分配的 IP 地址，就需要频繁修改 IP 地址，但是使用网络会话功能后，一切就简单多了——只需在不同的使用环境中激活相应的网络会话，就可以实现网络配置信息的自动切换。

可以使用 nmcli 命令并按照"connection add con-name type ifname"的格式来创建网络会话。假设将企业网络中的网络会话称为 company，将家庭网络中的网络会话称为 home，下面依次创建各自的网络会话。

（1）使用 con-name 参数指定企业网络使用的网络会话名称 company，然后用 ifname 参数指定本机的网卡名称（一定要以实际环境为准，不要使用书上的 ens32），用 autoconnect no 参数设置该网络会话默认不被自动激活，以及用 ip4 及 gw4 参数手动指定网络的 IP 地址。

```
[root@Server01 ~]# nmcli connection add con-name company ifname ens32 autoconnect no
type ethernet ip4 192.168.10.1/24 gw4 192.168.10.254
连接 "company" (4691601d-6429-490c-b747-1c6ef9d5b684) 已成功添加。
```

（2）使用 con-name 参数指定家庭网络使用的网络会话名称 home。我们想从外部 DHCP 服务器自动获得 IP 地址，因此这里不需要手动指定。

```
[root@Server01 ~]# nmcli connection add con-name home type ethernet ifname ens32
连接 "home" (697606a6-9402-42c8-9242-f24b0f2f7740) 已成功添加。
```

（3）成功创建网络会话后，可以使用 nmcli 命令查看创建的所有网络会话。

```
[root@Server01 ~]# nmcli connection show
```

```
NAME      UUID                                        TYPE       DEVICE
ens32     7f7ebeee-6baa-3528-b092-f4fc37273528        ethernet   ens32
company   4691601d-6429-490c-b747-1c6ef9d5b684        ethernet   --
home      697606a6-9402-42c8-9242-f24b0f2f7740        ethernet   --
```

（4）使用 nmcli 命令配置的网络会话是永久生效的，这样当我们下班回家后，顺手启用 home 网络会话，网卡就能自动通过 DHCP 获取到 IP 地址了。下面在 Server01 上测试。

```
[root@Server01 ~]# nmcli connection up home
连接已成功激活（D-Bus 活动路径: /org/freedesktop/NetworkManager/ActiveConnection/5）
```

假如 Server01 的**网络连接模式**使用的是 **VMnet1（仅主机模式）**，测试会因无法获取到 IP 地址而失败。什么原因呢？因为 home 连接是自动获取 IP 地址的，而 Server01 的网络连接模式是仅主机模式时，没有可提供服务的 DHCP！

解决方法是：把虚拟机网络适配器的网络连接模式切换成**桥接模式**，如图 2-13 所示，然后重启虚拟机再次测试。在这种情况下，Server01 可以使用"宿主"依赖的 DHCP 服务器。

图 2-13　设置虚拟机网络适配器的网络连接模式

（5）如果回到企业，则可以停止 home 会话，启动 company 会话（连接）。

```
[root@Server01 ~]# nmcli connection down home
成功停用连接 "home"（D-Bus 活动路径:
/org/freedesktop/NetworkManager/ActiveConnection/5）
[root@Server01 ~]# nmcli connection up company
连接已成功激活（D-Bus 活动路径: /org/freedesktop/NetworkManager/ActiveConnection/7）
[root@Server01 ~]# ifconfig
ens32: flags=4163<UP,BROADCAST,RUNNING,MULTICAST>  mtu 1500
        inet 192.168.10.1  netmask 255.255.255.0  broadcast 192.168.10.255
        inet6 fe80::3d61:d7a6:4fc4:7aa1  prefixlen 64  scopeid 0x20<link>
        ether 00:0c:29:c6:00:0a  txqueuelen 1000  (Ethernet)
        RX packets 1179  bytes 199919 (195.2 KiB)
        RX errors 0  dropped 0  overruns 0  frame 0
```

```
        TX packets 559  bytes 83941 (81.9 KiB)
        TX errors 0  dropped 0 overruns 0  carrier 0  collisions 0

lo: flags=73<UP,LOOPBACK,RUNNING>  mtu 65536
        inet 127.0.0.1  netmask 255.0.0.0
    ......
```

（6）为避免影响后面的实训，最后删除网络会话连接。执行"nmtui"→"编辑连接"命令，然后选中要删除的会话，单击"删除"将 home 和 company 两个网络会话连接删除，如图 2-14 所示（选中连接后删除，最后返回）。

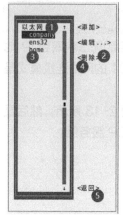

图 2-14　删除网络会话
连接

任务 2-5　配置远程控制服务

安全外壳（Secure Shell，SSH）协议是一种能够以安全的方式提供远程登录的协议，也是目前远程管理统信 UOS V20 的首选方式。在此之前，一般使用 FTP 或 Telnet 来进行远程登录。但是因为它们以明文的形式在网络中传输账户密码和数据信息，所以很不安全，很容易受到入侵者发起的中间人攻击。这轻则篡改传输的数据信息，重则直接抓取服务器的账户密码。

1. 配置 sshd 服务程序

使用 SSH 协议来远程管理 Linux 系统，需要配置 sshd 服务程序。sshd 是基于 SSH 协议开发的一款远程管理服务程序，不仅使用方便、快捷，而且提供了以下两种安全验证的方法。

- 基于口令的验证——用账户和密码来验证登录。
- 基于密钥的验证——需要在本地生成密钥对，然后把密钥对中的公钥上传至服务器，并与服务器中的公钥进行比较。该方法相对来说更安全。

前文曾强调"Linux 系统中的一切都是文件"，统信 UOS V20 也遵循这一原则，因此在统信 UOS V20 中修改服务程序的运行参数，实际上就是在修改程序配置文件。sshd 服务程序的配置信息保存在/etc/ssh/sshd_config 文件中。运维人员一般会把保存着主要配置信息的文件称为主配置文件，而配置文件中有许多以"#"开头的注释行，要想让这些配置参数生效，需要在修改参数后去掉前面的"#"。sshd 服务程序配置文件中包含的参数及其作用如表 2-3 所示。

表 2-3　sshd 服务程序配置文件中包含的参数及其作用

参数	作用
Port 22	默认的 sshd 服务程序端口
ListenAddress 0.0.0.0	设定 sshd 服务程序监听的 IP 地址
Protocol 2	SSH 协议的版本号
HostKey /etc/ssh/ssh_host_key	SSH 协议版本为 1 时，数据加密标准（Data Encryption Standard，DES）私钥存放的位置
HostKey /etc/ssh/ssh_host_rsa_key	SSH 协议版本为 2 时，RSA（一种公开密钥密码体制）私钥存放的位置
HostKey /etc/ssh/ssh_host_dsa_key	SSH 协议版本为 2 时，数字签名算法（Digital Signature Algorithm，DSA）（一种公开密钥算法）私钥存放的位置

续表

参数	作用
PermitRootLogin yes	设定是否允许 root 管理员直接登录
StrictModes yes	当远程用户的私钥改变时，直接拒绝连接
MaxAuthTries 6	最大密码尝试次数
MaxSessions 10	最大终端数
PasswordAuthentication yes	是否允许密码验证
PermitEmptyPasswords no	是否允许空密码登录（很不安全）

现有计算机的情况如下（实训时注意计算机角色和网络连接模式）。

计算机名为 Server01，角色为统信 UOS V20 服务器，IP 地址为 192.168.10.1/24。

计算机名为 Client1，角色为统信 UOS V20 客户端，IP 地址为 192.168.10.20/24。

需特别注意：两台虚拟机的网络连接模式一定要一致，本例中都改为**桥接模式**。

在统信 UOS V20 中已经默认安装并启用了 sshd 服务程序。接下来使用 ssh 命令在 Client1 上远程连接 Server01，格式为：

```
ssh [参数] 主机 IP 地址
```

（1）在 **Client1** 上操作。

```
[root@Client1 ~]# ssh 192.168.10.1
UnionTech OS Server 20 1050e
root@192.168.10.1's password: 此处输入 root 管理员的密码
Welcome to UnionTech OS Server 20

Upgradable packages: 0
Upgrade command line: yum upgrade

Activate the web console with: systemctl enable --now cockpit.socket

Last login: Mon May  8 17:07:05 2023 from 192.168.10.20

Welcome to 4.19.90-2211.5.0.0178.22.uel20.x86_64

System information as of time:          2023 年 05 月 08 日 星期一 22:12:02 CST

System load:            0.00
Processes:              234
Memory used:            57.6%
Swap used:              5.7%
Usage On:               48%
IP address:             192.168.10.1
Users online:           2
[root@Server01 ~]# exit
注销
Connection to 192.168.10.1 closed.
[root@Client1 ~]#
```

如果禁止以 root 管理员的身份远程登录服务器，则可以大大降低被入侵者暴力破解密码的概率。下面进行相应配置。

（2）在 Server01 SSH 服务器上操作。

① 使用 vim 文本编辑器打开 sshd 服务程序的主配置文件，然后把第 37 行 PermitRootLogin yes 中的参数值 yes 改成 no，这样就不再允许 root 管理员远程登录了。记得最后保存文件并退出。（在 vim 的命令模式下，输入"set nu"可以给文件加行号。）

```
[root@Server01 ~]# vim /etc/ssh/sshd_config
......
 36 #LoginGraceTime 2m
 37 PermitRootLogin no
 38 #StrictModes yes
......
```

② 一般的服务程序并不会在配置文件被修改之后立即获得最新的参数。如果想让新的配置文件立即生效，则需要手动重启相应的服务程序。最好将这个服务程序加入开机启动项，这样系统在下一次启动时，该服务程序便会自动运行，继续为用户提供服务。

```
[root@Server01 ~]# systemctl restart sshd
[root@Server01 ~]# systemctl enable sshd
```

（3）在 Client1 上测试。

当 root 管理员尝试访问 sshd 服务程序时，系统会提示不可访问的错误信息。

```
[root@Client1 ~]# ssh 192.168.10.1
UnionTech OS Server 20 1050e
root@192.168.10.1's password: 此处输入 root 管理员的密码
Permission denied, please try again.
```

> **注意** 为了不影响后面的实训，请将 Server01 的/etc/ssh/sshd_config 配置文件恢复到初始状态。

2. 配置密钥验证

加密是对数据进行编码和解码的技术，在传输数据时，如果担心被他人监听或截获，则可以在传输前先使用公钥对数据进行加密处理，然后进行传输。这样，只有掌握私钥的用户才能解密这段数据，除此之外的其他人即便截获了数据，一般也很难将其破译为明文信息。

在生产环境中使用密码进行口令验证存在被暴力破解或嗅探截获的风险。如果正确配置了密钥验证方式，那么 sshd 服务程序将更加安全。

下面使用密钥验证方式，以 student 用户身份登录 SSH 服务器，具体配置如下。

（1）在服务器 Server01 上建立用户 student，并设置密码。

```
[root@Server01 ~]# useradd student
[root@Server01 ~]# passwd student
```

（2）在客户端 Client1 中生成"密钥对"。查看公钥 id_rsa.pub 和私钥 id_rsa。

```
[root@Client1 ~]# ssh-keygen
Generating public/private rsa key pair.
Enter file in which to save the key (/root/.ssh/id_rsa):
//按"Enter"键或设置密钥的存储路径
Enter passphrase (empty for no passphrase): //直接按"Enter"键或设置密钥的密码
Enter same passphrase again: //直接按"Enter"键或再次输入刚才的密码，保证两次一致
Your identification has been saved in /root/.ssh/id_rsa
```

```
Your public key has been saved in /root/.ssh/id_rsa.pub
The key fingerprint is:
SHA256:casY7GD1bEekyCx7cLfun3ZF/nu/CMwW6m65Nl9gKJo root@Client1
The key's randomart image is:
+---[RSA 3072]----+
|        .        |
|     o . o       |
|    o * + o      |
|   B + =..  .   |
|    + +.S.o+ o   |
|   . +o=.o= o o  |
|    Eo o..= o .  |
|      ..=o.+ . o|
|       =**o . o*|
+----[SHA256]-----+
[root@Client1 ~]# cat /root/.ssh/id_rsa.pub
ssh-rsa
AAAAB3NzaC1yc2EAAAADAQABAAABgQC7hJvuWFrTr3DIsbjCyfpg0RezjoL5OYjMdEIMIXhVcITi0J48I70W
pKkt2BrB75gpteYi4bApLdbOaY4MmVWhBaf/L8/2dhM7jWmYbHG9XNiOh1T2VKShQXTNjHSUO40s8IJiSVpO
/rgmuDuoiZD4h/8CVKSb9NHscItkuUrLgdbPEoOYVmyuiBZKA8Gm79Zz+z0IOGP8ISS7CWs/seW8yyOjr0zz
xEaXtVZAH5OUana3Jv6kO+LWYCAARSA28brtTRV/9i/DvTBm8G+ZOB6f85eg9moX8vbuOsifxTFaAKzd+2g7
5NcAt3MvuCZSFNEI8dQ+8H9X3fFIgv44hISj8TFQQjruFUC233qilvDnJi9EiaTIjhoX6ck1MGflSElPfAnD
KrLq0TzfsvD9PjuhWu0nnS6yKC7bMiXrfEqqWqB4I2hzIEg8/P1OrWccckK0UIZPgKcHfemezvYRBxuR8HRa
gRT7EDzmDToOiPoItxg/ifnTPyU/ZOxTW/86jlk= root@Client1
[root@Client1 ~]# cat /root/.ssh/id_rsa
```

（3）把客户端 Client1 中生成的公钥文件传送至服务器。

```
[root@Client1 ~]# ssh-copy-id student@192.168.10.1
/usr/bin/ssh-copy-id: INFO: attempting to log in with the new key(s), to filter out
any that are already installed
/usr/bin/ssh-copy-id: INFO: 1 key(s) remain to be installed -- if you are prompted
now it is to install the new keys
UnionTech OS Server 20 1050e
student@192.168.10.1's password: //此处输入服务器密码

Number of key(s) added: 1

Now try logging into the machine, with:   "ssh 'student@192.168.10.1'"
and check to make sure that only the key(s) you wanted were added.
```

（4）对服务器 Server01 进行设置（第 64 行），使其只允许密钥验证，拒绝传统的口令验证方式。即将 "PasswordAuthentication yes" 改为 "PasswordAuthentication no"。记得在修改配置文件后保存并重启 sshd 服务程序。

```
[root@Server01 ~]# vim /etc/ssh/sshd_config
......
 62 #PasswordAuthentication yes
 63 #PermitEmptyPasswords no
 64 PasswordAuthentication no
......
[root@Server01 ~]# systemctl restart sshd
```

（5）在客户端 Client1 上尝试使用 student 用户身份远程登录服务器，此时无须输入密码也可成功登录。同时，利用 ifconfig 命令可查看到 ens32 的 IP 地址是 192.168.10.1，即 Server01 的网卡和 IP 地址，说明已成功登录远程服务器 Server01。

```
[root@Client1 ~]# ssh student@192.168.10.1
UnionTech OS Server 20 1050e
Welcome to UnionTech OS Server 20


Upgradable packages: 0
Upgrade command line: yum upgrade

Activate the web console with: systemctl enable --now cockpit.socket

Last failed login: Tue May  9 05:40:46 CST 2023 from 192.168.10.20 on ssh:notty
There were 6 failed login attempts since the last successful login.


Welcome to 4.19.90-2211.5.0.0178.22.uel20.x86_64

System information as of time:            2023年 05月 09日 星期二 05:49:19 CST

System load:          0.08
Processes:            239
Memory used:          55.0%
Swap used:            7.9%
Usage On:             49%
IP address:           192.168.10.1
Users online:         2
To run a command as administrator(user "root"),use "sudo <command>".
[student@Server01 ~]$ ifconfig
ens32: flags=4163<UP,BROADCAST,RUNNING,MULTICAST>  mtu 1500
        inet 192.168.10.1  netmask 255.255.255.0  broadcast 192.168.10.255
        inet6 fe80::30f9:111f:3646:6f57  prefixlen 64  scopeid 0x20<link>
        inet6 fe80::b4bd:b799:e0d3:5d47  prefixlen 64  scopeid 0x20<link>
        ......
```

（6）在 Server01 上查看 Client1 的公钥是否传送成功。本例成功传送。

```
[root@Server01 ~]# cat /home/student/.ssh/authorized_keys
ssh-rsa
AAAAB3NzaC1yc2EAAAADAQABAAABgQC7hJvuWFrTr3DIsbjCyfpg0RezjoL5OYjMdEIMIXhVcITi0J4
8I70WpKkt2BrB75gpteYi4bApLdbOaY4MmVWhBaf/L8/2dhM7jWmYbHG9XNi0h1T2VKShQXTNjHSUO4
0s8IJiSVpO/rgmuDuoiZD4h/8CVKSb9NHscItkuUrLgdbPEo0YVmyuiBZKA8Gm79Zz+z0IOGP8ISS7C
Ws/seW8yyOjr0zzxEaXtVZAH5OUana3Jv6kO+LWYCAARSA28brtTRV/9i/DvTBm8G+ZOB6f85eg9moX
8vbuOsifxTFaAKzd+2g75NcAt3MvuCZSFNEI8dQ+8H9X3fFIgv44hISj8TFQQjruFUC233qilvDnJi9
EiaTIjhoX6ck1MGflSElPfAnDKrLq0TzfsvD9PjuhWu0nnS6yKC7bMiXrfEqqWqB4I2hzIEg8/P1OrW
ccckK0UIZPgKcHfemezvYRBxuR8HRagRT7EDzmDTo0iPoItxg/ifnTPyU/ZOxTW/86jlk=
root@Client1
```

2.4 拓展阅读 IPv4 和 IPv6

2019 年 11 月 26 日是全球互联网发展历程中值得铭记的一天，一封来自欧洲 IP 网络协调中心（Réseaux IP Européens Network Coordination Centre，RIPE NCC）的邮件宣布全球 43 亿个 IPv4 地址正式耗尽，人类互联网跨入了"IPv6 时代"。

全球 IPv4 地址耗尽到底是怎么回事？全球 IPv4 地址耗尽对我国有什么影响？该如何应对？

IPv4 的中文全称为第 4 版互联网协议，是 IP 开发过程中的第 4 个修订版本，也是此协议被广泛部署的第一个版本。IPv4 使用 32 位地址，地址空间中只有 4 294 967 296 个地址。全球 IPv4 地址耗尽意思就是全球联网设备越来越多，"这一串数字"不够用了。IP 地址是分配给每个联网设备的一系列号码，每个 IP 地址都是独一无二的。由于 IPv4 中规定 IP 地址的长度为 32 位，现在互联网快速发展，使得 IPv4 地址已经耗尽。IPv4 地址耗尽也意味着不能将任何新的 IPv4 设备添加到 Internet，目前各国已经开始积极布局 IPv6。

对于我国而言，在接下来的 IPv6 时代，我国有着巨大机遇，其中我国推出的"雪人计划"（详见本书 8.6 节）就是一件益国益民的大事，这一计划将助力中华民族的伟大复兴，助力我国在互联网方面取得更多话语权。

2.5 项目实训 配置 TCP/IP 网络接口和配置远程访问

1. 项目实训目的
（1）掌握统信 UOS V20 中 TCP/IP 网络的设置方法。
（2）学会使用命令检测网络配置。
（3）学会启用和禁用系统服务。
（4）掌握 SSH 服务及其应用。

2. 项目背景
（1）某企业新增了统信 UOS V20 服务器，但还没有配置 TCP/IP 网络参数，请设置好各 TCP/IP 参数，并连通网络（使用不同的方法）。

（2）要求用户能在多个配置文件中快速切换。在企业网络中使用笔记本电脑时，需要手动指定网络的 IP 地址，而回到家中则使用 DHCP 自动分配 IP 地址。

（3）通过 SSH 服务访问服务器，可以使用证书登录服务器，不需要输入服务器的用户名和密码。

（4）使用虚拟网络控制台（Virtual Network Console，VNC）服务远程访问主机，桌面端口号为 1。

3. 项目实训内容
在统信 UOS V20 中练习 TCP/IP 网络设置和网络检测，创建实用的网络会话、SSH 服务和 VNC 服务。

4. 做一做
完成项目实训，检查学习效果。

2.6 练习题

一、填空题

1. _____文件主要用于设置基本的网络配置参数，包括主机名、网关等。

2. 一块网卡对应一个配置文件，配置文件位于目录_____中，文件名以_____开始。

3. 客户端的 DNS 服务器的 IP 地址由_____文件指定。

4. 查看系统的守护进程可以使用_____命令。

5. 只有处于_____模式的网卡设备才可以绑定网卡，否则网卡间无法互相传送数据。

6. _____是一种能够以安全的方式提供远程登录的协议，也是目前_____统信 UOS V20 的首选方式。

7. _____是基于 SSH 协议开发的一款远程管理服务程序，不仅使用方便、快捷，而且提供了两种安全验证的方法：_____和_____。其中_____方法相对来说更安全。

8. scp（secure copy，安全复制）是一个基于_____协议在网络之间进行安全传输的命令，其格式为_____。

二、选择题

1. （   ）命令能用来显示服务器当前正在监听的端口。

A. ifconfig   B. netlst   C. iptables   D. netstat

2. 文件（   ）存放主机名到 IP 地址的映射。

A. /etc/hosts   B. /etc/host   C. /etc/host.equiv   D. /etc/hdinit

3. 统信 UOS V20 提供了一些网络测试命令，当与某远程网络连接不上时，需要跟踪路由查看，以便了解网络的什么位置出现了问题。请从下面的命令中选出达到该目的的命令。（   ）

A. ping   B. ifconfig   C. traceroute   D. netstat

4. 拨号上网使用的协议通常是（   ）。

A. PPP   B. UUCP   C. SLIP   D. Ethernet

三、补充表格

请将 nmcli 命令及其作用在表 2-4 中补充完整。

表 2-4　nmcli 命令及其作用

nmcli 命令	作用
	显示所有连接
	显示所有活动的连接状态
nmcli connection show "ens32"	
nmcli device status	
nmcli device show ens32	
	查看帮助信息
	重新加载配置
nmcli connection down test2	
nmcli connection up test2	

nmcli 命令	作用
	禁用 ens32 网卡
nmcli device connect ens32	

四、简答题

1. 在统信 UOS V20 中有多种方法可以配置网络参数，请列举几种。

2. 在统信 UOS V20 中，当通过修改其配置文件中的参数来配置服务程序时，若想要让新的配置文件生效，还需要执行什么操作？

3. 想要把本地文件/root/myout.txt 传送到地址为 192.168.10.20 的服务器的/home 目录下，且本地主机与服务器使用的系统均为统信 UOS V20，较简便的传送方式是什么？

项目3
配置与管理防火墙和SELinux

03

项目导入

某高校组建了校园网，并且已经架设了具有 Web、FTP、DNS、DHCP、mail 等功能的服务器来为校园网用户提供服务，现有如下问题需要解决。

（1）需要架设防火墙以保障校园网的安全。

（2）校园网使用的是私有地址，需要转换网络地址，使校园网中的用户能够访问互联网。

本项目由统信 UOS V20 的防火墙 firewalld 来实现，通过部署防火墙 firewalld 和 NAT，能够实现上述功能。

项目目标

- 了解防火墙的分类及工作原理。
- 了解 NAT。
- 掌握 firewalld 防火墙的配置方法。

- 掌握利用 firewalld 实现 NAT。

素养提示

- 明确职业技术岗位所需的职业规范和精神，树立社会主义核心价值观。

- "大学之道，在明明德，在亲民，在止于至善。""'高山仰止，景行行止。'虽不能至，然心乡往之"。了解计算机的主奠基人——华罗庚教授，知悉读大学的真正含义，以德化人，激发学生的科学精神和爱国情怀。

3.1 项目知识准备

3.1.1 防火墙概述

防火墙的本义是指一种防护建筑物，古代建造木制结构房屋时，为防止火灾发生和蔓延，人们在房屋周围将石块堆砌成石墙，这种防护建筑物称为"防火墙"。

通常所说的网络防火墙套用了古代的防火墙的喻义，它指的是隔离在本地网络与外界网络之间的一个防御系统。防火墙可以使企业内网与 Internet 之间或者与其他外网之间互相隔离、限制网络互访，以此来保护内网。

防火墙的分类方法多种多样，不过从传统意义上讲，防火墙大致可以分为三大类，分别是"包过滤""应用代理""状态检测"。无论防火墙的功能多么强大，性能多么完善，归根结底都是在这 3 种技术的基础之上扩展功能的。

3.1.2　iptables 与 firewalld

早期的 Linux 系统采用 ipfwadm 作为防火墙，但在 2.2.0 版本中，ipfwadm 被 ipchains 取代。

Linux 2.4 发布后，netfilter/iptables 数据包过滤系统正式使用。它引入了很多重要的改进，如基于状态的功能、基于任何传输控制协议（Transmission Control Protocol，TCP）标记和 MAC 地址的包过滤功能、更灵活的配置和记录功能、强大且简单的 NAT 功能和透明代理功能等，然而，最重要的变化是引入了模块化的架构方式，这使得 iptables 的运用和功能扩展更加方便、灵活。

netfilter/iptables 数据包过滤系统实际是由 netfilter 和 iptables 两个组件构成的。netfilter 是集成在内核中的一部分，它的作用是定义、保存相应的规则。iptables 是一种工具，用以修改信息的过滤规则及其他配置。用户可以通过 iptables 来设置适合当前环境的规则，而这些规则会保存在内核空间中。如果将 netfilter/iptables 数据包过滤系统比作一辆功能完善的汽车，那么 netfilter 就像是发动机、车轮等部件，它可以让汽车发动、行驶，iptables 则像方向盘、刹车、油门等，汽车行驶的方向、速度都要靠 iptables 来控制。

对于统信 UOS V20 而言，采用 netfilter/iptables 数据包过滤系统能够节约软件成本，并可以提供强大的数据包过滤控制功能，iptables 是理想的防火墙解决方案。

在统信 UOS V20 中，firewalld 防火墙取代了 iptables 防火墙。实际上，iptables 与 firewalld 都不是真正的防火墙，它们都只是用来定义防火墙策略的防火墙管理工具，或者说，它们只是一种服务。iptables 服务会把配置好的防火墙策略交由内核层面的 netfilter 网络过滤器来处理，而 firewalld 服务则把配置好的防火墙策略交由内核层面的 iptables 包过滤框架来处理。换句话说，当前在统信 UOS V20 中其实存在多个防火墙管理工具，旨在方便运维人员管理统信 UOS V20 中的防火墙策略，我们只需要配置妥当其中的一个就足够了。虽然这些工具各有优劣，但它们在防火墙策略的配置思路上是保持一致的。

3.1.3　NAT 基础知识

网络地址转换器（Network Address Translator，NAT）位于使用专用地址的内联网（Intranet）和使用公用地址的 Internet 之间。

1. NAT 的主要功能

NAT 主要具有以下几种功能。

（1）从 Intranet 传出的数据包由 NAT 将它们的专用地址转换为公用地址。

（2）从 Internet 传入的数据包由 NAT 将它们的公用地址转换为专用地址。

（3）支持多重服务器和负载均衡。

（4）实现透明代理。

这样在内网中，计算机使用未注册的专用 IP 地址，而在与外网通信时，计算机使用注册的公用 IP 地址，大大降低了连接成本。同时 NAT 也起到将内网隐藏起来、保护内网的作用，因为对于外部用户来说，只有使用公用 IP 地址的 NAT 是可见的，这类似于防火墙的安全措施。

2. NAT 的工作过程

NAT 的工作过程主要有以下 4 个步骤，如图 3-1 所示。

① 客户端将数据包发送给运行 NAT 的计算机。

② NAT 将数据包中的端口号和专用 IP 地址转换成自己的端口号和公用 IP 地址，然后将数据包发送给外网的目的主机，同时在转换表中记录一个跟踪信息，以便向客户端发送回答信息。

③ 外网发送回答信息给 NAT。

④ NAT 将收到的数据包中的端口号和公用 IP 地址转换为客户端的端口号和内网使用的专用 IP 地址并转发给客户端。

以上步骤对于内网的主机和外网的主机都是透明的，对它们来讲就如同直接通信。

运行 NAT 的计算机有两块网卡、两个 IP 地址，IP 地址 1 为 192.168.0.1，IP 地址 2 为 202.162.4.1。

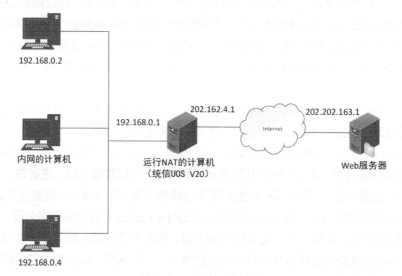

图 3-1　NAT 的工作过程

下面举例说明 NAT 的工作过程。

① 192.168.0.2 计算机用户使用 Internet 连接到位于 202.202.163.1 的 Web 服务器，用户计算机将创建带有下列信息的 IP 数据包。

目标 IP 地址：202.202.163.1。

源 IP 地址：192.168.0.2。

目标端口：TCP 端口 80。

源端口：TCP 端口 1350。

② IP 数据包被转发到运行 NAT 的计算机上，它将传出的数据包地址转换成下面的形式。

目标 IP 地址：202.202.163.1。

源 IP 地址：202.162.4.1。

目标端口：TCP 端口 80。

源端口：TCP 端口 2500。

③ NAT 协议在转换表中保留了{192.168.0.2，TCP 1350}到 {202.162.4.1，TCP 2500}的映射，以便回传。

④ 转发的 IP 数据包是通过 Internet 发送的。接收时，IP 数据包包含以下公用地址信息。

目标 IP 地址：202.162.4.1。

源 IP 地址：202.202.163.1。

目标端口：TCP 端口 2500。

源端口：TCP 端口 80。

⑤ NAT 协议检查转换表,将公用地址映射为专用地址,并将 IP 数据包转发给位于 192.168.0.2 的计算机。转发的 IP 数据包包含以下专用地址信息。

目标 IP 地址：192.168.0.2。

源 IP 地址：202.202.163.1。

目标端口：TCP 端口 1350。

源端口：TCP 端口 80。

说明 对于来自 NAT 服务器的传出数据包，源 IP 地址（专用地址）被映射到因特网服务提供方（Internet Service Provider, ISP）分配的目标 IP 地址（公用地址），并且 TCP/UDP（User Datagram Protocol，用户数据报协议）端口号也会被映射到相应的 TCP/UDP 端口号。对于来自 NAT 服务器的传入数据包，目标 IP 地址（公用地址）被映射到源 IP 地址（专用地址），并且 TCP/UDP 端口号被重新映射回源 TCP/UDP 端口号。

3. NAT 的分类

（1）源 NAT（Source NAT，SNAT）：修改第一个包的源 IP 地址。SNAT 会在包送出之前的"最后一刻"做好路由后（Post-Routing）的动作。统信 UOS V20 中的 IP 伪装（MASQUERADE）就是 SNAT 的一种特殊形式。

（2）目的 NAT（Destination NAT，DNAT）：修改第一个包的目的 IP 地址。DNAT 总是在包进入后立刻进行预路由（Pre-Routing）动作。端口转发、负载均衡和透明代理均属于 DNAT。

3.1.4 SELinux

安全增强型 Linux（Security-Enhanced Linux，SELinux）是一个由美国国家安全局（National Security Agency，NSA）开发的安全子系统，它通过强制访问控制（Mandatory Access Control，MAC）实现对 Linux 系统的安全加固，可以帮助系统管理员更好地保护系统免受恶意攻击和安全漏洞的影响。

SELinux 通过限制进程的访问权限，实现了对系统资源（如文件、设备、网络端口等）的细粒度访问控制。这种限制使得系统更加安全，可以防止许多常见的安全攻击，如缓冲区溢出、提权攻击等。

SELinux 的实现基于一些核心概念，包括安全策略、安全上下文和 SELinux 模块。系统管理员可以使用命令行工具来管理 SELinux 策略，如 semanage、setsebool、sestatus 等。

对于统信 UOS V20 系统管理员来说，学好 SELinux 是必不可少的，因为它可以提高系统的安全性，减少系统遭受恶意攻击的风险。同时需要了解 SELinux 的工作原理和基本用法，以便在日常的系统管理中更好地应用它。

1. DAC

Linux 上传统的访问控制标准是自主访问控制（Discretionary Access Control，DAC）。在这种形式下，一个软件或守护进程以用户 ID（User ID，UID）或设置用户 ID（Set User ID，SUID）的身份运行，并且拥有该用户的目标（文件、套接字以及其他进程）权限。这使得恶意代码很容易运行在特定权限之下，从而取得访问关键的子系统的权限。而最致命的问题是，root 用户不受任何管制，可以无限制地访问系统上的任何资源。

2. MAC

MAC 是一种强制访问控制机制，它是在 DAC 机制的基础上发展起来的。在 MAC 机制中，访问控制是由系统管理员预先定义好的规则决定的，而不是由用户或进程的自愿行为决定的。这些规则通常基于一些安全策略和标签，用于标识和限制系统中的资源和进程之间的访问关系。

在统信 UOS V20 中，SELinux 是 MAC 理论的重要实现之一。当一个进程尝试访问一个资源时，SELinux 会根据系统中预先定义好的安全策略和标签进行检查，并根据检查结果决定是否允许访问。

与 DAC 机制相比，MAC 机制更加安全，因为它可以避免用户或进程的错误操作对系统造成的影响。即使进程以 root 权限运行，也需要遵守系统中预先定义好的安全策略和规则，否则访问会被拒绝。这种限制使得系统更加安全，可以防止许多常见的安全攻击，如缓冲区溢出、提权攻击等。

在统信 UOS V20 中，DAC 和 MAC 两种机制都可以起作用，通过两种机制共同过滤能达到更好的安全效果。系统管理员可以根据实际需求，灵活地调整系统中的安全策略和规则，以确保系统的安全性和稳定性。

3. SELinux 工作机制

与 SELinux 相关的概念如下。

- 主体（Subject）。
- 目标（Object）。
- 策略（Policy）。
- 模式（Mode）。

当一个主体（如一个程序）尝试访问一个目标（如一个文件）时，内核中的 SELinux 安全服务器（SELinux Security Server）将在策略数据库（Policy Database）中运行一个检查。该检查基于当前的模式，如果 SELinux 安全服务器授予权限，该主体就能够访问该目标；如果 SELinux 安全服务器拒绝了权限，就会在/var/log/messages 中记录一条拒绝信息。

3.2 项目设计与准备

3.2.1 项目设计

在网络建立初期，人们只考虑如何实现通信而忽略了网络的安全。使用防火墙可以使企业内网与 Internet 之间或者与其他外网之间互相隔离、限制网络互访，从而保护内网。

3-2 课堂慕课

配置与管理防
火墙和 SELinux

大量拥有内部地址的机器组成了企业内网，那么如何连接内网与 Internet？iptables、firewalld、NAT 服务器将是很好的选择，它们能够解决内网访问 Internet 的问题，并提供访问的优化和控制功能。

本项目在安装了统信 UOS V20 的服务器 Server01 和 Server02 上配置 firewalld 和 NAT，项目配置拓扑图会在任务中详细说明。

3.2.2 项目准备

部署 firewalld 和 NAT 应满足下列需求。

（1）服务器安装好统信 UOS V20，并且必须保证常用服务正常工作。客户端使用统信 UOS V20 或 Windows 操作系统。服务器和客户端能够通过网络进行通信。

（2）若利用虚拟机设置网络环境，则需要 3 台安装好统信 UOS V20 的计算机。

本项目要完成的任务如下。

（1）使用 firewalld。

（2）配置 SELinux。

可以使用 VM ware Workstation 的"克隆"技术快速安装需要的统信 UOS V20 客户端。

3.3 项目实施

任务 3-1 使用 firewalld 服务

统信 UOS V20 内置多款防火墙管理工具，其中 firewalld 提供了支持网络/防火墙区域（zone）定义的网络连接和接口安全等级的动态防火墙管理工具，称为统信 UOS V20 的动态防火墙管理器。这个管理器提供了基于命令行界面（Command Line Interface，CLI）和基于图形用户界面（Graphical User Interface，GUI）的两种管理方式。

相比传统的防火墙管理工具，firewalld 支持动态更新技术并加入了区域的概念。区域是预先准备的防火墙策略集合，用户可以根据场景需要选择合适的策略集合，实现防火墙策略之间的快速切换。例如，一台笔记本电脑在办公室、咖啡厅和家里使用。这 3 个场景的安全性按照由高到低的顺序应该是家里、办公室、咖啡厅。现在，我们可以为这台笔记本电脑制定如下防火墙策略：在家里允许访问所有服务；在办公室内仅允许访问文件共享服务；在咖啡厅仅允许上网浏览。我们只需要预设好区域，就可以轻松切换防火墙策略，大大提升了防火墙策略的应用效率。

传统的防火墙管理方式中，经常需要手动设置防火墙策略，而且 root 用户不受任何防火墙策略的限制。但在统信 UOS V20 中，firewalld 支持动态更新技术和区域概念，有效解决了这些问题。firewalld 中常见的区域名称（默认为 public）及默认策略如表 3-1 所示。

表 3-1　firewalld 中常见的区域名称及默认策略

区域名称	默认策略
trusted	允许所有的数据包
home	拒绝流入的流量，除非与流出的流量相关。如果流量与 ssh、mdns、ipp-client、amba-client、dhcpv6-client 服务相关，则允许进入
internal	等同于 home 区域
work	拒绝流入的流量，除非与流出的流量相关。如果流量与 ssh、ipp-client、dhcpv6-client 服务相关，则允许进入
public	拒绝流入的流量，除非与流出的流量相关。如果流量与 ssh、dhcpv6-client 服务相关，则允许进入
external	拒绝流入的流量，除非与流出的流量相关。如果流量与 ssh 服务相关，则允许进入
dmz	拒绝流入的流量，除非与流出的流量相关。如果流量与 ssh 服务相关，则允许进入
block	拒绝流入的流量，除非与流出的流量相关
drop	拒绝流入的流量，除非与流出的流量相关

1. 使用终端管理工具

命令行终端是一种极富效率的工作方式，firewall-cmd 是 firewalld 防火墙管理工具的 CLI 版本。它的选项一般都是"长格式"，但幸运的是，统信 UOS V20 支持部分命令的选项补齐。现在除了可以用"Tab"键自动补齐命令或文件名等内容之外，还可以用"Tab"键来补齐表 3-2 所示的长格式选项。firewall-cmd 命令中使用的选项及作用如表 3-2 所示。

表 3-2　firewall-cmd 命令中使用的选项及作用

选项	作用
--get-default-zone	查询默认的区域名称
--set-default-zone=<区域名称>	设置默认的区域，使其永久生效
--get-zones	显示可用的区域
--get-services	显示预先定义的服务
--get-active-zones	显示当前正在使用的区域与网卡名称
--add-source=源 IP 地址或子网	将源自此 IP 地址或子网的流量导向某个指定的区域
--remove-source--zone=目标区域	不再将源自此 IP 地址或子网的流量导向某个指定的区域
--add-interface=<网卡名称>	将源自该网卡的所有流量都导向某个指定的区域
--change-interface=<网卡名称>	将某块网卡与区域关联
--list-all	显示当前区域的网卡配置参数、资源、端口以及服务等信息
--list-all-zones	显示所有区域的网卡配置参数、资源、端口以及服务等信息
--add-service=<服务名>	设置默认区域允许该服务的流量
--add-port=<端口号/协议>	设置默认区域允许该端口或协议的流量

续表

选项	作用
--remove-service=<服务名>	设置默认区域不再允许该服务的流量
--remove-port=<端口号/协议>	设置默认区域不再允许该端口或协议的流量
--reload	让"永久生效"的配置规则立即生效,并覆盖当前的配置规则
--panic-on	开启应急状况模式
--panic-off	关闭应急状况模式

与统信 UOS V20 中的其他防火墙管理工具一样,使用 firewalld 配置的防火墙策略默认为运行时模式,也称为当前生效模式。这意味着在系统重启后,这些配置将失效。如果想让配置一直存在,就需要使用永久模式。方法是在使用 firewall-cmd 命令正常设置防火墙策略时添加--permanent 选项。这样,配置的防火墙策略就可以永久生效了。然而,永久模式的特点是不太友好,因为只有在系统重启后,设置的策略才会自动生效。如果想让策略立即生效,就需要执行 firewall-cmd --reload 命令。

接下来的实验都很简单,但是提醒大家一定要仔细查看这里使用的是运行时模式还是永久模式。如果不关注这个细节,则即使正确配置了防火墙策略,也可能无法达到预期的效果。

(1) systemctl 命令速查。

```
systemctl unmask firewalld                    #执行命令即可实现取消服务的锁定
systemctl mask firewalld                      #下次需要锁定该服务时执行
systemctl start firewalld.service             #启动防火墙
systemctl stop firewalld.service              #禁用防火墙
systemctl reload firewalld.service            #重载配置
systemctl restart firewalld.service           #重启服务
systemctl status firewalld.service            #显示服务的状态
systemctl enable firewalld.service            #在开机时启用服务
systemctl disable firewalld.service           #在开机时禁用服务
systemctl is-enabled firewalld.service        #查看服务是否开机启动
systemctl list-unit-files|grep enabled        #查看已启动的服务列表
systemctl --failed                            #查看启动失败的服务列表
```

(2) firewall-cmd 命令速查。

```
firewall-cmd --state                          #查看防火墙状态
firewall-cmd --reload                         #更新防火墙规则
firewall-cmd --state                          #查看防火墙状态
firewall-cmd --reload                         #重载防火墙规则
firewall-cmd --list-ports                     #查看所有打开的端口
firewall-cmd --list-services                  #查看所有允许的服务
firewall-cmd --get-services                   #获取所有支持的服务
```

(3) 区域相关命令速查。

```
firewall-cmd --list-all-zones                 #查看所有区域信息
firewall-cmd --get-active-zones               #查看活动区域信息
firewall-cmd --set-default-zone=public        #设置 public 为默认区域
firewall-cmd --get-default-zone               #查看默认区域信息
firewall-cmd --zone=public --add-interface=eth0  #将接口 eth0 加入区域 public
```

（4）接口相关命令速查。

```
firewall-cmd --zone=public --remove-interface=ens33    #从区域 public 中删除接口 ens33
firewall-cmd --zone=default --change-interface=ens33   #修改接口 ens33 所属区域为 default
firewall-cmd --get-zone-of-interface=ens33             #查看接口 ens33 所属区域
```

（5）端口控制命令速查。

```
firewall-cmd --add-port=80/tcp --permanent                    #永久开启 80 端口（全局）
firewall-cmd --remove-port=80/tcp --permanent                 #永久关闭 80 端口（全局）
firewall-cmd --add-port=65001-65010/tcp --permanent           #永久开启 65001～65010 端口（全局）
firewall-cmd --zone=public --add-port=80/tcp --permanent
#永久开启 80 端口（区域 public）
firewall-cmd --zone=public --remove-port=80/tcp --permanent
#永久关闭 80 端口（区域 public）
firewall-cmd --zone=public --add-port=65001-65010/tcp --permanent
#永久开启 65001～65010 端口（区域 public）
firewall-cmd --query-port=8080/tcp                            #查询端口是否开放
firewall-cmd --permanent --add-port=80/tcp                    #开放 80 端口
firewall-cmd --permanent --remove-port=8080/tcp               #移除端口
firewall-cmd --reload                                         #重启防火墙（修改配置后要重启防火墙）
```

（6）使用终端管理工具实例。

① 查看 firewalld 服务的当前状态和使用的区域。

```
[root@Server01 ~]# firewall-cmd --state                       #查看防火墙状态
[root@Server01 ~]# systemctl restart firewalld
[root@Server01 ~]# firewall-cmd --get-default-zone            #查看默认区域
public
```

② 查询防火墙生效的 ens33 网卡在 firewalld 服务中的区域。

```
[root@Server01 ~]# firewall-cmd --get-active-zones           #查看当前防火墙中生效的区域
[root@Server01 ~]# firewall-cmd --set-default-zone=trusted   #设定默认区域
```

③ 把 firewalld 服务中 ens33 网卡的默认区域修改为 external，并在系统重启后生效。分别查看运行时模式与永久模式下的区域名称。

```
[root@Server01 ~]# firewall-cmd --list-all --zone=work       #查看指定区域的防火墙策略
[root@Server01 ~]# firewall-cmd --permanent --zone=external --change-interface=ens33
success
[root@Server01 ~]# firewall-cmd --get-zone-of-interface=ens33
external
[root@Server01 ~]# firewall-cmd --permanent --get-zone-of-interface=ens33
external
```

④ 把 firewalld 服务的当前默认区域设置为 public。

```
[root@Server01 ~]# firewall-cmd --set-default-zone=public
[root@Server01 ~]# firewall-cmd --get-default-zone
public
```

⑤ 启动或关闭 firewalld 服务的应急状况模式，阻断一切网络连接（远程控制服务器时请慎用）。

```
[root@Server01 ~]# firewall-cmd --panic-on
success
[root@Server01 ~]# firewall-cmd --panic-off
success
```

⑥ 查询 public 区域是否允许请求 SSH 和超文本传输安全协议（Hypertext Transfer Protocol Secure，HTTPS）的流量。

```
[root@Server01 ~]# firewall-cmd --zone=public --query-service=ssh
yes
[root@Server01 ~]# firewall-cmd --zone=public --query-service=https
no
```

⑦ 把 firewalld 服务中请求 HTTPS 的流量设置为永久允许，并立即生效。

```
[root@Server01 ~]# firewall-cmd --get-services          #查看所有可以设定的服务
[root@Server01 ~]# firewall-cmd --zone=public --add-service=https
[root@Server01 ~]# firewall-cmd --permanent --zone=public --add-service=https
[root@Server01 ~]# firewall-cmd --reload
[root@Server01 ~]# firewall-cmd --list-all               #查看生效的防火墙策略
success
```

⑧ 把 firewalld 服务中请求 HTTPS 的流量设置为永久拒绝，并立即生效。

```
[root@Server01 ~]# firewall-cmd --permanent --zone=public --remove-service=https
success
[root@Server01 ~]# firewall-cmd --reload
[root@Server01 ~]# firewall-cmd --list-all               #查看生效的防火墙策略
```

⑨ 把在 firewalld 服务中访问 8088 和 8089 端口的流量策略设置为允许，但仅限当前生效。

```
[root@Server01 ~]# firewall-cmd --zone=public --add-port=8088-8089/tcp
success
[root@Server01 ~]# firewall-cmd --zone=public --list-ports
8088-8089/tcp
```

富规则（Rich Rules）是指一种更加复杂和灵活的防火墙规则配置方法，它允许用户根据更多的信息来制定防火墙策略。相比于基本的端口和协议规则，firewalld 中的富规则允许用户根据系统服务、端口号、源地址和目标地址等多个因素来更细致地定制防火墙的行为。它的优先级在所有的防火墙策略中也是最高的。

2. 使用图形管理工具

firewall-config 是 firewalld 防火墙管理工具的 GUI 版本，几乎可以实现所有用命令行来执行的操作。毫不夸张地说，即使读者没有扎实的 Linux 命令基础，也完全可以通过它来妥善配置统信 UOS V20 中的防火墙策略。

默认已经安装 firewall-config。

启动图形界面的 firewalld。

（1）在终端输入命令 firewall-config，打开图 3-2 所示的 firewall-config 界面，其功能具体如下。

① 选择运行时模式或永久模式的配置。

② 提供可选的区域集合列表。

③ 显示常用的系统服务列表。

④ 显示当前正在使用的区域。

⑤ 管理当前被选中区域中的服务。

⑥ 管理当前被选中区域中的端口。

⑦ 开启或关闭 SNAT 技术。

⑧ 设置端口转发策略。

⑨ 控制请求互联网控制报文协议（Internet Control Message Protocol，ICMP）服务的流量。

⑩ 管理防火墙的富规则。

⑪ 管理网卡设备。

⑫ 当被选中区域的服务勾选了相应服务前面的复选框时，表示允许相关服务的流量通过防火墙。

图 3-2　firewall-config 界面

特别注意 在使用 firewall-config 工具配置完防火墙策略之后，无须进行二次确认，因为只要修改了内容，它就会自动保存。

（2）将当前区域中请求 http 服务的流量设置为允许，但仅限当前生效，具体配置如图 3-3 所示。

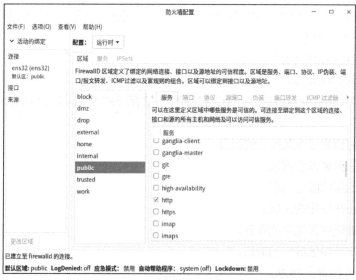

图 3-3　允许请求 http 服务的流量

（3）尝试添加一条防火墙策略，使其放行访问 8088~8089 端口（TCP）的流量，并将其设置为永久生效，以达到系统重启后防火墙策略依然生效的目的。

① 单击**"端口"**→**"添加"**，打开**"端口和协议"**窗口。

② 配置完毕，单击**"确定"**按钮，如图 3-4 所示。

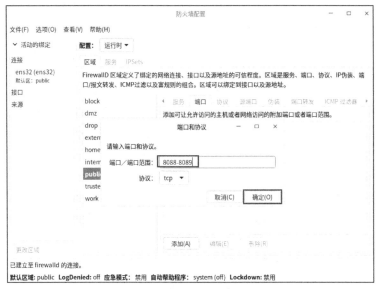

图 3-4 "端口和协议"窗口

③ 在"选项"菜单中选择"重载防火墙"命令，让配置的防火墙策略立即生效，如图 3-5 所示。这与在命令行中执行--reload 选项的效果一样。

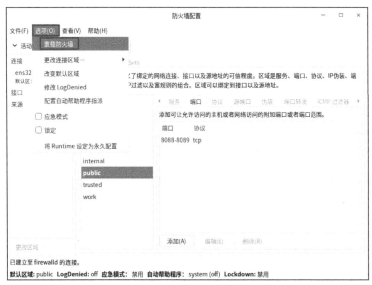

图 3-5 让配置的防火墙策略立即生效

任务 3-2 设置 SELinux 的模式

SELinux 有 3 个模式（可以由用户设置）。这些模式将规定 SELinux 在主体请求时如何应对。

- Enforcing（强制）：SELinux 策略强制执行，基于 SELinux 策略规则授予或拒绝主体对目标的访问权限。
- Permissive（宽容）：SELinux 策略不强制执行，没有实际拒绝访问，但会有拒绝信息写入日志文件/var/log/messages。
- Disabled（禁用）：完全禁用 SELinux，使 SELinux 不起作用。

1. 使用配置文件设置 SELinux 的模式

与 SELinux 相关的文件主要有以下 3 类。

- /etc/selinux/config 和/etc/sysconfig/selinux：主要用于打开和关闭 SELinux。
- /etc/selinux/targeted/contexts：主要用于对 contexts 的配置。contexts 是 SELinux 的安全上下文，是 SELinux 实现安全访问的重要功能。
- /etc/selinux/targeted/policy：SELinux 策略文件。

对于大多数用户而言，直接修改/etc/selinux/config 和/etc/sysconfig/selinux 文件来控制是否启用 SELinux 就可以了。另外，因为/etc/sysconfig/selinux 文件是/etc/selinux/config 的链接文件，所以只要修改一个文件的内容，另一个文件就会同步改变。

【例 3-1】查看/etc/selinux/config 文件。

```
[root@Server01 ~]# cat /etc/selinux/config

# This file controls the state of SELinux on the system.
# SELINUX= can take one of these three values:
#     enforcing - SELinux security policy is enforced.
#     permissive - SELinux prints warnings instead of enforcing.
#     disabled - No SELinux policy is loaded.
SELINUX=disabled
# SELINUXTYPE=can take one of these three values:
#     targeted - Targeted processes are protected,
#     minimum - Modification of targeted policy. Only selected processes are protected.
#     mls - Multi Level Security protection.
SELINUXTYPE=targeted
```

2. 使用命令行命令更改 SELinux 的模式

可以使用命令行命令 setenforce 更改 SELinux 的模式。

> **注意** 使用命令更改 SELinux 的模式，只能临时生效，重启计算机后会失效。

【例 3-2】将 SELinux 的模式改为宽容模式。

```
[root@Server01 ~]# getenforce              #检查当前 SELinux 的运行状态
disabled
[root@Server01 ~]# sed -i 's/SELINUX=disabled/SELINUX=permissive/g'/etc/selinux
/config                                    #切换到宽容模式
[root@Server01 ~]# reboot                  #重启以生效
[root@Server01 ~]# getenforce              #检查当前 SELinux 的运行状态
Permissive
[root@Server01 ~]# setenforce 1            #1 代表强制模式
[root@Server01 ~]# getenforce
```

```
Enforcing
[root@Server01 ~]# setenforce 0              #0 代表宽容模式
[root@Server01 ~]# getenforce
Permissive
[root@Server01 ~]# sestatus                  #查看 SELinux 的运行状态
SELinux status:                enabled
SELinuxfs mount:               /sys/fs/selinux
SELinux root directory:        /etc/selinux
Loaded policy name:            targeted
Current mode:                  permissive
Mode from config file:         permissive
Policy MLS status:             enabled
Policy deny_unknown status:    allowed
Memory protection checking:    actual (secure)
Max kernel policy version:     31
```

任务 3-3 设置 SELinux 安全上下文

SELinux contexts 称为 SELinux 安全上下文,简称上下文。在运行 SELinux 的系统中,所有的进程和文件都被标记上与安全有关的信息,这就是安全上下文。查看用户、进程和文件的命令都带有一个选项-Z,可以通过此选项查看安全上下文。

【例 3-3】查看用户、文件和进程的安全上下文。

```
[root@Server01 ~]# id -Z                    #查看用户的安全上下文
unconfined_u:unconfined_r:unconfined_t:s0-s0:c0.c1023
[root@Server01 ~]# ls -Zl                   #查看文件的安全上下文
总用量 8
-rw-------. 1 root  root  system_u:object_r:admin_home_t:s0 1065  5 月   7 12:06
anaconda-ks.cfg
 drwxr-xr-x. 3 root root system_u:object_r:admin_home_t:s0 138  5月  8 14:00 Desktop
 drwxr-xr-x. 2 root  root  system_u:object_r:admin_home_t:s0     6  5 月   7 12:03
Documents
 drwxr-xr-x. 2 root  root  system_u:object_r:admin_home_t:s0     6  5 月   7 12:03
Downloads
-rw-------. 1 root  root  system_u:object_r:admin_home_t:s0 1339  5 月   7 12:14
initial-setup-ks.cfg
 drwxr-xr-x. 2 root root system_u:object_r:admin_home_t:s0   32  5月  7 12:03 Music
 drwxr-xr-x. 3 root root system_u:object_r:admin_home_t:s0   24  5月  7 12:03 Pictures
 drwxr-xr-x. 2 root root system_u:object_r:admin_home_t:s0     6  5 月   7 12:03 Videos
[root@Server01 ~]# ps -Z                    #查看进程的安全上下文
LABEL                          PID TTY        TIME CMD
unconfined_u:unconfined_r:unconfined_t:s0-s0:c0.c1023 2858 pts/0 00:00:00 bash
unconfined_u:unconfined_r:unconfined_t:s0-s0:c0.c1023 3304 pts/0 00:00:00 ps
```
安全上下文有 5 个安全元素。

- user:指示登录系统的用户类型,如 root、user_u、system_u 等,多数本地进程都属于自由(unconfined)进程。
- role:定义文件、进程和用户的角色,如 object_r 和 system_r。
- type:指定主体、客体的数据类型,规则中定义了何种进程类型访问何种文件。

- sensitivity：由组织定义的分层安全级别，如 unclassified、secret 等，一个对象有且只有一个 sensitivity，分为 0~15 级，s0 最低，Target 策略集默认使用 s0。
- category：对于特定组织划分不分层的分类，如 FBI Secret、NSA Secret，一个对象可以有多个 catEgory，从 c0 到 c1023 共 1024 个分类。

【例 3-4】使用 semanage 命令查看系统默认的安全上下文。

```
[root@Server01 ~]# semanage fcontext -l | head -10
SELinux fcontext              类型                  上下文

/                        directory           system_u:object_r:root_t:s0
/.*                      all files           system_u:object_r:default_t:s0
/[^/]+                   regular file        system_u:object_r:etc_runtime_t:s0
/\.autofsck              regular file        system_u:object_r:etc_runtime_t:s0
/\.autorelabel           regular file        system_u:object_r:etc_runtime_t:s0
......
```

文件的安全上下文是可以更改的，可以使用 chcon 命令来实现。如果系统执行重新标记安全上下文或执行恢复安全上下文操作，则 chcon 命令的更改将会失效。

【例 3-5】使用 chcon 命令修改安全上下文类型。

```
[root@Server01 ~]# ls -Zl anaconda-ks.cfg          #查看anaconda-ks.cfg文件的安全上下文类型
-rw-------. 1 root root system_u:object_r:admin_home_t:s0 1065   5 月   7 12:06
anaconda-ks.cfg
[root@Server01 ~]# chcon -t httpd_cache_t anaconda-ks.cfg #修改文件的安全上下文类型
[root@Server01 ~]# ls -Zl anaconda-ks.cfg
-rw-------. 1 root root system_u:object_r:httpd_cache_t:s0 1065   5 月   7 12:06
anaconda-ks.cfg
[root@Server01 ~]# restorecon -v anaconda-ks.cfg   #恢复 anaconda-ks.cfg 文件的安全上下文类型
Relabeled  /root/anaconda-ks.cfg  from  system_u:object_r:httpd_cache_t:s0  to
system_u:object_r:admin_home_t:s0
[root@Server01 ~]# ls -Zl anaconda-ks.cfg
-rw-------. 1 root root system_u:object_r:admin_home_t:s0 1065   5 月   7 12:06
anaconda-ks.cfg
```

任务 3-4   管理布尔值

SELinux 既可以用来控制对文件的访问，也可以用来控制对各种网络服务的访问。其中，SELinux 安全上下文可实现对文件的访问控制，管理布尔值可实现对网络服务的访问控制。

基于不同的网络服务，管理布尔值为其设置了一个开关，用于精确地对某种网络服务的某个选项进行保护。下面是几个例子。

【例 3-6】查看系统中所有管理布尔值的设置。

```
[root@Server01 ~]# getsebool -a
abrt_anon_write --> off
abrt_handle_event --> off
abrt_upload_watch_anon_write --> on
antivirus_can_scan_system --> off
antivirus_use_jit --> off
auditadm_exec_content --> on
```

```
authlogin_nsswitch_use_ldap --> off
......
```

【例 3-7】查看系统中有关 HTTP 服务的所有管理布尔值的设置。

```
[root@Server01 ~]# getsebool -a | grep http
httpd_anon_write --> off
httpd_builtin_scripting --> on
httpd_can_check_spam --> off
httpd_can_connect_ftp --> off
httpd_can_connect_ldap --> off
httpd_can_connect_mythtv --> off
......
```

【例 3-8】查看系统中有关 FTP 服务的所有管理布尔值的设置。

```
[root@Server01 ~]# getsebool -a | grep ftp
ftpd_anon_write --> off
ftpd_connect_all_unreserved --> off
ftpd_connect_db --> off
ftpd_full_access --> off
ftpd_use_cifs --> off
ftpd_use_fusefs --> off
ftpd_use_nfs --> off
ftpd_use_passive_mode --> off
httpd_can_connect_ftp --> off
httpd_enable_ftp_server --> off
tftp_anon_write --> off
tftp_home_dir --> off
```

可以使用 setsebool 命令修改管理布尔值的设置，若加上-P 选项，则可以使系统重启后修改仍有效。

【例 3-9】使用 setsebool 命令修改 ftpd_full_access 的管理布尔值的设置。

```
#使 vsftpd 具有访问 ftp 根目录以及文件传输的权限
[root@Server01 ~]# getsebool -a | grep ftpd_full_access
ftpd_full_access --> off
#1 表示开启，0 表示关闭
[root@Server01 ~]# setsebool ftpd_full_access=1
[root@Server01 ~]# getsebool -a | grep ftpd_full_access
ftpd_full_access --> on
#以上设置重启系统后会失效，加上-P 选项可以确保系统重启后设置仍有效
[root@Server01 ~]# setsebool -P ftpd_full_access=on
[root@Server01 ~]# setsebool -P ftpd_full_access 1          #也可使用空格代替 "="
```

3.4 NAT（SNAT 和 DNAT）企业实战

firewalld 防火墙利用 nat 表能够实现 NAT 功能，将内网地址与外网地址进行转换，完成内网、外网的通信。nat 表支持以下 3 种操作。

- SNAT：改变数据包的源地址。防火墙会使用外部地址替换数据包的本地网络地址，使网络内部的主机能够与网络外部通信。
- DNAT：改变数据包的目的地址。防火墙接收到数据包后，会替换该包的目的地址，再

将其转发到网络内部的主机。当应用服务器处于网络内部时，防火墙接收到外部的请求，按照规则设定，将访问重定向到指定的主机上，使外部的主机能够正常访问网络内部的主机。

- MASQUERADE：MASQUERADE 的作用与 SNAT 的完全一样，即改变数据包的源地址。因为对于每个匹配的包，MASQUERADE 都要自动查找可用的 IP 地址，而不像 SNAT 那样使用的 IP 地址是配置好的，所以会加重防火墙的负担。当然，如果接入外网的地址不是固定地址，而是 ISP 随机分配的，则使用 MASQUERADE 会非常方便。

下面以一个具体的综合案例来说明如何在统信 UOS V20 上配置 NAT 服务，使得内网、外网主机互访。

3.4.1　企业环境和需求

企业网络拓扑如图 3-6 所示。内部主机使用 192.168.10.0/24 网段的 IP 地址，并且使用统信 UOS V20 主机作为服务器连接另一个网络，外网地址为固定地址（202.112.113.112）。现需要满足如下要求。

（1）配置 SNAT 保证内网用户能够正常访问 Internet。

（2）配置 DNAT 保证外网用户能够正常访问内网的 Web 服务器。

Linux 服务器和客户端的信息如表 3-3 所示（可以使用 VMware Workstation 的"克隆"技术快速安装需要的客户端）。

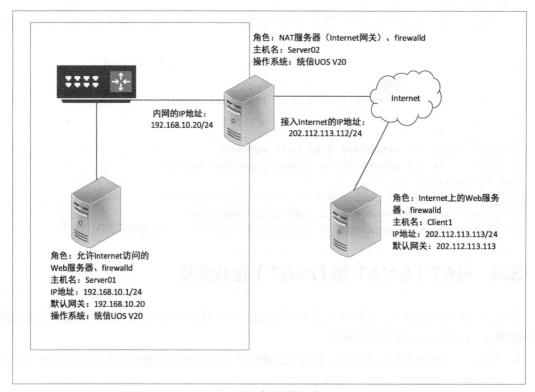

图 3-6　企业网络拓扑

表 3-3　Linux 服务器和客户端的信息

主机名	操作系统	IP 地址	角色
内网 NAT 客户端：Server01	统信 UOS V20	IP 地址：192.168.10.1/24（VMnet1） 默认网关：192.168.10.20	Web 服务器、firewalld
防火墙：Server02	统信 UOS V20	IP 地址 1:192.168.10.20/24（VMnet1） IP 地址 2:202.112.113.112/24（VMnet8）	firewalld、SNAT、DNAT
外网 NAT 客户端：Client1	统信 UOS V20	202.112.113.113（VMnet8）	Web 服务器、firewalld

3.4.2　解决方案

1. 配置 SNAT 并测试

（1）在 Server02 上安装双网卡。

① 在 Server02 关机状态下，在虚拟机中添加两块网卡：第 1 块网卡连接到 VMnet1，第 2 块网卡连接到 VMnet8。

② 启动 Server02，以 root 用户身份登录计算机。

③ 在任务栏上打开"启动器"，单击"控制中心"→"网络"→"有线网络 1"或"有线网络 2"，配置过程如图 3-7、图 3-8 所示。（编者的计算机的第 1 块网卡是 ens32，第 2 块网卡是 ens34。）

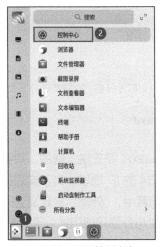
图 3-7　打开控制中心

图 3-8　网络设置

④ 单击图 3-8 中的">"可以设置网络接口 ens34 的 IPv4 地址为 202.112.113.112/24。

⑤ 按照前文的方法，设置 ens32 的 IP 地址为 192.168.10.20/24。

在 Server02 上测试双网卡的 IP 地址设置是否成功。

```
[root@Server02 ~]# ifconfig
ens32: flags=4163<UP,BROADCAST,RUNNING,MULTICAST>  mtu 1500
        inet 192.168.10.20  netmask 255.255.255.0  broadcast 192.168.10.255
        inet6 fe80::e600:28f7:ab59:c56b  prefixlen 64  scopeid 0x20<link>
```

```
        ……
ens34: flags=4163<UP,BROADCAST,RUNNING,MULTICAST>  mtu 1500
        inet 202.112.113.112  netmask 255.255.255.0  broadcast 202.112.113.255
        inet6 fe80::cb85:fed6:63ed:58a  prefixlen 64  scopeid 0x20<link>
        ether 00:0c:29:e6:f6:c0  txqueuelen 1000  (Ethernet))
        ……
```

（2）测试环境。

① 根据图 3-6 和表 3-3 配置 Server01 和 Client1 的 IP 地址、子网掩码、网关等信息。Server02 要安装双网卡，同时一定要注意计算机的网络连接模式。

> **注意** Client1 的网关不要进行设置，或者设置为自身的 IP 地址（202.112.113.113）。

② 在 Server01 上测试与 Server02 和 Client1 的连通性。

```
[root@Server01 ~]# ping 192.168.10.20    -c  4          //通
[root@Server01 ~]# ping 202.112.113.112 -c  4          //通
[root@Server01 ~]# ping 202.112.113.113 -c  4          //不通
```

③ 在 Server02 上测试与 Server01 和 Client1 的连通性。结果显示都是畅通的。

```
[root@Server02 ~]# ping -c 4 192.168.10.1              //通
[root@Server02 ~]# ping -c 4 202.112.113.113           //通
```

④ 在 Client1 上测试与 Server01 和 Server02 的连通性。结果显示 Client1 与 Server01 是不通的。

```
[root@Client1 ~]# ping -c 4 192.168.10.1               //不通
[root@Client1 ~]# ping -c 4 202.112.113.112            //通
```

（3）在 Server02 上开启转发功能。

```
[root@Server02 ~]# cat /proc/sys/net/ipv4/ip_forward
0                        //确认开启路由存储转发，其值为 1。若没开启，则需要进行下面的操作

[root@Server02 ~]# echo 1 > /proc/sys/net/ipv4/ip_forward
```

（4）在 Server02 上将接口 ens34 加入外网区域 external。

由于内网的计算机无法在外网上路由，所以内网的计算机 Server01 是无法上网的。需要通过 NAT 将内网计算机的 IP 地址转换成统信 UOS V20 主机接口 ens34 的 IP 地址。为了实现这个功能，首先需要将接口 ens34 加入外网区域。在 firewalld 防火墙配置中，"外网"被定义为一个区域，该区域直接连接到外部互联网。这意味着该区域中的主机会直接与外部网络相连。通常情况下，来自"外网"区域的连接会被视为来自不受信任的来源，因此需要额外的安全措施。

```
[root@Server02 ~]# firewall-cmd --get-zone-of-interface=ens34
public
[root@Server02 ~]# firewall-cmd --permanent --zone=external --change-interface=ens34
The interface is under control of NetworkManager, setting zone to 'external'.
success
[root@Server02 ~]# firewall-cmd --zone=external --list-all
external (active)
  target: default
  icmp-block-inversion: no
```

```
  interfaces: ens34
  sources:
  services: ssh
  ports:
  protocols:
  masquerade: yes
  forward-ports:
  source-ports:
  icmp-blocks:
  rich rules:
  ......
```

（5）由于需要 NAT 连接网络，所以将外网区域的伪装打开（Server02）。

```
[root@Server02 ~]# firewall-cmd --permanent --zone=external --add-masquerade
Warning: ALREADY_ENABLED: masquerade
success
[root@Server02 ~]# firewall-cmd --reload
success
[root@Server02 ~]# firewall-cmd --permanent --zone=external --query-masquerade
yes                               #查询伪装是否打开，也可以使用下面的命令
[root@Server02 ~]# firewall-cmd --zone=external --list-all
external (active)
  target: default
  icmp-block-inversion: no
  interfaces: ens34
  sources:
  services: ssh
  ports:
  protocols:
  masquerade: yes
  forward-ports:
  source-ports:
  icmp-blocks:
  rich rules:
```

（6）在 Server02 上配置内部接口 ens32。

具体做法是将内部接口加入内网区域 internal。

```
[root@Server02 ~]# firewall-cmd --get-zone-of-interface=ens32
public
[root@Server02 ~]# firewall-cmd --permanent --zone=internal --change-interface=ens32
The interface is under control of NetworkManager, setting zone to 'internal'.
success
[root@Server02 ~]# firewall-cmd --reload
[root@Server02 ~]# firewall-cmd --zone=internal --list-all
internal (active)
  target: default
  icmp-block-inversion: no
  interfaces: ens32
  sources:
  services: dhcpv6-client mdns samba-client ssh
  ports:
```

```
      protocols:
      masquerade: no
      forward-ports:
      source-ports:
      icmp-blocks:
      rich rules:
```

（7）在外网 Client1 上配置供测试的 Web 服务器。

```
[root@Client1 ~]# dnf clean all
[root@Client1 ~]# dnf install httpd -y
[root@Client1 ~]# firewall-cmd --permanent --add-service=http
[root@Client1 ~]# firewall-cmd --reload
[root@Client1 ~]# firewall-cmd --list-all
[root@Client1 ~]# systemctl restart httpd
[root@Client1 ~]# netstat -an | grep :80            //查看 80 端口是否开放
[root@Client1 ~]# dnf install firefox -y
[root@Client1 ~]# firefox 127.0.0.1
```

（8）在内网 Server01 上测试 SNAT 配置是否成功。

```
[root@Server01 ~]# ping 202.112.113.113 -c 4
[root@Server01 ~]# dnf install firefox -y
[root@Server01 ~]# firefox  202.112.113.113
```

网络应该是畅通的，且能访问到外网的默认网站。

> **思考**　请读者在 Client1 上查看/var/log/httpd/access_log 中是否包含源地址 192.168.10.1，为什么？包含 202.112.113.112 吗？

```
[root@Client1 ~]# cat /var/log/httpd/access_log | grep 192.168.10.1
[root@Client1 ~]# cat /var/log/httpd/access_log | grep 202.112.113.112
```

2. 配置 DNAT 并测试

（1）在 Server01 上配置内网 Web 服务器及防火墙。

```
[root@Server01 ~]# dnf clean all
[root@Server01 ~]# dnf install httpd -y
[root@Server01 ~]# systemctl restart httpd
[root@Server01 ~]# netstat -an |grep :80            //查看 80 端口是否开放
[root@Server01 ~]# firefox 127.0.0.1
```

（2）在 Server02 上配置 DNAT。

要想让外网能访问内网的 Web 服务器，需要进行端口映射，将外网区域的 Web 访问映射到内部的 Server01 的 80 端口。

```
#外网区域的 80 端口的请求都转发到 192.168.10.1。添加--permanent 选项后需要重启防火墙才能生效
[root@Server02 ~]# firewall-cmd --permanent --zone=external --add-forward-port=port=80:proto=tcp:toaddr=192.168.10.1
success
[root@Server02 ~]# firewall-cmd --reload
# 查询端口映射结果
[root@Server02 ~]# firewall-cmd --zone=external --query-forward-port=port=80:proto=tcp:toaddr=192.168.10.1
yes
```

```
[root@Server02 ~]# firewall-cmd --zone=external --list-all #查询端口映射结果
external (active)
  target: default
  icmp-block-inversion: no
  interfaces: ens34
  sources:
  services: ssh
  ports:
  protocols:
  masquerade: yes
  forward-ports: port=80:proto=tcp:toport=:toaddr=192.168.10.1
  source-ports:
  icmp-blocks:
  rich rules:
```

（3）在外网 Client1 上测试。

在外网上访问的是 202.112.113.112，NAT 服务器 Server02 会将该 IP 地址的 80 端口的请求转发到内网 Server01 的 80 端口。**注意，不是直接访问 192.168.10.1。** 无法直接访问内网地址。访问结果如图 3-9 所示（如果访问失败，在 Server01 上防火墙放行 http 服务）。

```
[root@Client1 ~]# ping 192.168.10.1
connect: 网络不可达
[root@Client1 ~]# firefox 202.112.113.112
```

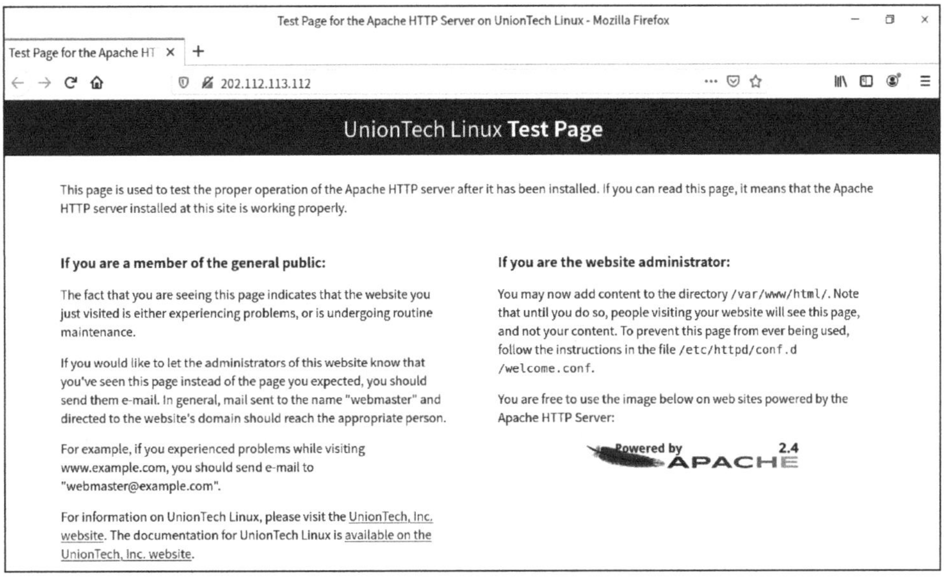

图 3-9　访问结果

3. 实训结束后删除 Server02 上的 SNAT 和 DNAT 信息

```
[root@Server02 ~]# firewall-cmd --permanent --zone=external --remove-forward-port=
port=80:proto=tcp:toaddr=192.168.10.1
[root@Server02 ~]# firewall-cmd --permanent --zone=public --change-interface=ens32
[root@Server02 ~]# firewall-cmd --permanent --zone=public --change-interface=ens34
[root@Server02 ~]# firewall-cmd -reload
```

3.5 拓展阅读 我国计算机的主奠基者

在我国计算机发展的历史长河中，有一位做出突出贡献的科学家，他也是我国计算机的主奠基者，你知道他是谁吗？

他就是华罗庚教授——我国计算机事业的奠基人和最主要的开拓者之一。华罗庚教授在数学上的造诣和成就深受世界科学家的赞赏。在美国任访问研究员时，华罗庚教授的心里就已经开始勾画我国电子计算机事业的蓝图了！

华罗庚教授于 1950 年回国，1952 年在全国高等学校院系调整时，他从清华大学电机系物色了闵乃大、夏培肃和王传英 3 位科研人员，在他任所长的中国科学院应用数学研究所内建立了中国第一个电子计算机科研小组。在 1956 年筹建中国科学院计算技术研究所时，华罗庚教授担任筹备委员会主任。

3.6 项目实训 配置与管理 firewalld 防火墙

1. 项目背景

假如某企业需要接入 Internet，ISP 分配的 IP 地址为 202.112.113.112。采用 firewalld 作为 NAT 服务器接入网络，内部采用 192.168.1.0/24，外部采用 202.112.113.112。为确保安全，需要配置防火墙功能，要求内部仅能够访问 Web 服务器、DNS 服务器及 mail 服务器这 3 台服务器；内部 Web 服务器 192.168.1.2 通过端口映射方式对外提供服务。配置 firewalld 防火墙的网络拓扑如图 3-10 所示。

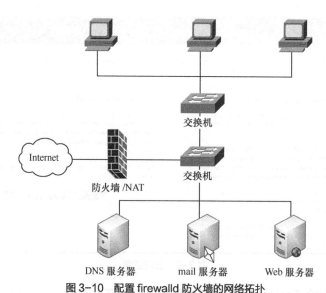

图 3-10 配置 firewalld 防火墙的网络拓扑

2. 深度思考

思考以下几个问题。

（1）为何要设置两块网卡的 IP 地址？如何设置网卡的默认网关？

（2）如何接受或拒绝 TCP、UDP 的某些端口？

（3）如何屏蔽 ping 命令？如何屏蔽扫描信息？

（4）如何使用 SNAT 来实现内网访问互联网？如何实现 DNAT？

（5）在客户端如何设置 DNS 服务器地址？

3. 做一做

完成项目实训。

3.7 练习题

一、填空题

1. ＿＿＿＿＿＿可以使企业内网与 Internet 之间或者与其他外网之间互相隔离、限制网络互访，以此来保护＿＿＿＿＿＿。

2. 防火墙大致可以分为三大类，分别是＿＿＿＿＿＿、＿＿＿＿＿＿和＿＿＿＿＿＿。

3. ＿＿＿＿＿＿表仅用于转换网络地址，支持的操作有＿＿＿＿＿＿、＿＿＿＿＿＿以及＿＿＿＿＿＿。

4. NAT 位于使用专用地址的＿＿＿＿＿＿和使用公用地址的＿＿＿＿＿＿之间。

5. SELinux 有 3 个模式：＿＿＿＿＿＿、＿＿＿＿＿＿和＿＿＿＿＿＿。

6. SELinux contexts 称为＿＿＿＿＿＿，简称上下文。查看用户、进程和文件的命令都带有一个选项＿＿＿＿＿＿，可以通过此选项查看安全上下文。

7. 安全上下文有 5 个安全元素：＿＿＿＿＿＿、＿＿＿＿＿＿、＿＿＿＿＿＿、＿＿＿＿＿＿和＿＿＿＿＿＿。

8. ＿＿＿＿＿＿可实现对文件的访问控制，＿＿＿＿＿＿可实现对网络服务的访问控制。

二、选择题

1. 在统信 UOS V20 的内核中，提供 TCP/IP 包过滤功能的服务叫（　　）。

A. firewall　　　　　　B. iptables　　　　　　C. firewalld　　　　　　D. filter

2. 下面关于 IP 伪装的描述正确的是（　　）。

A. 它是一个转化包的数据的工具

B. 它的功能就像 NAT：将内部 IP 地址转换为外部 IP 地址

C. 它是一个自动分配 IP 地址的程序

D. 它是一个将内网连接到 Internet 的工具

三、简答题

1. 简述防火墙的概念、分类及作用。

2. 简述 NAT 的工作过程。

3. 简述 firewalld 中区域的作用。

4. 如何在 firewalld 中把默认的区域设置为 DMZ？

5. 如何让 firewalld 中以永久模式配置的防火墙策略立即生效？

6. 使用 SNAT 技术的目的是什么？

项目4
配置与管理代理服务器

04

项目导入

某高校组建了校园网并能提供多种服务，现有如下问题需要解决。

（1）需要提高网络访问速度。

（2）需要进行用户访问限制。

本项目实际上是由统信 UOS V20 的防火墙与代理服务器——firewalld 和 squid 来完成的，通过部署 firewalld、NAT、squid 能够实现上述功能。项目 3 已经完成了对 firewalld、NAT 的学习，现在来学习关于代理服务器的知识和技能。

项目目标

- 了解代理服务器的基本知识。
- 掌握 squid 代理服务器的配置方法。

- 了解文件权限设置内容。

素养提示

- 了解中国国家顶级域名"CN"，了解中国互联网发展历程中的大事和"大师"，激发学生的自豪感。

- "古之立大事者，不惟有超世之才，亦必有坚忍不拔之志"，鞭策学生努力学习。

4.1 项目知识准备

代理服务器（Proxy Server）类似于内网和外网之间的桥梁。在普通的 Internet 访问中，用户使用计算机上的客户端程序（如浏览器）向远程 Web 服务器发出请求，Web 服务器响应请求并提供相应的数据。代理服务器位于客户端和服务器之间，对于服务器而言，代理服务器是客户端，代理服务器提出请求，服务器响应；对于客户端而言，代理服务器是服务器，它接收客户端的请求，并将服务器上传的数据转发给客户端。代理服务器的作用类似于现实生活中的代理服

4-1 微课

配置与管理
代理服务器

务商，它代表客户端与服务器进行通信，提供一些额外的功能和服务。代理服务器可以用于访问受限制的网站、提供缓存服务、过滤恶意内容、减轻服务器负载等。当访问受限制的网站时，代理服务器可以隐藏客户端的真实 IP 地址，从而绕过一些访问限制。在提供缓存服务时，代理服务器会缓存一些经常访问的数据，当客户端再次请求这些数据时，代理服务器会直接返回缓存的数据，减少了对服务器的请求。在过滤恶意内容时，代理服务器可以检查传入和传出的数据，过滤掉一些恶意内容，保护客户端免受攻击。代理服务器可以是公共的，也可以是专用的，由组织或企业管理。

4.1.1 代理服务器的工作原理

当客户端在浏览器中设置好代理服务器后，所有通过浏览器访问 Internet 站点的请求都会先被发送至代理服务器。代理服务器接收到客户端的请求后，会代表客户端向目标主机发出请求，接收目标主机返回的数据，并将数据存储在代理服务器的硬盘上。最后，代理服务器将请求的数据转发给客户端。代理服务器的工作原理如图 4-1 所示。

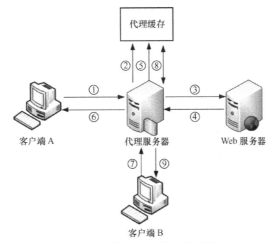

图 4-1 代理服务器的工作原理

① 当客户端 A 对 Web 服务器提出请求时，此请求会被先发送到代理服务器。

② 代理服务器接收到客户端 A 的请求后，检查缓存中是否存有客户端 A 需要的数据。

③ 如果代理服务器没有客户端 A 请求的数据，则它将向 Web 服务器提交请求。

④ Web 服务器响应请求的数据。

⑤ 代理服务器从 Web 服务器获取数据后，保存至本地，以备以后查询使用。

⑥ 代理服务器向客户端 A 转发 Web 服务器的数据。

⑦ 客户端 B 访问 Web 服务器，向代理服务器发出请求。

⑧ 代理服务器查找缓存记录，确认已经存在 Web 服务器的相关数据。

⑨ 代理服务器直接回应查询到的信息，而不需要再去 Web 服务器中查询，从而节约网络流量，提高访问速度。

4.1.2 代理服务器的作用

代理服务器的作用如下。

（1）提高访问速度：由于代理服务器缓存了客户端访问过的数据，下次客户端再次请求相同的数据时，代理服务器可以直接返回数据，从而提高了访问速度，特别是对于热门站点，优势更为明显。

（2）限制用户访问：代理服务器可以在其上设置访问限制，以过滤或屏蔽某些信息，从而实现对用户访问的控制。这也是局域网网关限制局域网用户访问范围最常用的方法之一，也是局域网用户不能浏览某些网站的原因。拨号用户如果使用代理服务器，则同样必须服从代理服务器的访问限制。

（3）提高安全性：使用代理服务器时，目的网站只能知道代理服务器的相关信息，而无法得知客户端的真实 IP 地址，从而提高了用户的安全性。此外，代理服务器还可以对客户端发出的请求进行过滤，保护客户端不受网络攻击的侵害。

4.2 项目设计与准备

4.2.1 项目设计

代理服务器也可以连接内网与 Internet，并提供访问的优化和控制功能。本项目在安装了统信 UOS V20 的虚拟机上安装 squid 代理服务器。

4.2.2 项目准备

部署 squid 代理服务器应满足下列需求。

4-2　课堂慕课

配置与管理
代理服务器

（1）安装好统信 UOS V20，并且必须保证常用服务正常工作。客户端使用 Linux 或 Windows 操作系统。服务器和客户端能够通过网络进行通信。

（2）若利用虚拟机设置网络环境，则需要 3 台虚拟机。统信服务器和客户端的配置信息如表 4-1 所示。

表 4-1　统信服务器和客户端的配置信息

主机名	操作系统	IP 地址	角色
内网服务器：Server01	统信 UOS V20	192.168.10.1/24（VMnet1）	Web 服务器、firewalld
squid 代理服务器：Server02	统信 UOS V20	IP 地址 1：192.168.10.20（VMnet1） IP 地址 2：202.112.113.112（VMnet8）	firewalld、squid
外网统信客户端：Client1	统信 UOS V20	202.112.113.113（VMnet8）	Web 服务器、firewalld

4.3 项目实施

任务 4-1　安装、启动、停止与随系统启动 squid 服务

对于 Web 用户来说，squid 是一个高性能的代理缓存服务器，可以加快内网浏览 Internet 的速度，提高客户端的访问命中率。squid 不仅支持超文本传送协议（Hypertext Transfer Protocol，HTTP），还支持 FTP、Gopher、安全套接字层（Secure Sockets Layer，SSL）和广域信息服务（Wide Area Information Service，WAIS）等协议。与一般的代理缓存服务器不同，squid 用一个单独的、非模块化的输入输出（Input/Output，I/O）驱动进程来处理所有的客户端请求。

1. squid 软件包与常用配置项

（1）squid 软件包

- 软件包名：squid。
- 服务名：squid。
- 主程序：/usr/sbin/squid。
- 配置目录：/etc/squid/。
- 主配置文件：/etc/squid/squid.conf。
- 默认监听端口：TCP 3128。
- 默认访问日志文件：/var/log/squid/access.log。

（2）常用配置项

- http_port 3128。
- visible_hostname proxy.example.com。

2. 安装、启动、停止与随系统启动 squid 服务（在 Server02 上在线安装 squid 服务，确保该服务器能连接互联网）

```
[root@Server02 ~]# rpm -qa |grep squid
[root@Server02 ~]# dnf clean all                    #安装前先清除缓存
[root@Server02 ~]# dnf install squid -y
[root@Server02 ~]# systemctl start squid            #启动 squid 服务
[root@Server02 ~]# systemctl enable squid           #使其开机自动启动
[root@Server02 ~]# systemctl stop squid             #停止 squid 服务
```

任务 4-2　配置 squid 代理服务器

squid 服务的主配置文件是/etc/squid/squid.conf，用户可以根据自己的实际情况修改相应的选项。

1. 几个常用的选项

与之前配置的服务大致类似，squid 服务的配置文件也存放在/etc 目录下一个以服务名称命名的目录中。表 4-2 所示为常用的 squid 服务程序配置选项及其作用。

表 4-2　常用的 squid 服务程序配置选项及其作用

选项	作用
http_port 3128	设置监听的端口为 3128
cache_mem 64M	设置内存缓冲区的大小为 64MB
cache_dir ufs /var/spool/squid 2000 16 256	设置硬盘缓存大小为 2000MB，缓存目录为/var/spool/squid，一级子目录 16 个，二级子目录 256 个
cache_effective_user squid	设置缓存的有效用户
cache_effective_group squid	设置缓存的有效用户组
dns_nameservers [IP 地址]	一般不设置，而是用服务器默认的 DNS 地址
cache_access_log /var/log/squid/access.log	访问日志文件的保存路径
cache_log /var/log/squid/cache.log	缓存日志文件的保存路径
visible_hostname www.smile60.cn	设置 squid 服务器的名称

2. 设置访问控制列表

squid 代理服务器是客户端与 Web 服务器之间的中介，它实现访问控制，决定哪一台计算机可以访问 Web 服务器，以及如何访问。Squid 代理服务器通过检查具有控制信息的主机和域的访问控制列表（Access Control List，ACL）来决定是否允许某计算机访问。ACL 是控制用户的主机和域的列表。使用 acl 命令可以定义 ACL，该命令可在控制项中创建标签。用户可以使用 http_access 等命令定义这些控制功能，可以基于多种 acl 选项，如源 IP 地址、域名，甚至日期和时间等来使用 acl 命令定义系统或者系统组。

（1）acl 命令

acl 命令的格式如下。

```
acl  ACL 名称  ACL 类型  [-i]  ACL 值
```

其中，"ACL 名称"用于区分 squid 的各个 ACL，任何两个 ACL 不能用相同的名称。一般来说，为了便于区分 ACL 的含义，应尽量使用意义明确的 ACL 名称。

"ACL 类型"用于定义可被 squid 识别的类别，如 IP 地址、主机名、域名、日期和时间等类别。ACL 类型及说明如表 4-3 所示。

表 4-3　ACL 类型及说明

ACL 类型	说明
src ip-address/netmask	客户端源 IP 地址和子网掩码
src addr1-addr4/netmask	客户端源 IP 地址范围
dst ip-address/netmask	客户端目标 IP 地址和子网掩码
myip ip-address/netmask	本地套接字 IP 地址
srcdomain domain	源域名（客户端所属的域）
dstdomain　domain	目的域名（Internet 中的服务器所属的域）
srcdom_regex expression	对源统一资源定位符（Uniform Resource Locator，URL）进行正则表达式匹配
dstdom_regex expression	对目的 URL 进行正则表达式匹配
time	指定时间。用法：acl aclname time [day-abbrevs] [h1:m1-h2:m2]。 其中，day-abbrevs 可以为 S（Sunday）、M（Monday）、T（Tuesday）、W（Wednesday）、H（Thursday）、F（Friday）、A（Saturday）。 注意：h1:m1 一定要比 h2:m2 小
port	指定连接端口，如 acl SSL_ports port 443
proto	指定使用的通信协议，如 acl allowprotolist proto HTTP
url_regex	设置 URL 规则匹配表达式
urlpath_regex:URL-path	设置略去协议和主机名的 URL 规则匹配表达式

更多的 ACL 类型可以查看 squid.conf 文件。

（2）http_access

设置允许或拒绝某个 ACL 的访问请求，格式如下。

```
http_access  [allow|deny]  ACL 名称
```

squid 服务器在定义 ACL 后，会根据 http_access 的规则允许或拒绝满足一定条件的客户端的访问请求。

【例 4-1】拒绝所有客户端的请求。

```
acl  all  src  0.0.0.0/0.0.0.0
```

```
http_access deny  all
```

【例 4-2】禁止 192.168.1.0/24 的用户上网。

```
acl Client1  src  192.168.1.0/255.255.255.0
http_access  deny  Client1
```

【例 4-3】禁止用户访问域名为 www.***.com 的网站。

```
acl baddomain  dstdomain  www.***.com
http_access  deny  baddomain
```

【例 4-4】禁止 192.168.1.0/24 的用户在星期一到星期五的 9:00—18:00 上网。

```
acl  Client1  src  192.168.1.0/255.255.255.0
acl  badtime  time  MTWHF  9:00-18:00
http_access deny  Client1  badtime
```

【例 4-5】禁止用户下载.mp3、.exe、.zip 和.rar 类型的文件。

```
acl  badfile  urlpath_regex  -i  \.mp3$  \.exe$  \.zip$  \.rar$
http_access  deny  badfile
```

【例 4-6】屏蔽 www.***.gov 站点。

```
acl  badsite  dstdomain  -i  www.***.gov
http_access  deny  badsite
```

-i 选项表示忽略字母大小写，默认情况下 squid 是区分大小写的。

【例 4-7】屏蔽所有包含 sex 的 URL 路径。

```
acl  sex  url_regex  -i  sex
http_access  deny  sex
```

【例 4-8】禁止访问 22、23、25、53、110、119 这些危险端口。

```
acl  dangerous_port  port  22  23  25  53  110  119
http_access  deny  dangerous_port
```

如果不确定哪些端口具有危险性，也可以采取更为保守的方法，那就是只允许访问安全的端口。

默认的 squid.conf 包含下面的安全端口 ACL。

```
acl  safe_port1   port  80                #http
acl  safe_port2   port  21                #ftp
acl  safe_port3   port  443 563           #https、snews
acl  safe_port4   port  70                #gopher
acl  safe_port5   port  210               #wais
acl  safe_port6   port  1025-65535        #unregistered  ports
acl  safe_port7   port  280               #http-mgmt
acl  safe_port8   port  488               #gss-http
acl  safe_port9   port  591               #filemaker
acl  safe_port10  port  777               #multiling  http
acl  safe_port11  port  210               #waisp
http_access  deny  !safe_port1
http_access  deny  !safe_port2
           ......
http_access  deny  !safe_port11
```

http_access deny !safe_port1 表示拒绝所有非 safe_ports 列表中的端口。这样系统的安全性就得到了保障。其中，"!"表示取反。

注意　由于 squid 是按照顺序读取 ACL 的，所以合理安排各个 ACL 的顺序至关重要。

4.4　企业实战与应用

利用 squid 和 NAT 功能可以实现透明代理。透明代理是指客户端根本不需要知道有代理服务器存在，客户端也不需要在浏览器或其他客户端中做任何设置，只需要将默认网关设置为统信 UOS V20 服务器的 IP 地址（内网 IP 地址）即可。

4.4.1　企业环境和需求

透明代理服务的典型应用环境如图 4-2 所示。

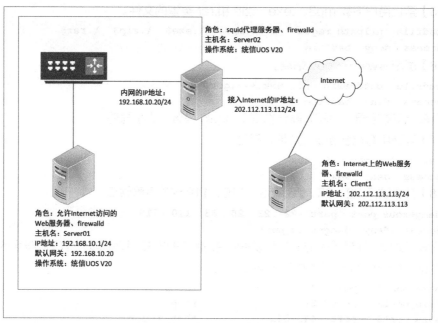

图 4-2　透明代理服务的典型应用环境

企业需求如下。

（1）客户端在设置了代理服务器地址和端口的情况下能够访问互联网上的 Web 服务器。

（2）客户端不需要设置代理服务器地址和端口就能够访问互联网上的 Web 服务器，即实现透明代理。

（3）为 Server02 配置代理服务，内存为 2GB，硬盘为 SCSI 硬盘，容量为 200GB，设置 10GB 空间为硬盘缓存，要求所有客户端都可以上网。

4.4.2　手动设置代理服务器的解决方案

1. 部署环境

（1）在 Server02 上安装双网卡。

具体方法参见 3.4.2 小节的相关内容。编者的计算机的第 1 块网卡是 ens32，第 2 块网卡是 ens34。

（2）配置 IP 地址、网关等信息。

本任务要使用 3 台统信虚拟机，请按要求进行 IP 地址、网关等信息的设置：一台虚拟机是 squid 代理服务器（Server02），双网卡（IP 地址 1 为 192.168.10.20/24，连接 VMnet1；IP 地址 2 为 202.112.113.112/24，连接 VMnet8）；一台虚拟机是安装了统信 UOS 操作系统的 squid 客户端（Server01，IP 地址为 192.168.10.1/24，**网关为 192.168.10.20**，连接 VMnet1）；还有一台虚拟机是互联网上的 Web 服务器，也安装了统信操作系统（IP 地址为 202.112.113.113/24，连接 VMnet8）。

请读者注意各网卡的网络连接模式是 VMnet1 还是 VMnet8。各网卡的 IP 地址信息可以使用 3.4 节介绍的方法设置，后面的实训也会沿用该连接方式。

① 在 Server01 上设置 IP 地址等信息。

② 在 Client1 上安装 httpd 服务，让防火墙允许该服务通过，并测试默认网络配置是否成功（提前安装好 httpd）。

```
[root@Client1 ~]# mount /dev/cdrom  /media       #挂载安装光盘
[root@Client1 ~]# dnf clean all
[root@Client1 ~]# dnf install httpd -y           #安装 httpd 服务
[root@Client1 ~]# systemctl start httpd
[root@Client1 ~]# systemctl enable httpd
[root@Client1 ~]# systemctl start firewalld
[root@Client1 ~]# firewall-cmd --permanent --add-service=http #让防火墙放行 httpd 服务
[root@Client1 ~]# firewall-cmd --reload
[root@Client1 ~]# dnf install firefox -y
[root@Client1 ~]# firefox 202.112.113.113        #测试防火墙配置是否成功
```

> **注意**　Client1 的网关不要进行设置，或者设置为自身的 IP 地址（202.112.113.113）。

2. 在 Server02 上安装 squid 服务（前面已安装），配置 squid 服务（行号为大致位置）

```
[root@Server02 ~]# vim /etc/squid/squid.conf
……
54 ACL localnet src 192.0.0.0/8
55 http_access allow localnet
56 http_access allow localhost
57
58 # And finally deny all other access to this proxy
59 http_access deny all
60
61 # Squid normally listens to port 3128
62 http_port 3128
……
67 cache_dir ufs /var/spool/squid 10240 16 256
68 visible_hostname Server02
[root@Server02 ~]# systemctl start squid
[root@Server02 ~]# systemctl enable squid
```

3. 在统信 UOS V20 的服务器 Server01 上测试代理设置是否成功

① 安装并打开 Firefox 浏览器，配置代理服务器。在浏览器中按"Alt"键调出菜单，单击"Edit"→"Preferences"→"General"→"Network Settings"→"Settings"，打开"Connection Settings"

对话框，选中"Manual proxy configuration"，将 HTTP 代理地址设为 192.168.10.20，端口设为 3128，如图 4-3 所示。设置完成后单击"OK"按钮。

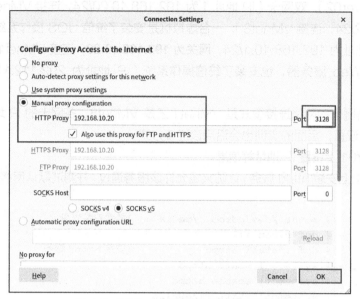

图 4-3　在 Firefox 浏览器中配置代理服务器

② 在浏览器地址栏中输入 http://202.112.113.113，按"Enter"键，出现图 4-4 所示的不能正常连接界面。

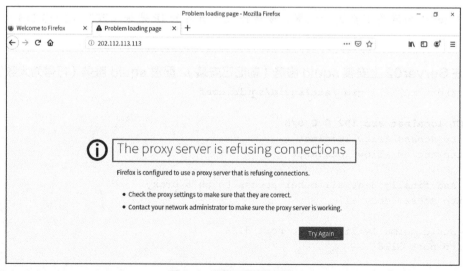

图 4-4　不能正常连接界面

4. 排除故障

① 解决方案：停止防火墙。

```
[root@Server02 ~]# systemctl stop firewalld
```

② 在 Server01 浏览器地址栏中输入 http://202.112.113.113，按"Enter"键，出现图 4-5 所示的成功浏览界面。

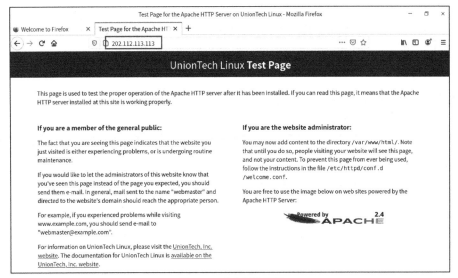

图 4-5　成功浏览界面

特别提示　服务器的设置一要考虑 firewalld 防火墙，二要考虑管理布尔值（SELinux）。

5. 在 Server02 上查看日志文件

```
[root@Server02 ~]# vim /var/log/squid/access.log
1684058347.135     4 192.168.10.1 TCP_MISS/403 4310 GET http://202.112.113.113/ -
HIER_DIRECT/202.112.113.113 text/html
1684058347.184   12       192.168.10.1         TCP_MISS/200        4588        GET
http://202.112.113.113/icons/apache_pb2.gif - HIER_DIRECT/202.112.113.113 image/gif
1684058347.193      1       192.168.10.1        TCP_MISS/404       480       GET
http://202.112.113.113/favicon.ico - HIER_DIRECT/202.112.113.113 text/html
```

思考　Web 服务器 Client1 上的日志文件 var/log/messages 中有何记录？读者不妨查阅该日志文件。

4.4.3　客户端不需要配置代理服务器的解决方案

（1）在 Server02 上配置 squid 服务，前文开放 squid 防火墙和端口的内容仍适用于本任务。
① 修改 squid.conf 配置文件，在"http_port　3128"下面增加如下内容并重新加载该配置。

```
[root@Server02 ~]# vim  /etc/squid/squid.conf
62 http_port 3128
63 http_port 3129 transparent
[root@Server02 ~]# systemctl restart squid
[root@Server02 ~]# netstat -an | grep :3128      #查看端口是否启动监听（很重要）
tcp6     0     0 :::3128           :::*                LISTEN
[root@Server02 ~]# netstat -an | grep :3129      #查看端口是否启动监听（很重要）
tcp6     0     0 :::3129           :::*                LISTEN
```

特别说明 3128 端口默认必须启动，因此不能用作透明代理端口！透明代理端口要单独设置，本例设为 3129。

② 添加 firewalld 规则，将 TCP 端口为 3129 的访问直接转向 80 端口。重启防火墙和 squid。

```
[root@Server02 ~]# systemctl start firewalld
[root@Server02 ~]# firewall-cmd --permanent --add-forward-port=port=3129: proto=tcp:
toport=80
success
[root@Server02 ~]# firewall-cmd --reload
success
[root@Server02 ~]# systemctl restart squid
```

（2）在统信 UOS V20 的客户端 Server01 上测试代理设置是否成功。

① 打开 Firefox 浏览器，配置代理服务器。在浏览器中按 "Alt" 键调出菜单，单击 "Edit" →
"Preferences" → "General" → "Network Settings" → "Settings"，打开 "Connection Settings"
对话框，选中 "No proxy"，将代理服务器的设置清空。

② 设置 Server01 的网关为 192.168.10.20。（删除网关是将 add 命令改为 del 命令。）

```
[root@Server01 ~]# route add default gw 192.168.10.20        #网关的设置
```

③ 在 Server01 浏览器地址栏中输入 http://202.112.113.113，按 "Enter" 键，显示测
试成功。

（3）在 Web 服务器 Client1 上查看日志文件。

```
[root@Client1 ~]# vim /var/log/httpd/access_log
 202.112.113.112 - - [28/Jul/2018:23:17:15 +0800] "GET /favicon.ico HTTP/1.1" 404
209 "-" "Mozilla/5.0 (X11; Linux x86_64; rv:52.0) Gecko/20100101 Firefox/52.0"
```

注意 统信 UOS V20 的 Web 服务器日志文件是/var/log/httpd/access_log。

（4）对于初学者，可以在 firewalld 的图形界面中设置前文的端口转发规则，如图 4-6 所示。

```
[root@Server02 ~]# firewall-config          #需要先用 dnf 命令安装该软件
```

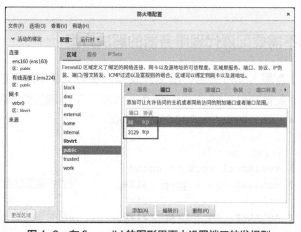

图 4-6　在 firewalld 的图形界面中设置端口转发规则

4.4.4　反向代理的解决方案

1. 使用反向代理

客户端要访问内网 Server01 的 Web 服务器，可以使用反向代理。

（1）在 Server01 上安装、启动 HTTP 服务，并设置防火墙让该服务通过。

```
[root@Server01 ~]# dnf install httpd -y
[root@Server01 ~]# systemctl start firewalld
[root@Server01 ~]# firewall-cmd --permanent --add-service=http
[root@Server01 ~]# firewall-cmd --reload
[root@Server01 ~]# systemctl start httpd
[root@Server01 ~]# systemctl enable httpd
```

（2）在 Server02 上配置反向代理（特别注意第 43 行~第 45 行，意思是先定义一个 localnet 网络，其网络 ID 是 202.0.0.0，后面再允许该网络访问，其他网络拒绝访问）。

```
[root@Server02 ~]# firewall-cmd --permanent --add-service=squid
[root@Server02 ~]# firewall-cmd --permanent --add-port=80/tcp
[root@Server02 ~]# firewall-cmd --reload
[root@Server02 ~]# vim  /etc/squid/squid.conf
43 acl localnet src 202.0.0.0/8
44 http_access allow localnet
45 http_access deny all
46 http_port  202.112.113.112:80  vhost
47 cache_peer 192.168.10.1 parent 80 0 originserver weight=5 max_conn=30
[root@Server02 ~]# systemctl restart squid
```

（3）在 Client1 上进行测试（浏览器的代理服务器设为"No proxy"）。

```
[root@Client1 ~]# firefox 202.112.113.112
```

2. 几种错误的解决方案（以反向代理为例）

（1）如果防火墙设置得不好，就会出现图 4-7 所示的不能正常连接界面。

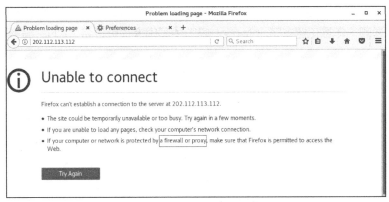

图 4-7　不能正常连接界面

解决方案：在 Server02 上设置防火墙，当然也可以停止全部防火墙（firewalld 防火墙默认处于开启状态，停止防火墙的命令是 systemctl　stop　firewalld）。

```
[root@Server02 ~]# firewall-cmd --permanent --add-service=squid
[root@Server02 ~]# firewall-cmd --permanent --add-port=80/tcp
[root@Server02 ~]# firewall-cmd --reload
```

（2）ACL 设置得不对可能会出现图 4-8 所示的不能被检索界面。

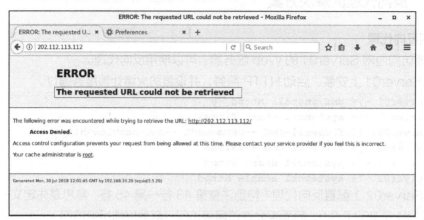

图 4-8　不能被检索界面

解决方案：在 Server02 上的配置文件中增加或修改如下语句。

```
[root@Server02 ~]# vim  /etc/squid/squid.conf
acl localnet src 202.0.0.0/8
http_access allow localnet
http_access deny all
```

特别说明　防火墙是非常重要的保护工具，许多网络故障都是由于防火墙配置不当引起的，需要读者认识清楚。为了后续实训不受此影响，可以在完成本实训后，将其恢复为原来的状态。

4.5　拓展阅读　中国国家顶级域名 "CN"

你知道我国是哪一年真正拥有了 Internet 吗？中国国家顶级域名 "CN" 服务器是哪一年完成设置的呢？

1994 年 4 月 20 日，一条 64kbit/s 的国际专线从中国科学院计算机网络信息中心通过美国 Sprint 公司连入 Internet，实现了中国与 Internet 的全功能连接。从此我国被国际上正式承认为真正拥有全功能互联网的国家。此事被我国新闻界评为 1994 年我国十大科技新闻之一，被国家统计公报列为我国 1994 年重大科技成就之一。

1994 年 5 月 21 日，在钱天白教授和德国卡尔斯鲁厄大学教授的协助下，中国科学院计算机网络信息中心完成了中国国家顶级域名 CN 服务器的设置，改变了我国的顶级域名 CN 服务器一直放在国外的历史。钱天白、钱华林分别担任我国顶级域名 CN 的行政联络员和技术联络员。

4.6　项目实训　配置与管理代理服务器

1. 项目背景

代理服务的典型应用环境如图 4-9 所示。企业用 squid 作为代理服务器（内网 IP 地址为

192.168.1.1/24），企业所用的 IP 地址段为 192.168.1.0/24，并且想用 8080 作为代理端口。

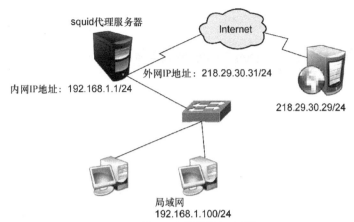

图 4-9 代理服务的典型应用环境

2. 项目要求

（1）客户端在设置了代理服务器地址和端口的情况下能够访问互联网上的 Web 服务器。

（2）客户端不需要设置代理服务器地址和端口就能够访问互联网上的 Web 服务器，即实现透明代理。

（3）配置反向代理，并测试。

3. 做一做

完成项目实训。

4.7 练习题

一、填空题

1. 代理服务器类似于内网与_____之间的桥梁。

2. 普通的 Internet 访问是一个典型的_____结构：用户利用计算机上的客户端程序（如浏览器）发出请求，远端 Web 服务器响应请求并提供相应的数据。

3. 代理服务器位于客户端与服务器之间，对于服务器而言，代理服务器是_____，代理服务器提出请求，服务器响应；对于客户端而言，代理服务器是_____，它接收客户端的请求，并将服务器上传来的数据转发给_____。

4. 当客户端在浏览器中设置好代理服务器后，所有使用浏览器访问 Internet 站点的请求都不会直接发给_____，而是先发送至_____。

二、简答题

1. 简述代理服务器的工作原理和作用。

2. 配置透明代理的目的是什么？如何配置透明代理？

项目5
配置与管理samba服务器

项目导入

是谁最先搭起 Windows 和 Linux 沟通的"桥梁",并且提供不同系统间的共享服务,还能拥有强大的打印服务功能? 答案就是 samba。这些功能和服务使得它的应用环境非常广泛,当然,samba 的魅力还远远不止这些。

项目目标

- 了解 samba 的应用环境及 SMB 协议。
- 掌握 samba 的工作原理。
- 掌握主配置文件 smb.conf 的主要配置。
- 掌握 samba 服务密码文件。
- 掌握 samba 文件和打印共享的设置方法。
- 掌握 Linux 和 Windows 客户端共享 samba 服务器资源的方法。

素养提示

- 了解"计算机界的诺贝尔奖"——图灵奖,了解科学家姚期智,激发学生的求知欲,从而唤醒学生"沉睡"的潜能。
- "观众器者为良匠,观众病者为良医。""为学日益,为道日损。"青年学生要多动手、多动脑,只有多实践、多积累,才能提高技艺,才能成为优秀的"工匠"。

5.1 项目知识准备

对于接触Linux的用户来说,听得最多的就是samba服务,为什么是samba呢?原因是 samba 最先在 Linux 和 Windows 两个平台之间架起了一座"桥梁"。也正是由于 samba,我们才可以在 Linux 系统和 Windows 操作系统之间互相通信,如复制文件、实现不同操作系统之间的资源共享等。我们可以将其架设成一个功能非常强大的文件服务器,也可以将其架设成打印服务器提供本地和远程联机打印功能,甚至可以使用samba 服务器完全取代 NT/2K/2K3 中的域控制器,对域进行管理。

5-1 微课

管理与维护
samba 服务器

samba 服务在统信 UOS 中同样拥有重要的地位。作为国产操作系统，统信 UOS 注重将开源技术融入自己的系统中，提供给用户更为稳定和安全的服务。samba 服务作为一项重要的开源技术，被广泛应用于统信 UOS 中。

在统信 UOS 中，samba 服务同样可以用来搭建文件服务器和打印服务器，提供文件共享和打印服务。通过 samba 服务，统信 UOS 可以和 Windows 操作系统之间互相通信，实现跨平台的资源共享，方便用户进行文件传输和管理。在统信 UOS 中，samba 服务被广泛应用于企业和个人用户之间的文件共享和资源管理。通过 samba 服务，用户可以实现不同操作系统之间的资源共享，方便文件传输和管理，提高工作效率。

5.1.1 samba 的应用环境

samba 的应用环境如下。

- 文件和打印机共享：samba 的主要功能，服务器消息块（Server Message Block，SMB）进程实现资源共享，将文件和打印机发布到网络，供用户访问。
- 身份验证和权限设置：smbd 服务支持 user mode 和 domain mode 等身份验证和权限设置模式，通过加密方式可以保护共享的文件和打印机。
- 名称解析：samba 通过 nmbd 服务可以搭建网络基本输入输出系统名称服务（NetBIOS Name Service，NBNS）服务器，提供名称解析，将计算机的 NetBIOS 名称解析为 IP 地址。
- 浏览服务：在局域网中，samba 服务器可以成为本地主浏览器（Local Master Browser，LMB），保存可用资源列表，当使用客户端访问 Windows 网上邻居时，会提供浏览列表，显示共享目录、打印机等资源。

5.1.2 SMB 协议

SMB 协议可以看作局域网上共享文件和打印机的一种协议。它是微软（Microsoft）公司和英特尔（Intel）公司在 1987 年制定的协议，主要是作为微软网络的通信协议，而 samba 则将 SMB 协议搬到 UNIX 操作系统上来使用。通过 NetBIOS over TCP/IP 使用 samba 不但能与局域网主机共享资源，还能与全世界的计算机共享资源，因为互联网上千千万万的主机使用的通信协议就是 TCP/IP。SMB 协议是在会话层（Session Layer）和表示层（Presentation Layer），以及小部分应用层（Application Layer）的协议，SMB 协议使用了 NetBIOS 的应用程序接口（Application Program Interface，API）。另外，SMB 是一个开放性的协议，允许协议扩展，这使得它变得庞大而复杂，大约有 65 个最上层的作业，而每个作业都超过 120 个函数。

5.1.3 samba 的工作原理

samba 服务功能强大，这与其通信基于 SMB 协议有关。SMB 协议不仅提供目录和打印机共享功能，还支持身份验证、权限设置。在早期，SMB 协议运行于 NBT 协议（NetBIOS over TCP/IP）上，使用 UDP 的 137、138 端口及 TCP 的 139 端口，后期 SMB 协议经过开发，可以直接运行于 TCP/IP 上，没有额外的 NBT 层，使用 TCP 的 445 端口。

（1）samba 的工作流程

当客户端访问服务器时，信息通过 SMB 协议进行传输，其工作过程可以分成以下 4 个步骤。

① 协议协商。客户端在访问 samba 服务器时，发送 negprot 命令数据包，告知目标计算机其支持的 SMB 协议类型，samba 服务器根据客户端的情况，选择最优的 SMB 协议类型并做出响应，如图 5-1 所示。

② 建立连接。当 SMB 协议类型确认后，客户端会发送 session setup 命令数据包，提交账号和密码，请求与 samba 服务器建立连接，如果客户端通过身份验证，则 samba 服务器会对 session setup 命令数据包做出响应，并为用户分配唯一的 UID，在客户端与其通信时使用，如图 5-2 所示。

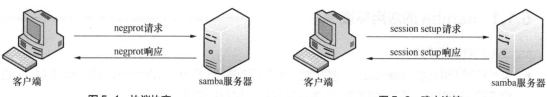

图 5-1　协议协商　　　　　　　　　　　　　　图 5-2　建立连接

③ 访问共享资源。客户端访问 samba 服务器共享资源时，发送 tree connect 命令数据包，通知 samba 服务器需要访问的共享资源名，如果设置允许，则 samba 服务器会为每个客户端与共享资源连接分配线程 ID（Thread ID），客户端即可访问需要的共享资源，如图 5-3 所示。

④ 断开连接。共享使用完毕，客户端向 samba 服务器发送 tree disconnect 命令数据包，关闭共享功能，与 samba 服务器断开连接，如图 5-4 所示。

图 5-3　访问共享资源　　　　　　　　　　　　图 5-4　断开连接

（2）samba 的相关进程

samba 服务由两个进程组成，分别是 nmbd 和 smbd。

- nmbd：其功能是解析 NetBIOS，提供浏览服务并显示网络上的共享资源列表。
- smbd：其主要功能是管理 samba 服务器上的共享目录、打印机等，主要是对网络上的共享资源进行管理。当要访问服务器时，需要查找共享文件，这时就要依靠 smbd 这个进程来管理数据传输。

5.2　项目设计与准备

在实施项目前，先了解基本 samba 服务器搭建流程及共享设置步骤。

5.2.1　了解基本 samba 服务器搭建流程及共享设置步骤

先对服务器进行设置：告诉 samba 服务器将哪些目录共享出来给客户端访问，并根据需要设置其他选项，如添加对共享目录内容的简单描述信息和访问权限等具体设置。

基本的 samba 服务器搭建流程主要分为 5 个步骤。

（1）编辑主配置文件 smb.conf，指定需要共享的目录，并为共享目录设置共享权限。

（2）在 smb.conf 文件中指定日志文件名称和存放路径。

（3）设置共享目录的本地系统权限。

（4）重新加载配置文件或重新启动 SMB 服务，使配置生效。

（5）关闭防火墙，同时设置 SELinux 为允许。

samba 服务器处理客户端共享目录访问请求的工作流程如图 5-5 所示。

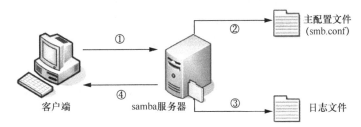

图 5-5　samba 的工作流程

① 客户端请求访问 samba 服务器上的共享目录。

② samba 服务器接收到请求后，查询主配置文件 smb.conf，看是否共享了目录，如果共享了目录，则查看客户端是否有权限访问。

③ samba 服务器将本次访问信息记录在日志文件中，日志文件的名称和路径都需要设置。

④ 如果客户端满足访问权限设置，则允许客户端访问。

5.2.2　项目准备

利用 samba 服务可以实现统信 UOS V20 和 Windows 操作系统之间的资源共享。

本项目要用到 Server01、Client1 和 Client2，设备情况如表 5-1 所示。

表 5-1　设备情况

主机名	操作系统	IP 地址	网络连接模式
samba 服务器：Server01	统信 UOS V20	192.168.10.1/24	VMnet1（仅主机模式）
统信客户端：Client1	统信 UOS V20	192.168.10.20/24	VMnet1（仅主机模式）
Windows 客户端：Client2	Windows Server 2016	192.168.10.40/24	VMnet1（仅主机模式）

5.3　项目实施

任务 5-1　安装并启动 samba 服务

使用 rpm -qa | grep samba 命令检测系统是否安装了 samba 相关性软件包。

```
[root@Server01 ~]# rpm -qa | grep samba
```
（1）挂载 ISO 映像文件。

```
[root@Server01 ~]# mount /dev/cdrom /media
```
（2）制作 yum 源文件/etc/yum.repos.d/dvd.repo（见项目 1 的相关内容），此处不赘述。

（3）使用 dnf 命令查看 samba 软件包的信息。

```
[root@Server01 ~]# dnf info samba
```
（4）使用 dnf 命令安装 samba 服务。

```
[root@Server01 ~]# dnf clean all                        //安装前先清除缓存
[root@Server01 ~]# dnf install samba -y
```
（5）所有软件包安装完毕，可以使用 rpm 命令再查询一次。

```
[root@Server01 ~]# rpm -qa | grep samba
```
（6）启动 smb 服务，设置开机自动启动该 smb 服务。

```
[root@Server01 ~]# systemctl start smb ; systemctl enable smb
```

> **注意** 在服务器的配置过程中，更改配置文件后，一定要记得重启服务，让服务重新加载配置文件，这样新配置才会生效。重启的命令是 systemctl restart smb 或 systemctl reload smb。

任务 5-2　了解主配置文件 smb.conf

samba 的配置文件一般就放在/etc/samba 目录中，主配置文件为 smb.conf。

1. samba 服务中的参数及其作用

使用 ll 命令查看 smb.conf 文件属性，并使用命令 vim　/etc/samba/smb.conf 查看文件的详细内容，如图 5-6 所示（使用 set nu 可加行号，不赘述）。

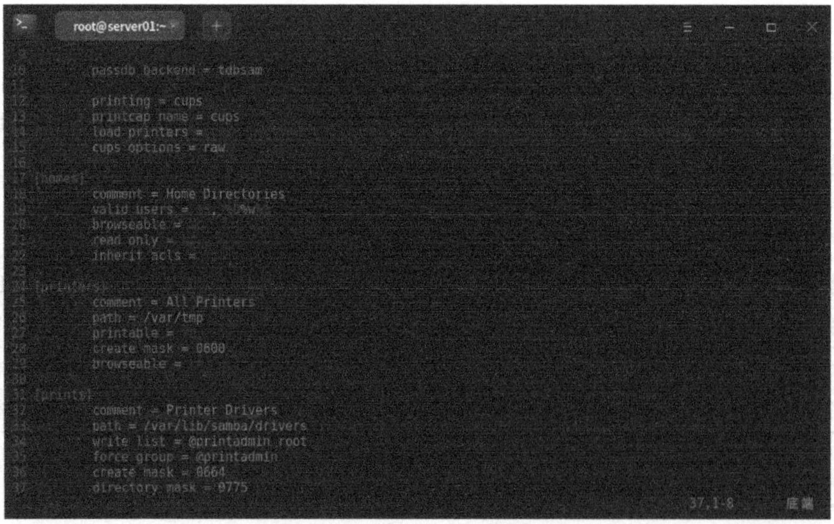

图 5-6　查看 smb.conf 文件

统信 UOS V20 的 smb.conf 配置文件已经简化，只有 37 行左右。为了更清楚地了解配置文件，建议读者研读/etc/samba/smb.conf.example。samba 开发组按照功能不同，对 smb.conf 文件进行了分段划分，条理非常清楚。表 5-2 所示为 samba 服务中的参数及其作用。

表 5-2　samba 服务中的参数及其作用

作用范围	参数	作用
[global]	workgroup = MYGROUP	工作组名称，如 workgroup=SmileGroup
	server string = samba Server Version %v	服务器描述，参数%v 表示显示 samba 的版本号
	log file = /var/log/samba/log.%m	定义日志文件的存放位置与名称，参数%m 表示来访的主机名
	max log size = 50	定义日志文件的最大容量为 50KB
	security = user	安全验证的方式，需验证来访主机提供的口令后才允许其访问。这提升了安全性，为系统的默认方式
	security = server	使用独立的服务器验证来访主机提供的口令（集中管理账户）
	security = domain	使用域控制器进行身份验证
	passdb backend = tdbsam	定义用户后台的类型，共 3 种。其中第一种表示创建数据库文件并使用 pdbedit 命令建立 samba 服务的用户
	passdb backend = smbpasswd	使用 smbpasswd 命令为系统用户设置 samba 服务的密码
	passdb backend = ldapsam	基于轻量目录访问协议（Lightweight Directory Access Protocol，LDAP）服务进行账户验证
	load printers = yes	设置在 samba 服务启动时是否共享打印机设备
	cups options = raw	设置打印机的选项
[homes]	[homes]	设置共享名，[homes]为特殊共享目录，表示用户主目录
	comment = Home Directories	描述信息
	browseable = no	指定共享信息是否在"网上邻居"中可见
	writable = yes	定义是否可以执行写入操作，与 read only 相反

 技巧　为了方便配置，建议先备份 smb.conf，一旦发现错误，可以随时从备份文件中恢复主配置文件。备份操作如下。

```
[root@Server01 ~]# cd /etc/samba; ls
[root@Server01 samba]# cp smb.conf  smb.conf.bak; cd
[root@Server01 ~]#
```

2. Share Definitions 共享服务的定义

Share Definitions 用于设置对象为共享目录和打印机，如果想发布共享资源，则需要对 Share Definitions 进行配置。Share Definitions 字段非常丰富，设置灵活。

我们先来看几个常用的字段。

（1）设置共享名。

共享资源发布后，必须为每个共享目录或打印机设置不同的共享名，供网络用户访问时使用，并且共享名可以与原目录名不同。

共享名的设置非常简单，格式为：

[共享名]

（2）共享资源描述。

网络中存在各种共享资源，为了方便用户识别，可以为其添加备注信息，以方便用户查看时知道共享资源的内容是什么。

格式为：

```
comment = 备注信息
```

（3）共享路径。

共享资源的原始完整路径可以使用 path 字段发布，务必正确指定。

格式为：

```
path = 绝对路径
```

（4）设置匿名访问。

可以通过 public 字段设置是否允许对共享资源进行匿名访问。

格式为：

```
public = yes       #允许匿名访问
public = no        #禁止匿名访问
```

【例 5-1】samba 服务器中有一个目录为/share，需要发布该目录为共享目录，定义共享名为 public，要求：允许匿名访问。设置如下。

```
[public]
      comment = public
      path = /share
      public = yes
```

（5）设置访问用户。

如果共享资源存在重要数据，则需要对访问用户进行审核，可以使用 valid users 字段进行设置。

格式为：

```
valid users = 用户名
valid users = @组名
```

【例 5-2】samba 服务器/share/tech 目录中存放了某公司技术部数据，只允许技术部员工和经理访问，技术部组为 tech，经理账号为 manager。设置如下。

```
[tech]
      comment=tech
      path=/share/tech
      valid users=@tech,manager
```

（6）设置目录读写权限。

共享目录如果需要限制用户的读写操作，则可以通过 read only 字段实现。

格式为：

```
read only = yes        #只读
read only = no         #读写
```

（7）设置目录可写。

如果共享目录允许用户写操作，则可以使用 writable 或 write list 两个字段进行设置。

Writable 字段的格式为：

```
writable = yes         #读写
writable = no          #只读
```

write list 字段的格式为：

```
write list = 用户名
write list = @组名
```

（8）设置过滤主机。

注意网络地址的写法！

相关示例如下。

```
hosts allow = 192.168.10.   server.long60.cn
```

上述语句表示允许来自 192.168.10.0 或 server.long60.cn 的访问者访问 samba 服务器资源。

```
hosts deny = 192.168.2.
```

上述语句表示不允许来自 192.168.2.0 网络的主机访问当前 samba 服务器资源。

【例 5-3】samba 服务器共享目录/public 中存放了大量共享数据，为保证目录安全，仅允许来自 192.168.10.0 网络的主机访问，并且只允许读取，禁止写入。设置如下。

```
[public]
       comment=public
       path=/public
       public=yes
       read only=yes
       hosts allow = 192.168.10.
```

> **注意** [homes]为特殊共享目录，表示用户主目录；[printers]表示共享打印机。

任务 5-3　samba 服务的日志文件和密码文件

日志文件对 samba 非常重要，它存储着客户端访问 samba 服务器的信息，以及 samba 服务的错误提示信息等，可以分析日志文件，帮助解决客户端访问和服务器维护等问题。

samba 密码文件是用于存储用户凭据（用户名和密码）以进行身份验证的文件。当客户端连接到 samba 服务器并尝试访问共享资源时，samba 会使用密码文件中的凭据来验证客户端的身份。这允许 samba 服务器控制谁可以访问共享资源，以及他们能够执行的操作。

1. samba 服务的日志文件

在/etc/samba/smb.conf 文件中，log file 为设置 samba 日志文件的字段，如下所示。

```
log file = /var/log/samba/log.%m
```

samba 服务的日志文件默认存放在/var/log/samba/中，其中 samba 会为每个连接到 samba 服务器的计算机分别建立日志文件。使用 **ls -a　/var/log/samba** 命令可以查看所有的日志文件。

因为客户端通过网络访问 samba 服务器后，会自动添加客户端的相关日志。所以，Linux 管理员可以根据这些文件来查看用户的访问情况和服务器的运行情况。另外，当 samba 服务器工作异常时，也可以通过/var/log/samba/下的日志文件进行分析。

2. samba 服务的密码文件

samba 服务器发布共享资源后，客户端访问 samba 服务器，需要提交用户名和密码进行身份验证，验证合格后才可以登录。为了实现用户身份验证功能，samba 服务将用户名和密码信息存放在/etc/samba/smbpasswd 中，在客户端访问时，再将用户提交的资料与 smbpasswd 中存放的信息进行对比。如果相同，并且 samba 服务器其他安全设置允许，则客户端与 samba 服务器的连接才能建立成功。

那么如何建立 samba 账号呢？首先，samba 账号并不能直接建立，需要先建立统信 UOS V20 的系统账号。例如，如果要建立一个名为 yy 的 samba 账号，那么统信 UOS V20 中必须提前存在一个同名的 yy 系统账号。

在 samba 中建立账号的命令为 smbpasswd，格式为：

```
smbpasswd -a 用户名
```

【例 5-4】在 samba 服务器中建立 samba 账号 reading。

（1）建立 Linux 系统账号 reading。

```
[root@Server01 ~]# useradd reading
[root@Server01 ~]# passwd reading
```

（2）建立 reading 用户的 samba 账号。

```
[root@Server01 ~]# smbpasswd -a reading
```

samba 账号建立完毕。如果在建立 samba 账号时输入完两次密码后出现错误信息"Failed to modify password entry for user amy"，则是因为 Linux 本地用户里没有 reading 这个用户，在 Linux 系统中建立好 reading 用户就可以了。

 提示 在建立 samba 账号之前，一定要先建立一个与 samba 账号同名的系统账号。

经过前面的设置，再次访问 samba 共享文件时就可以使用 reading 账号了。

任务 5-4　user 服务器实例解析

在统信 UOS V20 中，samba 服务程序默认使用的是用户口令认证模式（user）。这种认证模式可以确保仅让有密码且受信任的用户访问共享资源，而且验证过程也十分简单。

【例 5-5】如果公司有多个部门，因工作需要，就必须分门别类地建立相应部门的目录。要求将销售部的资料存放在 samba 服务器的/companydata/sales/目录中集中管理，以便销售人员浏览，并且该目录只允许销售部员工访问。

需求分析：在/companydata/sales/目录中存放有销售部的重要数据，为了保证其他部门无法查看其内容，需要将全局配置中的 security 设置为 user 安全级别。这样就启用了 samba 服务器的身份验证机制。然后在共享目录/companydata/sales 下设置 valid users 字段，配置只允许销售部员工访问这个共享目录。

1. 在 Server01 上配置 samba 服务器（任务 5-1 已安装 samba 服务组件）

（1）建立共享目录，并在其下建立测试文件。

```
[root@Server01 ~]# mkdir /companydata
[root@Server01 ~]# mkdir /companydata/sales
[root@Server01 ~]# touch /companydata/sales/test_share.tar
```

（2）添加销售部用户和组并添加相应的 samba 账号。

① 使用 groupadd 命令添加 sales 组，然后分别执行 useradd 命令和 passwd 命令，以添加销售部员工的账号和密码。此处单独增加一个 test_user1 账号，不属于 sales 组，供测试用。

```
[root@Server01 ~]# groupadd sales              #建立销售组 sales
[root@Server01 ~]# useradd -g sales sale1      #建立用户 sale1，添加到 sales 组
[root@Server01 ~]# useradd -g sales sale2      #建立用户 sale2，添加到 sales 组
[root@Server01 ~]# useradd test_user1          #供测试用
[root@Server01 ~]# passwd sale1                #设置用户 sale1 的密码
[root@Server01 ~]# passwd sale2                #设置用户 sale2 的密码
```

```
[root@Server01 ~]# passwd  test_user1          #设置用户 test_user1 的密码
```
② 为销售部成员添加相应的 samba 账号。
```
[root@Server01 ~]# smbpasswd -a sale1
[root@Server01 ~]# smbpasswd -a sale2
```
（3）使用命令 vim /etc/samba/smb.conf 打开并修改 samba 主配置文件。直接在原文件末尾添加，但要注意将原文件的[global]删除或用"#"标注，**文件中不能有两个同名的[global]**。当然也可直接在原来的[global]上修改。

```
39 [global]
40     workgroup = Workgroup
41     server string = File Server
42     security = user
43     #设置 user 安全级别模式，取默认值
44     passdb backend = tdbsam
45     printing = cups
46     printcap name = cups
47     load printers = yes
48     cups options = raw
49 [sales]
50     #设置共享目录的共享名为 sales
51     comment=sales
52     path=/companydata/sales
53     #设置共享目录的绝对路径
54     writable = yes
55     browseable = yes
56     valid users = @sales
57     #设置可以访问的用户为 sales 组
```

2. 设置本地权限、SELinux 和防火墙（Server01）

（1）设置共享目录的本地系统权限和属组。
```
[root@Server01 ~]# chmod  770  /companydata/sales -R
[root@Server01 ~]# chown :sales /companydata/sales  -R
```
-R 选项是递归用的，一定要加上。

（2）更改共享目录和用户主目录的 context 值，或者禁用 SELinux。
```
[root@Server01 ~]# chcon -t samba_share_t /companydata/sales  -R
[root@Server01 ~]# chcon -t samba_share_t /home/sale1  -R
[root@Server01 ~]# chcon -t samba_share_t /home/sale2  -R
// 检查/etc/selinux/config 配置文件，将 SELINUX=disabled 改为 SELINUX=enforcing, 并重启系
统使更改生效
```
或者：
```
[root@Server01 ~]# getenforce
[root@Server01 ~]# setenforce Permissive
```
或者：
```
[root@Server01 ~]# setenforce 0
```
（3）让防火墙放行，这一步很重要。
```
[root@Server01 ~]# firewall-cmd --permanent --add-service=samba
[root@Server01 ~]# firewall-cmd --reload          //重新加载防火墙
[root@Server01 ~]# firewall-cmd --list-all
public (active)
```

```
......
  services: ssh dhcpv6-client samba          //已经加入防火墙的允许服务
......
```

（4）重新加载 samba 服务并设置开机时自动启动。

```
[root@Server01 ~]# systemctl restart smb
[root@Server01 ~]# systemctl enable smb
```

3. Windows 客户端访问 samba 共享测试

一是在 Windows Server 2016 中利用资源管理器进行测试，二是利用统信 UOS V20 客户端进行测试。本例使用 Windows Server 2016 操作系统进行测试。以下的操作在 Client2 上进行。

> **试一试**　注销 Windows 10 客户端，使用 test_user1 用户和密码登录会出现什么情况？

使用映射网络驱动器访问 samba 服务器共享目录。

① 在 Windows Server 2016 的桌面上右击"此电脑"图标，选择"映射网络驱动器"命令，在图 5-7 所示的对话框中选择 X 驱动器，并输入 sales 共享目录的地址，如\\192.168.10.1\sales，单击"完成"按钮。

② 打开"输入网络凭据"界面，在其中输入可以访问 sales 共享目录的 samba 账号和密码，如图 5-8 所示。

图 5-7　"映射网络驱动器"对话框

图 5-8　输入账号和密码

③ 单击"确定"按钮，显示了共享的文件，说明设置成功，如图 5-9 所示。

图 5-9　显示共享文件

④ 双击"此电脑"图标，打开"此电脑"窗口，可以看到网络驱动器共享目录 sales，说明成功设置网络驱动器，如图 5-10 所示，可以很方便地访问了。

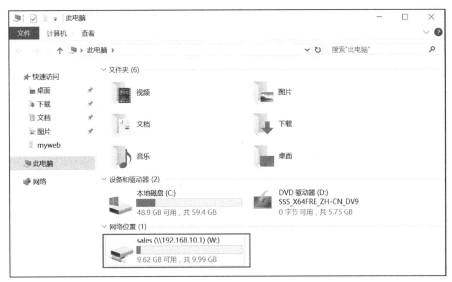

图 5-10　成功设置网络驱动器

特别提示 samba 服务器在将本地文件系统共享给 samba 客户端时，涉及本地文件系统权限和 samba 共享权限。当客户端访问共享资源时，最终的权限选取这两种权限中最严格的一种。在后面的实例中，不再单独设置本地权限。

4. 统信客户端访问 samba 共享测试

samba 服务程序当然还可以实现统信 UOS V20 之间的文件共享。请读者按照表 5-1 来设置 samba 服务程序所在主机（samba 服务器）和统信 UOS V20 客户端 Client1 使用的 IP 地址，然后在客户端 Client1 上安装 samba 服务和支持文件共享服务的软件包（cifs-utils）。

（1）在 Client1 上安装 samba-client 和 cifs-utils。

```
[root@Client1 ~]# mount /dev/cdrom /media
[root@Client1 ~]# vim /etc/yum.repos.d/dvd.repo
[root@Client1 ~]# dnf install samba-client cifs-utils -y
```

（2）统信 UOS V20 客户端使用 smbclient 命令访问服务器。

① 使用 smbclient 命令可以列出目标主机的共享目录列表。smbclient 命令的格式为：

```
smbclient -L 目标 IP 地址或主机名 -U 登录用户名%密码
```

当查看 Server01（192.168.10.1）主机的共享目录列表时，提示输入密码，这时可以不输入密码，而直接按"Enter"键，表示匿名登录，然后显示匿名用户可以看到的共享目录列表。

```
[root@Client1 ~]# smbclient -L 192.168.10.1
```

若想使用 samba 账号查看 samba 服务器共享目录，可以加上 -U 选项，后面跟上"用户名%密码"。下面的命令显示只有 sale2 账号（其密码为 sonniya22,,）才有权限浏览和访问的共享目录。

```
[root@Client1 ~]# smbclient -L 192.168.10.1 -U sale2%sonniya22,,
```

注意 不同用户使用 smbclient 命令浏览的结果可能是不一样的，这要根据服务器设置的访问控制权限而定。

② 可以使用 smbclient 命令行共享访问模式浏览共享的资料。

smbclient 命令行共享访问模式的格式为：

```
smbclient  //目标 IP 地址或主机名/共享目录名  -U  用户名%密码
```

下面的命令运行后，将进入交互式界面（输入"?"可以查看具体命令）。

```
[root@Client1 ~]# smbclient //192.168.10.1/sales -U sale2%sonniya22,,
Try "help" to get a list of possible commands.
smb: \> ls
  .                                   D        0  Sun May 14 21:01:56 2023
  ..                                  D        0  Sun May 14 21:01:43 2023
  test_share.tar                      N        0  Sun May 14 21:01:56 2023

            10475520 blocks of size 1024. 10094632 blocks available
smb: \> mkdir testdir
smb: \> ls
  .                                   D        0  Sun May 14 21:57:14 2023
  ..                                  D        0  Sun May 14 21:01:43 2023
  test_share.tar                      N        0  Sun May 14 21:01:56 2023
  testdir                             D        0  Sun May 14 21:57:14 2023

            10475520 blocks of size 1024. 10094632 blocks available
smb: \> exit
[root@Client1 ~]#
```

另外，使用 smbclient 命令登录 samba 服务器后，可以使用 help 查询支持的命令。

（3）统信 UOS V20 客户端使用 mount 命令挂载共享目录。

使用 mount 命令挂载共享目录的格式为：

```
mount -t cifs //目标 IP 地址或主机名/共享目录名 挂载点 -o username=用户名
```

下面命令的运行结果为挂载 192.168.10.1 主机上的共享目录 sales 到/smb/sambadata 目录下，cifs 是 samba 服务器使用的文件系统。

```
[root@Client1 ~]# mkdir -p /smb/sambadata
[root@Client1 ~]# mount -t cifs //192.168.10.1/sales /smb/sambadata/ -o username=sale1
Password for sale1@//192.168.10.1/sales: ********
//输入 sale1 的 samba 用户密码，不是系统用户密码
[root@Client1 ~]# cd /smb/sambadata
[root@Client1 sambadata]# ls
testdir  test_share.tar
root@Client1 sambadata]# cd
```

5. 统信客户端访问 Windows 共享测试

在客户端 Client1 上直接使用命令 smbclient 可以访问 Windows 共享。

```
[root@Cliect1 ~]# smbclient -L //192.168.10.40  -U administrator
Enter SAMBA\administrator's password:

        Sharename       Type      Comment
        ---------       ----      -------
```

```
        ADMIN$          Disk        远程管理
        C$              Disk        默认共享
        CertEnroll      Disk         Active Directory 证书服务共享
        IPC$            IPC         远程 IPC
SMB1 disabled -- no workgroup available
[root@Server01 ~]#
```

任务 5-5 配置可匿名访问的 samba 服务器

接任务 5-4，那么如何配置可匿名访问的 samba 服务器呢？

【例 5-6】公司需要添加 samba 服务器作为文件服务器，工作组名为 Workgroup，共享目录为 /share，共享名为 public，这个共享目录允许公司所有员工下载文件，但不允许上传文件。

> **分析** 这个案例属于 samba 的基本配置，既然允许所有员工访问，就需要为每个员工建立一个 samba 账号，那么如果公司拥有大量员工呢？1 000 个员工，甚至 100 000 个员工，每个都设置会非常麻烦。可以采用匿名账户 nobody 访问，这样实现起来非常简单。

参考步骤如下。

① 在 Server01 上建立 share 目录，并在其下建立测试文件，设置共享目录本地系统权限。

```
[root@Server01 ~]# mkdir  /share ; touch  /share/test_share.tar
```

② 修改 samba 的主配置文件 smb.conf。

```
[root@Server01 ~]# vim  /etc/samba/smb.conf
```

在任务 5-4 的基础上修改配置文件，与任务 5-4 配置文件内容一样的不再显示出来。

```
41      [global]
              ......
46              map to guest = bad user
              ......
62      [public]
63              comment=public
64              path=/share
65              guest ok=yes
66              #允许匿名用户访问
67              browseable=yes
68              #在客户端显示共享的目录
69              public=yes
70              #最后设置允许匿名访问
71              read only = yes
```

③ 让防火墙放行 samba 服务。在任务 5-4 中已详细设置，这里不赘述。

> **注意** 以下的实例不再考虑防火墙和 SELinux 的设置，但不意味着防火墙和 SELinux 不用设置。其中，防火墙的设置方法为：firewall-cmd --permanent --add-service=samba、firewall-cmd--reload。

④ 更改共享目录的 context 值。

```
[root@Server01 ~]# chcon -t samba_share_t /share
[root@Server01 ~]# chcon -t samba_share_t /share/test_share.tar
```

> **提示** 可以使用 getenforce 命令查看 SELinux 防火墙是否被强制实施（默认是这样的），如果不被强制实施，则步骤③和步骤④可以省略。使用命令 setenforce 1 可以设置强制实施防火墙，使用命令 setenforce 0 可以取消强制实施防火墙（注意是数字"1"和数字"0"，分别对应"Enforcing"和"Permissive"）。

⑤ 重新加载配置。

可以使用 restart 重新启动服务或者使用 reload 重新加载配置。

```
[root@Server01 ~]# systemctl restart smb
```

或者：

```
[root@Server01 ~]# systemctl reload smb
```

> **注意** 重新启动 samba 服务虽然可以让配置生效，但是 restart 是先关闭 samba 服务再开启服务，这样在公司网络运营过程中肯定会对客户端员工的访问造成影响，建议使用 reload 重新加载配置文件使其生效，这样不需要中断服务就可以重新加载配置。

通过以上设置，用户不需要输入账号和密码就可以直接登录 samba 服务器并访问 public 共享目录了。在 Windows 客户端可以用 UNC 路径测试（UNC 路径是一种用于指定网络共享资源位置的标准格式，其基本格式为：\\服务器名称）。这里测试的方法是在 Windows Server 2016（Client2）资源管理器地址栏中输入\\192.168.10.1，如图 5-11 所示。

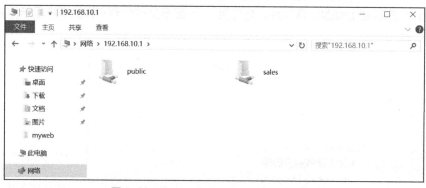

图 5-11 Windows Server 2016 访问成功

> **注意** 完成实训后记得恢复到默认设置，即删除或注释"map to guest = bad user"。

任务 5-6 samba 高级服务器配置

samba 高级服务器配置使我们搭建的 samba 服务器功能更强大，管理更灵活，数据也更安全。

1. 用户账号映射

samba 的用户账号信息保存在 smbpasswd 文件中，而且可以访问 samba 服务器的账号必须对应一个同名的系统账号。基于这一点，对于一些入侵者来说，只要知道 samba 服务器的 samba 账号，就等于知道了 Linux 系统账号，只要暴力破解其 samba 账号密码并加以利用，就可以攻击

samba 服务器。为了保障 samba 服务器的安全，使用用户账号映射。那么什么是用户账号映射呢？

使用用户账号映射需要建立一个账号映射关系表，里面记录了 samba 账号和虚拟账号（映射账号）的对应关系，客户端访问 samba 服务器时就使用映射账号来登录。

【例5-7】将例5-5的sale1账号分别映射为suser1和myuser1，将sale2账号映射为suser2。（仅对与例 5-5 中不同的地方进行设置，相同的设置不赘述，如权限、防火墙等。）

① 编辑主配置文件/etc/samba/smb.conf。

在[global]下添加一行语句 username map = /etc/samba/smbusers，开启用户账号映射功能。

② 编辑文件/etc/samba/smbusers。

smbusers 文件用于保存账号映射关系，其固定格式如下。

```
samba 账号 = 虚拟账号（映射账号）
```

本例应加入下面的行。

```
sale1=suser1   myuser1
sale2=suser2
```

账号 sale1 就是前文建立的 samba 账号（同时也是 Linux 系统账号），suser1 及 myuser1 是映射账号。访问共享目录时，只要输入 suser1 或 myuser1，就可以成功访问了，但是实际上访问 samba 服务器的还是 sale1 账号，这样就解决了安全问题。同样，suser2 是 sale2 的映射账号。

③ 重启 samba 服务。

```
[root@Server01 ~]# systemctl restart  smb
```

④ 验证效果。

先注销 Windows Server 2016，然后在 Windows Server 2016 客户端的资源管理器地址栏中输入\\192.168.10.1（samba 服务器的地址是 192.168.10.1），在弹出的对话框中输入定义的映射账号 myuser1 及密码（注意不是输入账号 sale1 及密码），如图 5-12 所示。单击"确定"按钮，打开图 5-13 所示的服务器上的共享资源界面，在空白处右击，选择"新建"→"文件夹"命令，可以成功建立文件夹。映射账号 myuser1 的密码和 sale1 账号的一样，并且可以通过映射账号浏览共享目录。

图 5-12　输入映射账号及密码

图 5-13　samba 服务器上的共享资源界面

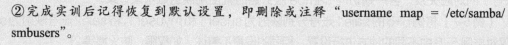

注意 ①强烈建议不要将 samba 用户的密码与本地系统用户的密码设置成一样，这样可以避免非法用户使用 samba 账号登录 Linux 系统。

②完成实训后记得恢复到默认设置，即删除或注释 "username map = /etc/samba/smbusers"。

2. 客户端访问控制

对于 samba 服务器的安全性，可以使用 valid users 字段实现用户访问控制，但是如果企业庞大且存在大量用户，这种方法操作起来就比较麻烦。比如 samba 服务器共享一个目录，但是要禁止某个 IP 子网或某个域的客户端访问，使用 valid users 字段就无法实现客户端访问控制，而使用 hosts allow 和 hosts deny 两个字段可以实现该功能。

（1）hosts allow 和 hosts deny 字段的使用方法。

hosts allow 字段定义允许访问的客户端
hosts deny 字段定义禁止访问的客户端

（2）使用 IP 地址进行访问控制。

【例 5-8】仍以例 5-5 为例，公司内部 samba 服务器上的共享目录/companydata/sales 用于存放销售部的资料，公司规定 192.168.10.0/24 这个网段的 IP 地址禁止访问 sales 共享目录，但是 192.168.10.40 这个 IP 地址可以访问。

① 修改配置文件 smb.conf。

在配置文件 smb.conf 中添加 hosts deny 和 hosts allow 字段。

```
[sales]
        comment=sales
        path=/companydata/sales
        #设置共享目录的绝对路径
        hosts deny = 192.168.10.
        #禁止所有来自192.168.10.0/24网段的IP地址访问
        hosts allow = 192.168.10.40
        #允许192.168.10.40这个IP地址访问
```

注意 当 hosts deny 和 hosts allow 字段同时出现且定义的内容相互冲突时，hosts allow 优先。现在设置的就是禁止 C 类地址 192.168.10.0/24 网段主机访问，但是允许 192.168.10.40 主机访问。

提示 在表示 24 位子网掩码的子网时，可以使用 192.168.10.0/24、192.168.10.和 192.168.10.0/255.255.255.0。

② 重新加载配置。

```
[root@Server01 ~]# systemctl restart smb
```

③ 测试。

在 Windows Server 2016 上测试时，由于其 IP 地址为 192.168.10.40，所以可以正常访问。

将 Windows Server 2016 计算机的 IP 地址改为 192.168.10.31/24，注销计算机后重新测试，发现无法访问。具体效果是：可以列出共享资源，但是双击 sales 共享目录时，会再次让你输入账户和密码，输入正确的账户和密码也无法访问 sales 共享目录。

如果想同时禁止多个网段的 IP 地址访问此服务器，则可以进行如下设置。

- hosts deny = 192.168.1. 172.16. 表示拒绝所有 192.168.1.0 网段和 172.16.0.0 网段的 IP 地址访问 sales 这个共享目录。
- hosts allow = 10. 表示允许 10.0.0.0 网段的 IP 地址访问 sales 这个共享目录。

注意 完成实训后记得恢复到默认状态，即删除或注释 "hosts deny = 192.168.10. hosts allow = 192.168.10.40"。另外，当需要输入多个网段的 IP 地址时，需要使用空格隔开。

（3）使用域名进行访问控制。

【例 5-9】公司 samba 服务器上共享了一个目录 public，公司规定.long60.cn 域的客户端不能访问，并且主机名为 Client1 的客户端也不能访问。

修改配置文件 smb.conf 的相关内容即可。

```
[public]
        comment=public's share
        path=/public
        hosts deny = .long60.cn  Client1
```

hosts deny = .long60.cn　Client1 表示禁止.long60.cn 域及主机名为 Client1 的客户端访问 public 这个共享目录。

注意 域名和域名之间或域名和主机名之间需要使用空格隔开。

（4）使用通配符进行访问控制。

【例 5-10】samba 服务器共享了一个目录 security，规定除主机 boss 外的其他账号不允许访问。

修改 smb.conf 配置文件，使用通配符 "ALL" 来简化配置。（常用的通配符还有 "*" "?" "LOCAL" 等。）

```
[security]
        comment=security
        path=/security
        writable=yes
        hosts deny = ALL
        hosts allow = boss
```

【例 5-11】samba 服务器共享了一个目录 security，只允许 192.168.0.0 网段的 IP 地址访问，192.168.0.100 及 192.168.0.200 的主机禁止访问 security。

分析 可以使用 hosts deny 禁止所有用户访问，再设置 hosts allow 允许 192.168.0.0 网段的 IP 地址访问。当 hosts deny 和 hosts allow 同时出现且定义有冲突时，hosts allow 优先，从而允许 192.168.0.0 网段的 IP 地址访问，但是 192.168.0.100 及 192.168.0.200 的主机禁止访问的设置就无法生效了。此时有一种方法，就是使用 EXCEPT 进行设置。

hosts allow = 192.168.0. EXCEPT 192.168.0.100 192.168.0.200 表示允许 192.168.0.0 网段的 IP 地址访问，但是 192.168.0.100 和 192.168.0.200 除外。修改的配置文件如下。

```
[security]
    comment=security
    path=/security
    writable=yes
    hosts deny = ALL
    hosts allow = 192.168.0. EXCEPT 192.168.0.100 192.168.0.200
```

（5）理解 samba 中 hosts allow 和 hosts deny 的作用范围。

hosts allow 和 hosts deny 设置在不同的位置上，它们的作用范围就不一样。设置在[global]中，表示对 samba 服务器全局生效；设置在目录下，则表示只对这个目录生效。

```
[global]
    hosts deny = ALL
    hosts allow = 192.168.0.66          #只有 192.168.0.66 才可以访问 samba 服务器
```

这样设置表示只有 192.168.0.66 才可以访问 samba 服务器，全局生效。

```
[security]
    hosts deny = ALL
    hosts allow = 192.168.0.66          #只有 192.168.0.66 才可以访问 security 目录
```

这样设置表示只对单一目录 security 生效，只有 192.168.0.66 才可以访问 security 目录。

3. 设置 samba 的权限

除了对客户端访问进行有效的控制外，还需要控制客户端访问共享资源的权限，如 boss 或 manager 这样的账号对某个共享目录具有完全控制权限，其他账号只有只读权限，使用 write list 字段可以实现该功能。

【例 5-12】公司 samba 服务器上有共享目录 tech，公司规定只有 boss 账号和 tech 组成员可以完全控制，其他账号只有只读权限。

> **分析** 如果只用 writable 字段则无法满足这个实例的要求，因为当 writable = yes 时，表示所有人都可以写入，而当 writable = no 时，表示所有人都不可以写入。这时就需要用到 write list 字段。修改后的配置文件如下。

```
[tech]
    comment=tech's data
    path=/tech
    write list=boss, @tech
```

write list = boss, @tech 表示只有 boss 账号和 tech 组成员才有对 tech 共享目录的写入权限（其中@tech 表示 tech 组）。

writable 和 write list 的区别如表 5-3 所示。

表 5-3　writable 和 write list 的区别

字段	值	描述
writable	yes	所有账号都允许写入
	no	所有账号都禁止写入
write list	写入权限账号列表	列表中的账号允许写入

4. samba 的隐藏共享

（1）使用 browseable 字段实现隐藏共享。

【例 5-13】把 samba 服务器上的技术部共享目录 tech 隐藏。

browseable = no 表示隐藏该目录，修改后的配置文件如下。

```
[tech]
       comment=tech's data
       path=/tech
       write list = boss, @tech
       browseable = no
```

提示 设置完成并重启 samba 生效后，如果在 Windows 客户端输入\\192.168.10.1，则无法显示 tech 共享目录。但如果直接输入\\192.168.10.1\tech，则仍可以访问共享目录 tech。

（2）使用独立配置文件。

【例 5-14】samba 服务器上有一个 tech 目录，此目录只有 boss 账号可以访问，其他账号都不可以访问。

分析 因为 samba 的主配置文件只有一个，所以所有账号访问都要遵守该配置文件的规则，如果隐藏了该目录（browseable=no），那么所有人都看不到该目录了，也包括 boss 用户。如果将 browseable 值改为 yes，则所有人都能访问共享目录，但还是不能满足要求。

无法满足要求的原因就在于 samba 服务器的主配置文件只有一个。既然单一配置文件无法满足要求，那么可以考虑为不同需求的用户或组分别建立相应的配置文件，通过单独配置实现隐藏目录的功能。现在为 boss 账号建立一个配置文件，并且让其访问时能够读取这个独立配置文件。

① 建立 samba 账号 boss 和 test1。

```
[root@Server01 ~]# mkdir /tech ; groupadd   tech
[root@Server01 ~]# useradd   boss ; useradd   test1
[root@Server01 ~]# passwd   boss
[root@Server01 ~]# passwd   test1
[root@Server01 ~]# smbpasswd  -a   boss
[root@Server01 ~]# smbpasswd  -a   test1
```

② 建立独立配置文件。

先为 boss 账号创建一个独立配置文件，直接复制/etc/samba/smb.conf 文件并改名即可。如果为单个用户建立配置文件，则命名时一定要包含用户名。

使用 cp 命令复制主配置文件，为 boss 账号建立独立配置文件。

```
[root@Server01 ~]# cd   /etc/samba/
[root@Server01 samba]# cp   /etc/samba/smb.conf   /etc/samba/smb.conf.boss
```

③ 编辑 smb.conf 主配置文件（vim   /etc/samba/smb.conf）。

在[global]中加入 config file = /etc/samba/smb.conf.%U，表示 samba 服务器读取/etc/samba/smb.conf.%U 文件，其中%U 代表当前登录用户。命名规范与独立配置文件匹配。

```
[global]
       config  file = /etc/samba/smb.conf.%U
```

```
[tech]
        comment=tech's data
        path=/tech
        write list = boss, @tech
        browseable = no
```

④ 编辑 smb.conf.boss 独立配置文件（vim   /etc/samba/smb.conf.boss）。

编辑 boss 账号的独立配置文件 smb.conf.boss，将 tech 目录中的 browseable = no 删除，这样当 boss 账号访问 samba 时，tech 共享目录是可见的。主配置文件 smb.conf 和 boss 账号的独立配置文件相搭配，实现了其他用户访问 tech 共享目录时，tech 共享目录是隐藏的，而 boss 账号访问时就是可见的。smb.conf.boss 独立配置文件内容如下。

```
[tech]
        comment=tech's data
        path=/tech
        write list = boss, @tech
```

⑤ 设置共享目录的本地系统权限。赋予属主和属组 rwx 的权限，同时将 boss 账号改为/tech 的所有者（提前建立 tech 组）。

```
[root@Server01 ~]# chmod  775  /tech  -R
[root@Server01 ~]# chown  boss:tech  /tech
```

再次提示，如果设置都正确仍然无法访问 samba 服务器的共享目录，则可能由以下两种情况引起：SELinux 防火墙、本地系统权限。

⑥ 更改共享目录的 context 值（防火墙问题）。

```
[root@Server01 ~]# chcon -t samba_share_t /tech
```

⑦ 重新启动 samba 服务。

```
[root@Server01 ~]# systemctl  restart  smb
```

⑧ 测试效果。

提前建好共享目录 tech。先用普通账号 test1 登录 samba 服务器，发现看不到 tech 共享目录，然后用 boss 账号登录 samba 服务器，发现 tech 共享目录自动显示并能按设置访问，证明 tech 共享目录对除 boss 账号以外的人是隐藏的。

这样以独立配置文件的方法来实现隐藏共享，能够实现不同账号对共享目录可见性的要求。

 注意 隐藏目录并不是说不共享了，只要知道共享名，并且有相应权限，就可以通过输入"\\IP 地址\共享名"来访问隐藏的共享目录。

任务 5-7 samba 的打印共享

在默认情况下，samba 的打印服务是开放的，只要把打印机安装好，客户端就可以使用打印机。

1. 设置 global 配置项

修改 smb.conf 全局配置，开启打印共享功能。

```
[global]
        load printers = yes
        cups options = raw
```

```
        printcap name = /etc/printcap
        printing = cups
```

2. 设置 printers 配置项

```
[printers]
        comment = All printers
        path = /usr/spool/samba
        browseable = no
        guest ok = no
        writable = yes
        printable = yes
```

使用默认设置就可以让客户端正常使用打印机了。需要注意的是，printable 字段一定要设置成 yes，path 字段用于定义打印机队列，可以根据需要定制。另外，共享打印和共享目录不一样，安装完打印机后必须重新启动 samba 服务，否则客户端可能无法看到共享的打印机。如果只允许部分员工使用打印机，则可以使用 valid users、hosts allow 或 hosts deny 字段来实现，可以参见前文的讲解。

5.4 企业 samba 服务器实用案例

5.4.1 企业环境及需求

1. samba 服务器目录

共享目录/share、销售部目录/sales、技术部目录/tech。

2. 企业员工情况

主管：总经理 master。销售部：销售部经理 mike、员工 sky、员工 jane。技术部：技术部经理 tom、员工 sunny、员工 bill。

企业使用 samba 搭建文件服务器，需要建立共享目录，允许所有人访问，权限为只读。为销售部和技术部分别建立单独的目录，只允许总经理和对应部门员工访问，并且企业员工无法查看到非本部门的共享目录。企业网络拓扑如图 5-14 所示。

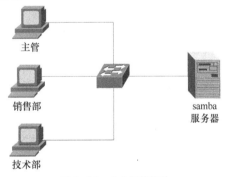

图 5-14　企业网络拓扑

5.4.2 需求分析

对于建立共享目录，使用 public 字段很容易实现匿名访问。但是，注意后面的企业需求，只允许本部门访问自己的目录，其他部门的目录不可见！这就需要设置目录共享字段 browseable=no，以实现隐藏功能，但是这样设置后，所有用户都无法查看该共享目录。因为对同一共享目录有多种需求，一个配置文件无法完成这项工作，这时需要考虑建立独立配置文件，以满足不同员工的访问需求。但是为每个用户建立一个独立配置文件，显然操作太烦琐了。可以为每个部门建立一个组，并为每个组建立独立配置文件，实现隔离用户的目标。

5.4.3　解决方案

（1）在 Server01 上建立各部门的专用目录。

使用 mkdir 命令，分别建立各部门的专用目录。

```
[root@Server01 ~]# mkdir /share ; mkdir /sales ; mkdir /tech
```

（2）添加用户和组。

先建立销售组 sales 和技术组 tech，然后使用 useradd 命令添加总经理账号 master，并将员工账号加入不同的用户组。

```
[root@Server01 ~]# groupadd sales ; groupadd tech
[root@Server01 ~]# useradd master
[root@Server01 ~]# useradd -g sales mike
[root@Server01 ~]# useradd -g sales sky
[root@Server01 ~]# useradd -g sales jane
[root@Server01 ~]# useradd -g tech tom
[root@Server01 ~]# useradd -g tech sunny
[root@Server01 ~]# useradd -g tech bill
[root@Server01 ~]# passwd master
[root@Server01 ~]# passwd mike
[root@Server01 ~]# passwd sky
[root@Server01 ~]# passwd jane
[root@Server01 ~]# passwd tom
[root@Server01 ~]# passwd sunny
[root@Server01 ~]# passwd bill
```

（3）添加相应的 samba 账号。

使用 smbpasswd -a 命令添加 samba 账号，具体操作参照前文的相关内容。

（4）设置共享目录的本地系统权限。

```
[root@Server01 ~]# chmod 777 /share
[root@Server01 ~]# chmod 777 /sales
[root@Server01 ~]# chmod 777 /tech
```

 注意　要更精确地设置各目录的本地文件系统权限应该怎么办？请参考项目 4 中权限管理的详细内容。

（5）更改共享目录的 context 值（防火墙问题）。

```
[root@Server01 ~]# chcon -t samba_share_t /share
[root@Server01 ~]# chcon -t samba_share_t /sales
[root@Server01 ~]# chcon -t samba_share_t /tech
```

（6）建立独立配置文件。

```
[root@Server01 ~]# cd /etc/samba
[root@Server01 samba]# cp smb.conf master.smb.conf
[root@Server01 samba]# cp smb.conf sales.smb.conf
[root@Server01 samba]# cp smb.conf tech.smb.conf
```

（7）设置主配置文件，首先使用 vim 编辑器打开 smb.conf。

```
[root@Server01 ~]# vim /etc/samba/smb.conf
```

编辑主配置文件，添加相应字段，确保 samba 服务器会调用独立的用户配置文件以及组配置文件。

```
[global]
    workgroup = WORKGROUP
    server  string = file server
    security = user
    include = /etc/samba/%U.smb.conf                    ①
    include = /etc/samba/%G.smb.conf                    ②
[public]
     comment = public
     path = /share
     guest ok = yes
     browseable = yes
     public = yes
     read only = yes
[sales]
     comment = sales
     path = /sales
     browseable = yes
[tech]
     comment = tech's data
     path = /tech
     browseable = yes
```

① 使 samba 服务器加载/etc/samba 目录下格式为"用户名.smb.conf"的配置文件。

② 保证 samba 服务器加载格式为"组名.smb.conf"的配置文件。

（8）设置 master 账号配置文件。

使用 vim 编辑器修改 master 账号配置文件 master.smb.conf，如下所示。

```
[global]
    workgroup = Workgroup
    server  string = file server
    security = user
[public]
    comment = public
    path = /Share
    public = yes
[sales]                                                 ①
    comment = sales
    path = /sales
    writable = yes
    valid  users = master
[tech]                                                  ②
    comment = tech
    palth = /tech
    writable = yes
    valid  users = master
```

① 添加共享目录 sales，指定 samba 服务器的存放路径，并添加 valid users 字段，设置访

问用户为 master。

② 为了使 master 账号可以访问技术部的目录 tech，还需要添加 tech 共享目录，并设置 valid users 字段，允许 master 访问。

（9）设置销售组 sales 的配置文件。

编辑配置文件 sales.smb.conf，注意 global 全局配置，以及共享目录 public 的设置，保持和 master 一样，因为销售组仅允许访问 sales 目录，所以只添加 sales 共享目录设置即可，如下所示。

```
[sales]
    comment = sales
    path = /sales
    writable = yes
    valid  users = @sales, master
```

（10）设置技术组 tech 的配置文件。

编辑配置文件 tech.smb.conf，global 全局配置以及共享目录 public 的设置要和 sales 对应字段一样，添加 tech 共享目录设置，如下所示。

```
[tech]
    comment = tech
    path = /tech
    writable = yes
    valid  users = @tech, master
```

（11）测试。

在 Windows Server 2016 客户端上分别使用 master、bill、sky 等用户账号登录 samba 服务器，验证配置是否正确（需要多次对客户端 Windows 进行注销）。

> **注意** 最好禁用统信 UOS V20 中的 SELinux 功能，否则会出现莫名其妙的错误。初学者关闭 SELinux 也是一种不错的方法：打开 SELinux 配置文件/etc/selinux/config，设置 SELINUX = disabled 后，保存、退出并重启系统。默认设置 SELINUX=enforcing。

samba 排错总结：一般情况下，处理好以下几个问题，错误就会被修正。

① 解决 SELinux 的问题。

② 解决防火墙的问题。

③ 解决本地权限的问题。

④ 消除前后实训的相互影响。

还要注意下面的两个命令（查看日志文件、检查主配置文件语法）。

```
[root@Server01 ~]#  tail  -F  /var/log/messages
[root@Server01 ~]#  testparm  /etc/samba/smb.conf
```

5.5 拓展阅读 图灵奖

图灵奖（Turing Award）全称 A.M. 图灵奖（A.M Turing Award），是由美国计算机协会（Association for Computing Machinery，ACM）于 1966 年设立的计算机奖项，名称取自艾伦·麦席森·图灵（Alan Mathison Turing），旨在奖励对计算机事业做出重要贡献的个人。图灵奖对获奖条件要求极高，评奖程序极严，一般每年仅授予一名计算机科学家。图灵奖是计算机领域的国际最高奖项，被誉为"计算机界的诺贝尔奖"。

2000 年，科学家姚期智获图灵奖。

5.6 项目实训 配置与管理 samba 服务器

1. 项目背景

某企业有 system、develop、productdesign 和 test 这 4 个组，个人计算机操作系统为 Windows 10，少数开发人员采用 Linux 操作系统，服务器操作系统为统信 UOS V20，需要设计一套建立在 UOS V20 之上的安全文件共享方案。每个用户都有自己的网络硬盘，develop 组到 test 组有共用的网络硬盘，所有用户（包括匿名用户）有一个只读共享资料库；所有用户（包括匿名用户）要有一个存放临时文件的文件夹。samba 服务器搭建网络拓扑如图 5-15 所示。

2. 项目要求

（1）system 组具有管理所有 samba 空间的权限。

（2）各组的私有空间：各组拥有自己的空间，除了组成员及 system 组有权限访问以外，其他用户没有权限（包括读和写等）访问。

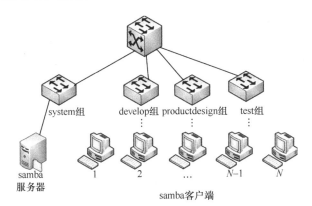

图 5-15　samba 服务器搭建网络拓扑

（3）资料库：所有用户（包括匿名用户）都具有读权限但不具有写入数据的权限。

（4）develop 组与 test 组的共享空间，develop 组与 test 组之外的用户不能访问。

（5）公共的临时空间：所有用户（包括匿名用户）都可以读取、写入、删除。

3. 深度思考

思考以下几个问题。

（1）用 mkdir 命令建立共享目录，可以同时建立多少个目录？

（2）组账户、用户账户、samba 账户等的建立过程是怎样的？

（3）权限 700 和 755 的含义是什么？请查找相关权限表示的资料。

（4）注意不同用户登录后权限的变化。

4. 做一做

根据项目要求，完成项目实训。

5.7 练习题

一、填空题

1. samba 服务功能强大，这与其通信基于_____协议有关，该协议的英文全称是_____。
2. SMB 协议经过开发，可以直接运行于 TCP/IP 上，使用 TCP 的_____端口。
3. samba 服务由两个进程组成，分别是_____和_____。
4. samba 服务软件包包括_____、_____、_____和_____（不要求版本号）。
5. samba 的配置文件一般放在_____目录中，主配置文件为_____。
6. samba 服务器有_____、_____、_____、_____和_____5 种安全级别，默认的安全级别是_____。

二、选择题

1. 用 samba 共享了目录，但是在 Windows 网上邻居中却看不到它，应该在/etc/samba/smb.conf 中设置（　　），才能使其正常工作。

A. AllowWindowsClients=yes　　　　　　B. Hidden=no
C. browseable=yes　　　　　　　　　　　D. 以上都不是

2. 以下可用来卸载 samba-3.0.33-3.7.el5.i386.rpm 的命令是（　　）。

A. rpm -D samba-3.0.33-3.7.el5　　　　B. dnf remove samba
C. rpm -e samba-3.0.33-3.7.el5　　　　D. rpm -d samba-3.0.33-3.7.el5

3. 允许 198.168.0.0/24 访问 samba 服务器的命令是（　　）。

A. hosts enable = 198.168.0.　　　　　B. hosts allow = 198.168.0.
C. hosts accept = 198.168.0.　　　　　D. hosts accept = 198.168.0.0/24

4. 启动 samba 服务，必须运行的端口监控程序是（　　）。

A. nmbd　　　　　　B. lmbd　　　　　　C. mmbd　　　　　　D. smbd

5. 下面列出的服务器类型中，可以使用户在异构网络操作系统之间共享文件系统的是（　　）。

A. FTP　　　　　　B. samba　　　　　　C. DHCP　　　　　　D. squid

6. samba 服务的密码文件是（　　）。

A. smb.conf　　　　　　　　　　　　　　B. samba.conf
C. smbpasswd　　　　　　　　　　　　　D. smbclient

7. 利用（　　）命令可以对 samba 的配置文件进行语法测试。

A. smbclient　　　　　　　　　　　　　B. smbpasswd
C. testparm　　　　　　　　　　　　　　D. smbmount

8. 可以通过设置条目（　　）来控制访问 samba 服务器的合法主机名。

A. allow hosts　　　　　　　　　　　　B. valid hosts
C. allow　　　　　　　　　　　　　　　　D. publicS

9. samba 的主配置文件中不包括（　　）。

A. global 参数　　　　　　　　　　　　B. directory shares 部分
C. printers shares 部分　　　　　　　　D. applications shares 部分

三、简答题

1. 简述 samba 的应用环境。

2. 简述 samba 的工作流程。

3. 简述配置基本的 samba 服务器的 4 个主要步骤。

4. 简述 samba 服务故障排除的方法。

5.8 实践习题

1. 公司需要配置一台 samba 服务器。工作组名为 smile，共享目录为/share，共享名为 public，该共享目录只允许 192.168.0.0/24 网段访问。请给出实现方案并上机调试。

2. 公司因工作需要，必须分门别类地建立各部门的目录。现要求将技术部的资料存放在 samba 服务器的/companydata/tech/目录中集中管理，以便技术人员浏览，并且该目录只允许技术部员工访问。请给出实现方案并上机调试。

3. 配置 samba 服务器，要求如下：samba 服务器上有一个 tech1 目录，此目录只有 boy 用户可以访问，其他用户都不可以访问。请灵活使用独立配置文件，给出实现方案并上机调试。

项目6
配置与管理NFS服务器

项目导入

在 Windows 主机之间可以通过共享目录来存储服务器上的文件，而在 Linux 系统中可以通过 NFS 实现类似的功能。

项目目标

- 了解 NFS 服务的基本原理。
- 掌握 NFS 服务器的配置与调试方法。
- 掌握 NFS 客户端的配置方法。
- 掌握排除 NFS 故障的技巧。

素养提示

- 了解国家科学技术奖中最高等级的奖项——国家最高科学技术奖，激发学生的科学精神和爱国情怀。
- "盛年不重来，一日难再晨。及时当勉励，岁月不待人。" 盛世之下，青年学生要惜时如金，学好知识，报效国家。

6.1 项目知识准备

6.1.1 NFS 服务概述

Linux 操作系统和 Windows 操作系统之间可以通过 samba 共享文件，那么 Linux 操作系统之间怎么进行资源共享呢？这就要用到网络文件系统（Network File System，NFS），它最早是 UNIX 操作系统之间共享文件和操作系统的一种方法，后来被 Linux 操作系统完美继承。NFS 与 Windows 操作系统下的"网上邻居"十分相似，它允许用户连接到一个共享位置，然后像对待本地硬盘一样操作。

NFS 最早是由 Sun 公司于 1984 年开发出来的，其目的就是让不同计算机、不同操作系统之间可以共享文件。由于 NFS 使用起来非常方便，因此很快得到了

6-1 微课

配置与管理
NFS 服务器

大多数 UNIX/Linux 系统的支持，而且被因特网工程任务组（Internet Engineering Task Force，IETF）指定为 RFC 1904、RFC 1813 和 RFC 3010 标准。

统信 UOS V20 是一个基于 Linux 的操作系统，它通过支持 NFS 来实现 Linux 之间的资源共享。通过配置 NFS 服务器和客户端，可以在统信 UOS V20 上共享文件和目录，并允许其他统信 UOS V20 连接到共享位置，并像对待本地文件一样进行操作。

1. 使用 NFS 的好处

使用 NFS 的好处是显而易见的。

（1）本地工作站可以使用更少的磁盘空间，因为常规的数据可以存放在共享服务器上，而且可以通过网络访问。

（2）用户不必在网络上的每台机器中都设一个 home 目录，home 目录可以放在 NFS 服务器上，并且在网络上处处可用。

例如，统信 UOS V20 计算机每次启动时就自动挂载到 Server01 的/exports/nfs 目录上，这个共享目录在本地计算机上被共享到每个用户的 home 目录中，如图 6-1 所示。具体命令如下。

```
[root@Client1 ~]# mount  server01:/exports/nfs  /home/Client1/nfs
[root@Client2 ~]# mount  server01:/exports/nfs  /home/Client2/nfs
```

这样，Linux 计算机上的这两个用户都可以把/home/用户名/nfs 当作本地硬盘，从而不用考虑网络访问问题。

（3）诸如 CD-ROM、DVD-ROM 之类的存储设备可以在网络上被其他机器使用。这可以减少整个网络上可移动存储设备的数量。

2. NFS 和 RPC

我们知道，绝大部分的网络服务都有固定的端口，如 Web 服务器的 80 端口、FTP 服务器的 21 端口、Windows 中 NetBIOS 服务器的 137～139 端口、DHCP 服务器的 67 端口……客户端访问服务器上相应的端口，服务器通过端口提供服务。那么 NFS 服务是这样的吗？它的工作端口是多少？我们只能很遗憾地说："NFS 服务的工作端口未确定。"

这是因为 NFS 是一个很复杂的组件，它涉及文件传输、身份验证等方面的需求，每个功能都会占用一个端口。为了防止 NFS 服务占用过多的固定端口，它采用动态端口的方式来工作，每个功能提供服务时，都会随机取用一个小于 1024 的端口来提供服务。但这样一来又会对客户端造成困扰，客户端到底访问哪个端口才能获得 NFS 提供的服务呢？

此时，就需要用到远程过程调用（Remote Procedure Call，RPC）服务了。RPC 的主要功能是记录每个 NFS 功能对应的端口，它工作在固定端口 111。当客户端请求提供 NFS 服务时，会访问服务器的 111 端口（RPC），RPC 会将 NFS 工作端口返回给客户端。NFS 启动时，自动向 RPC 服务器注册，告诉它自己各个功能使用的端口。NFS 与 RPC 合作为客户端提供服务，如图 6-2 所示。

常规的 NFS 服务是按照如下流程进行的。

① NFS 启动时，自动选择工作端口小于 1024 的 1011 端口，并向 RPC 服务（工作于 111 端口）汇报，RPC 服务记录在案。

② 客户端需要 NFS 提供服务时,首先向 111 端口的 RPC 服务查询 NFS 服务工作在哪个端口。

③ RPC 服务回答客户端，NFS 服务工作在 1011 端口。

④ 客户端直接访问 NFS 服务器的 1011 端口，请求服务。

⑤ NFS 服务经过权限认证，允许客户端访问自己的数据。

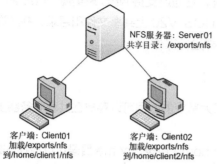

图 6-1 客户端可以将服务器上的共享目录直接挂载到本地

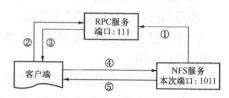

图 6-2 NFS 与 RPC 合作为客户端提供服务

> **注意** 因为 NFS 服务需要向 RPC 服务器注册，所以 RPC 服务必须比 NFS 服务先启用。并且重新启动 RPC 服务后，也需要重新启动 NFS 服务，让 NFS 服务重新向 RPC 服务器注册，这样 NFS 服务才能正常工作。

6.1.2 NFS 服务的守护进程

统信 UOS V20 中 NFS 服务的守护进程主要由以下 6 个部分组成。其中，只有前面 3 个是必需的，后面 3 个是可选的。

1. rpc.nfsd

rpc.nfsd 守护进程的主要作用是判断、检查客户端是否具备登录主机的权限，负责处理 NFS 请求。

2. rpc.mounted

rpc.mounted 守护进程的主要作用是管理 NFS。当客户端顺利通过 rpc.nfsd 登录主机后，在开始使用 NFS 提供的文件之前，它会检查客户端的权限（根据/etc/ exports 来对比客户端的权限）。只有通过检查后，客户端才可以顺利访问 NFS 服务器上的资源。

3. rpcbind

rpcbind 守护进程的主要功能是进行端口映射。当客户端尝试连接并使用 RPC 服务器提供的服务（如 NFS 服务）时，rpcbind 会将所管理的与服务对应的端口号提供给客户端，从而使客户端可以通过该端口向服务器请求服务。在统信 UOS V20 中，rpcbind 默认已安装并且已经正常启动。

> **注意** 虽然 rpcbind 只作用于 RPC，但它对 NFS 服务来说是必不可少的。如果 rpcbind 没有运行，NFS 客户端就无法从 NFS 服务器中查找共享的目录。

4. rpc.locked

在共享的 NFS 文件中，当多个客户端同时尝试进行写入操作时，就可能会出现问题，因为 NFS 本身可能无法有效处理这些并发写入。为了解决这些问题，需要使用 rpc.lockd。然而，只有在 NFS 服务端和客户端上同时启用 rpc.lockd，才能确保正确的锁定机制。此外，通常还会同时启用 rpc.statd，以提供更好的状态跟踪和恢复机制。

5. rpc.stated

rpc.stated 守护进程负责处理客户端与服务器之间的文件锁定问题，确定文件的一致性（与 rpc.locked 有关）。当因为多个客户端同时使用一个文件而造成文件被破坏时，rpc.stated 可以用来检测该文件并尝试恢复。

6. rpc.quotad

rpc.quotad 守护进程提供了 NFS 和配额管理程序之间的接口。不管客户端是否通过 NFS 对数据进行处理，都会受配额限制。

6.2 项目设计与准备

在 VMware Workstation 虚拟机中启动两台带有统信 UOS V20 系统的计算机，其中一台作为 NFS 服务器，主机名为 Server01，规划好 IP 地址，如 192.168.10.1；另一台作为 NFS 客户端，主机名为 Client1，同样规划好 IP 地址，如 192.168.10.20。配置 NFS 服务器，使得 NFS 客户端 Client1 可以浏览 NFS 服务器中特定目录下的内容。NFS 服务器和 NFS 客户端使用的操作系统以及 IP 地址可以根据表 6-1 来设置。

6-2 课堂慕课

配置与管理
NFS 服务器

表 6-1　NFS 服务器和 NFS 客户端使用的操作系统以及 IP 地址

主机名	操作系统	IP 地址	网络连接模式
NFS 服务器：Server01	统信 UOS V20	192.168.10.1	VMnet1
NFS 客户端：Client1	统信 UOS V20	192.168.10.20	VMnet1

6.3 项目实施

本项目要用到计算机名，在 Server01 上设置/etc/hosts 文件，使 IP 地址与计算机名对应。

```
[root@Server01 ~]# cat /etc/hosts
127.0.0.1   localhost localhost.localdomain localhost4 localhost4.localdomain4
::1         localhost localhost.localdomain localhost6 localhost6.localdomain6
192.168.10.1      Server01
192.168.10.20     Client1
```

任务 6-1　配置一台完整的 NFS 服务器

要启用 NFS 服务，首先需要安装 NFS 服务的软件包。在统信 UOS V20 中，在默认情况下，NFS 服务会被自动安装到计算机中。

1. 安装 NFS 服务器

要成功启用 NFS 服务，必须保证服务器中已经安装了 rpcbind 和 nfs-utils 两个软件包。

（1）安装 NFS 服务必需的软件包

① rpcbind。

我们知道，NFS 服务要正常运行，就必须借助 RPC 服务的帮助，做好端口映射工作，而这个工作就是由 rpcbind 负责的。一般统信 UOS V20 启动后，会自动执行该文件，可以用以下命令查看 rpcbind 命令是否执行。

```
[root@Server01 ~]# ps -eaf | grep rpcbind
rpc          712          1  0 13:16 ?        00:00:00 /usr/bin/rpcbind -r -w -f
root       38299      38221  0 19:22 pts/0    00:00:00 grep --color=auto rpcbind
```

rpcbind 默认监听 TCP 和 UDP 的 111 端口，当客户端请求 RPC 服务时，先与该端口联系，询问所请求的 RPC 服务是由哪个端口提供的。可以通过以下命令查看 111 端口是否已经处于监听状态。

```
[root@Server01 ~]# netstat -anp | grep :111
tcp        0        0 0.0.0.0:111            0.0.0.0:*        LISTEN      712/rpcbind
tcp6       0        0 :::111                 :::*             LISTEN      712/rpcbind
udp        0        0 0.0.0.0:111            0.0.0.0:*                    712/rpcbind
udp6       0        0 :::111                 :::*                         712/rpcbind  d
```

② nfs-utils。

nfs-utils 是提供 rpc.nfsd 和 rpc.mounted 这两个守护进程与其他相关文档、执行文件的套件。这是 NFS 服务的主要套件。

（2）安装 NFS 服务。

建议在安装 NFS 服务之前，使用如下命令检测系统是否安装了 NFS 相关性软件包。

```
[root@Server01 ~]# rpm  -qa | grep  nfs-utils
nfs-utils-idmap-2.5.1-7.up3.uel20.01.x86_64
[root@Server01 ~]# rpm  -qa | grep  rpcbind
rpcbind-1.2.5-5.up1.uel20.x86_64
```

如果系统还没有安装 NFS 软件包，则可以使用 dnf 命令安装所需的软件包。

① 使用 dnf 命令安装 NFS 服务。

```
[root@Server01 ~]# mount /dev/cdrom /media
[root@Server01 ~]# vim /etc/yum.repos.d/dvd.repo
[root@Server01 ~]# dnf clean all                         //安装前先清除缓存
[root@Server01 ~]# dnf  install  rpcbind nfs-utils  -y
//如果本地 yum 源无法安装 nfs-utils，则建议先设法在线安装后再重新修改配置
```

② 所有软件包安装完毕，可以使用 rpm 命令再次查询。

```
[root@Server01 ~]# rpm -qa | grep nfs
[root@Server01 ~]# rpm -qa | grep rpc
```

2. 启动 NFS，并设置防火墙

① 查询 NFS 的各个程序是否正常运行，命令如下。

```
[root@Server01 ~]# rpcinfo  -p
```

② 如果没有看到 nfs 和 mountd 参数，则说明 NFS 没有运行，需要启动它。可以使用以下命令启动（**3 个服务的启动顺序不能变**）。

```
[root@Server01 ~]# systemctl start  rpcbind
[root@Server01 ~]# systemctl enable  rpcbind
[root@Server01 ~]# systemctl start  nfs-utils
[root@Server01 ~]# systemctl start  nfs-server
[root@Server01 ~]# systemctl enable  nfs-server
```

③ 设置 rpc-bind、mountd 和 nfs 这 3 个服务的防火墙选项为允许。

```
[root@Server01 ~]# firewall-cmd --permanent --add-service=rpc-bind
[root@Server01 ~]# firewall-cmd --permanent --add-service=mountd
```

```
[root@Server01 ~]# firewall-cmd --permanent --add-service=nfs
[root@Server01 ~]# firewall-cmd --reload
```

3. 配置文件/etc/exports

NFS 服务的配置，主要是创建并维护/etc/exports 文件。这个文件定义了服务器上的哪几个部分与网络上的其他计算机共享，以及共享的规则都有哪些等。

（1）exports 文件的格式。

现在来看看应该如何配置/etc/exports 文件。

【例 6-1】请看下面的示例，需要的共享目录和测试文件一定要提前建立，否则会出错。

```
[root@Server01 ~]# mkdir /tmp1 /tmp2 /home/dir1  /pub
[root@Server01 ~]# touch /tmp1/f1 /tmp2/f2 /home/dir1/f3  /pub/f4
[root@Server01 ~]# vim  /etc/exports
[root@Server01 ~]# cat  /etc/exports -n
1  /              Server01(rw,no_root_squash)
2  /tmp1          *(rw) *.long60.cn(rw,sync)
3  /tmp2          192.168.10.0/24(ro)
4  /home/dir1     Client1(rw,all_squash,anonuid=1200,anongid=1200)
5  /pub           *(ro,insecure,all_squash))
```

- 在以上配置中，第 1 行代码表示在 Server01 客户端上访问 NFS 服务器的文件系统时，每一个用户都可以以服务器上同名用户的权限对根目录进行操作。
- 第 2 行代码表示用户都可以以读写的权限访问/tmp1 目录，位于 long60.cn 域的主机访问该目录时有读写权限，并且同步写入数据。
- 第 3 行代码表示只有 192.168.10.0/24 中的计算机才能访问/tmp2 共享目录，并且权限为只允许读取。
- 第 4 行代码表示 Client1 客户端上的所有用户都可以读写/home/dir1，并且所有用户的 UID 和 GID 都为 1200。
- 第 5 行代码设置了类似于 FTP 匿名用户的功能，所有的用户都能自由访问/pub 目录，并且都映射为 nobody 用户。

说明 主机后面用圆括号 "()" 设置权限参数，若权限参数不止一个，则以逗号 "," 分开，且主机名与圆括号是连在一起的，中间无空格。

在设置/etc/exports 文件时，需要特别注意空格的使用，因为在此配置文件中，除了分开共享目录和共享主机，以及分隔多台共享主机外，在其余的情形下都不可以使用空格。

在第 1 行中，客户端 Client 对/home 目录具有读取和写入权限；第 2 行中的客户端 Client 对/home 目录只具有读取权限（这是系统对所有客户端的默认值），而除客户端 Client 之外的其他客户端对/home 目录具有读取和写入权限。

（2）主机名规则。

这个文件的设置很简单，每一行最前面是要共享出来的目录，这个目录可以依照不同的权限共享给不同的主机。

至于主机名的设定，主要有以下两种方式。

① 可以使用完整的 IP 地址或者网段，如 192.168.10.3、192.168.10.0/24 或 192.168.10.0/255.255.255.0。

② 可以使用主机名，但这个主机名要在/etc/hosts 内或者使用 DNS，只要能被找到就行（重点是可以找到 IP 地址）。如果是主机名，那么它可以支持通配符，如"*"或"？"。

（3）权限规则。

至于权限方面（就是圆括号内的参数），常用参数及说明如表 6-2 所示。

表 6-2 权限常用参数及说明

参数	说明
rw	read-write，可读写权限
ro	read-only，只读权限
sync	数据同步写入内存与硬盘当中
async	数据会先暂存于内存当中，而非直接写入硬盘
no_root_squash	如果登录 NFS 主机使用共享目录的用户是 root，那么对于这个共享目录来说，它就具有 root 的权限。这个设置"极不安全"，不建议使用
root_squash	如果登录 NFS 主机使用共享目录的用户是 root，那么这个用户将被压缩成匿名用户，通常它的 UID 与 GID 都会变成 nobody（nfsnobody）这个系统账号的身份
all_squash	不论登录 NFS 的用户身份如何，它的身份都会被压缩成匿名用户，即 nobody（nfsnobody）
anonuid	anon 指 anonymous(匿名者)，前面关于 squash 提到的匿名用户的 UID 的设定值通常为 nobody（nfsnobody），但是可以自行设定这个 UID 值。当然，这个 UID 必须存在于/etc/passwd 中
anongid	同 anonuid，只是对象是 GID

4. 使用 exportfs 命令

如果修改/etc/exports 文件后不需要重新激活 NFS，则只要使用 exportfs -r 命令重新扫描一次/etc/exports 文件并重新将设定加载即可。exportfs 命令常用选项及说明如表 6-3 所示。

表 6-3 exportfs 命令常用选项及说明

选项	说明
-a	全部加载/etc/exports 的设置
-r	重新加载/etc/exports 的设置
-u	卸载某一目录
-v	将共享的目录显示在屏幕上

【例 6-2】承接例 6-1，使用 exportfs 命令对/etc/exports 文件进行一系列操作，观察输出结果。

```
[root@Server01 ~]# more /etc/exports
/                Server01(rw,no_root_squash)
/tmp1        *(rw) *.long60.cn(rw,sync)
/tmp2        192.168.10.0/24(ro)
/home/dir1    Client1(rw,all_squash,anonuid=1200,anongid=1200)
/pub            *(ro,insecure,all_squash)
[root@Server01 ~]# exportfs -r -v //重新导出/etc/exports 中的目录，使/etc/exports 生效
exporting Client1:/home/dir1
```

```
exporting Server01:/
exporting 192.168.10.0/24:/tmp2
exporting *.long60.cn:/tmp1
exporting *:/pub
exporting *:/tmp1
[root@Server01 ~]# exportfs -u *:/pub  //取消在/etc/exports 中列出的/pub 目录的共享导出
[root@Server01 ~]# exportfs -v *:/pub  //重新导出/pub 目录
exporting *:/pub
[root@Server01 ~]# exportfs -v          //查看目录导出情况
/
Server01(sync,wdelay,hide,no_subtree_check,sec=sys,rw,secure,no_root_squash,no_all_s
quash)
    /home/dir1
Client1(sync,wdelay,hide,no_subtree_check,anonuid=1200,anongid=1200,sec=sys,rw,secur
e,root_squash,all_squash)
    /tmp2
192.168.10.0/24(sync,wdelay,hide,no_subtree_check,sec=sys,ro,secure,root_squash,no_a
ll_squash)
    /tmp1
*.long60.cn(sync,wdelay,hide,no_subtree_check,sec=sys,rw,secure,root_squash,no_all_s
quash)
    /tmp1
<world>(sync,wdelay,hide,no_subtree_check,sec=sys,rw,secure,root_squash,no_all_squash)
    /pub
<world>(sync,wdelay,hide,no_subtree_check,sec=sys,ro,insecure,root_squash,all_squash)
```

查看/var/lib/nfs/etab 文件，验证该文件内容与 exportfs -v 命令的输出是一致的。

```
[root@Server01 ~]# more /var/lib/nfs/etab
```

任务 6-2　在客户端挂载 NFS

统信 UOS V20 下有多个好用的命令行工具，用于查看、连接、卸载、使用 NFS 服务器上的共享资源。

1. 配置 NFS 客户端

配置 NFS 客户端的一般步骤如下。

（1）安装 nfs-utils 软件包。

（2）识别要访问的远程共享目录。

```
showmount  -e  NFS 服务器 IP 地址
```

（3）确定挂载点。

```
mkdir  /nfstest
```

（4）使用命令挂载 NFS 共享目录。

```
mount  -t  nfs  NFS 服务器 IP 地址:/gongxiang  /nfstest
```

（5）修改 fstab 文件实现 NFS 共享目录永久挂载。

```
vim  /etc/fstab
```

2. 查看 NFS 服务器信息

在统信 UOS V20 中查看 NFS 服务器上的共享资源需要使用 showmount 命令，其格式如下。

```
showmount  [-adehv]  [ServerName]
```

showmount 命令常用选项及说明如表 6-4 所示。

表 6-4　showmount 命令常用选项及说明

选项	说明
-a	查看服务器上的输出目录和所有连接客户端信息，显示格式为 host:dir
-d	只显示被客户端使用的输出目录信息
-e	显示服务器上所有的输出目录（共享资源）

例如，如果服务器的 IP 地址为 192.168.10.1，则查看该服务器上的 NFS 共享资源可以执行以下命令。

```
[root@Client1 ~]# showmount -e 192.168.10.1
Export list for 192.168.10.1:
/pub            *
/tmp1           (everyone)
/tmp2           192.168.10.0/24
/home/dir1      Client1
/               Server01
```

思考　如果出现以下错误信息，应该如何处理？

```
[root@Client1 ~]# showmount 192.168.10.1 -e
clnt_create: RPC: Port mapper failure - Unable to receive: errno 113 (No route to host)
```

注意　出现错误的原因是 NFS 服务器的防火墙阻止了客户端访问 NFS 服务器。由于 NFS 使用许多端口，所以即使开放了 NFS 服务，仍然可能有问题。请确认同时开放了 rpc-bind 和 mountd 服务，并将这两个服务加入 firewalld 防火墙。

不过，粗暴禁用防火墙也能达到实验效果。

```
[root@Client1 ~]# systemctl stop firewalld
```

3. 在客户端挂载 NFS 服务器共享目录

在统信 UOS V20 中挂载 NFS 服务器上的共享目录的命令为 mount（即可以加载其他文件系统的 mount）。

```
mount  -t  nfs   服务器名称或地址:输出目录 挂载目录
```

【例 6-3】要挂载 192.168.10.1 这台服务器上的/tmp1 目录，需要执行以下操作。

（1）创建本地目录。

先在客户端创建一个本地目录，用来挂载 NFS 服务器上的输出目录。

```
[root@Client1 ~]# mkdir  /nfs
```

（2）挂载服务器目录。

再使用相应的 mount 命令挂载服务器目录。

```
[root@Client1 ~]# mount  -t  nfs  192.168.10.1:/tmp1  /nfs
[root@Client1 ~]# ll /nfs
总用量 0
-rw-r--r-- 1 root root 0  5月 16 19:56 f1
```

4. 卸载 NFS 服务器共享目录

要卸载刚才挂载的 NFS 服务器共享目录，可以执行以下命令。

```
[root@Client1 ~]# umount   /nfs
```

5. 在客户端启动时自动挂载 NFS

我们知道，统信 UOS V20 下的自动挂载文件系统都是在/etc/fstab 中定义的，NFS 也支持自动挂载。

（1）编辑 fstab 文件。

在 Client1 上，用文本编辑器打开/etc/fstab，在其中添加如下内容。

```
192.168.10.1:/tmp1          /nfs     nfs       defaults 0  0
```

（2）使设置生效。

执行以下命令重新挂载 fstab 文件中定义的文件系统。

```
[root@Client1 ~]# mount  -a
[root@Client1 ~]# ll /nfs
总用量 0
-rw-r--r-- 1 root root 0  5月 16 19:56 f1
```

任务 6-3　了解 NFS 服务的文件存取权限

NFS 服务本身并不具备用户身份验证功能，那么当客户端访问时，服务器该如何识别用户呢？主要有以下标准。

1. root 账户

如果客户端以 root 账户访问 NFS 服务器资源，则基于安全方面的考虑，服务器会主动将客户端改成匿名用户，所以 root 账户只能访问服务器上的匿名资源。

2. NFS 服务器上有客户端账户

客户端是根据 UID 和 GID 来访问 NFS 服务器资源的，如果 NFS 服务器上有对应的用户名和组，就访问与客户端同名的资源。

3. NFS 服务器上没有客户端账户

如果 NFS 服务器上没有客户端账户，则客户端只能访问匿名资源。

6.4　企业 NFS 服务器实用案例

6.4.1　企业环境及需求

下面剖析一个企业 NFS 服务器的真实案例，提出解决方案，以便读者能够对前面的知识有更深的理解。

1. 企业 NFS 服务器网络拓扑

企业 NFS 服务器网络拓扑如图 6-3 所示，NFS 服务器 Server01 的地址是 192.168.10.1，客户端 Client1 的 IP 地址是 192.168.10.20，客户端 Client2 的 IP 地址是 192.168.10.21。其他客户端 IP 地址不再罗列。在本例中有 3 个域：team1.smile60.cn、team2.smile60.cn 和 team3.smile60.cn。

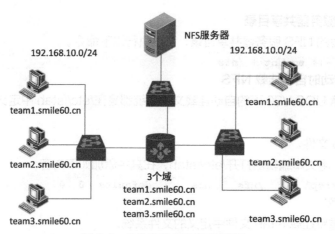

图 6-3　企业 NFS 服务器网络拓扑

2. 企业需求

（1）共享/pub1 目录，允许所有客户端访问该目录，但只有只读权限。

（2）共享/nfs/public 目录，允许 192.168.10.0/24 和 192.168.9.0/24 网段的客户端访问，并且对此目录只有只读权限。

（3）共享/nfs/team1、/nfs/team2、/nfs/team3 目录，但/nfs/team1 只有 team1.smile60.cn 域成员可以访问并有读写权限，/nfs/team2、/nfs/team3 目录同理。

（4）共享/nfs/works 目录，192.168.10.0/24 网段的客户端具有只读权限，并且将 root 用户映射成匿名用户。

（5）共享/nfs/test 目录，所有人都具有读写权限，但是当用户使用该共享目录时，都将账户映射成匿名用户，并且指定匿名用户的 UID 和 GID 都为 65534。

（6）共享/nfs/security 目录，仅允许 192.168.10.20 客户端访问并具有读写权限。

6.4.2　解决方案

首先将 3 台计算机（Server01、Client1 和 Client2）的 IP 地址等信息利用系统菜单进行设置，同时注意 3 台计算机的网络连接模式都是 VMnet1。保证 3 台计算机通信畅通。

（1）在 NFS 服务器上创建相应目录。

```
[root@Server01 ~]# mkdir  /pub1 /nfs /nfs/public /nfs/team1 /nfs/team2
[root@Server01 ~]# mkdir  /nfs/team3  /nfs/works /nfs/test  /nfs/security
```

（2）安装 nfs-utils 及 rpcbind 软件包（具体操作见前文）。

（3）编辑/etc/exports 配置文件并执行 exportfs –r –v 命令使之生效。

使用 vim 编辑器编辑/etc/exports 配置文件（**原内容清空**）。配置文件的主要内容如下。

```
/pub1           *(ro)
/nfs/public     192.168.10.0/24(ro)          192.168.9.0/24(ro)
/nfs/team1      *.team1.smile60.cn(rw)
/nfs/team2      *.team2.smile60.cn(rw)
/nfs/team3      *.team3.smile60.cn(rw)
/nfs/works      192.168.10.0/24(ro,root_squash)
/nfs/test       *(rw,all_squash,anonuid=65534,anongid=65534)
/nfs/security   192.168.10.20(rw)
```

注意 在发布共享目录的格式中，除了共享目录是必要参数外，其他参数都是可选的，并且共享目录与客户端之间，以及客户端与客户端之间需要使用空格，但是客户端与参数之间不能有空格。

（4）启动 NFS，并设置防火墙。

① 查询 NFS 的各个程序是否正常运行，命令如下。

```
[root@Server01 ~]# rpcinfo -p
```

② 如果没有看到 nfs 和 mountd 选项，则说明 NFS 没有运行，需要启动它。可以使用以下命令启动。

```
[root@Server01 ~]# systemctl start  rpcbind
[root@Server01 ~]# systemctl start  nfs-utils
[root@Server01 ~]# systemctl start  nfs-server
```

③ 设置 rpc-bind、mountd 和 nfs 这 3 个服务的防火墙选项为允许。

```
[root@Server01 ~]# firewall-cmd --permanent --add-service=rpc-bind
[root@Server01 ~]# firewall-cmd --permanent --add-service=mountd
[root@Server01 ~]# firewall-cmd --permanent --add-service=nfs
[root@Server01 ~]# firewall-cmd --reload
```

（5）设置共享文件权限属性。

```
[root@Server01 ~]# chmod   777  /pub1  /nfs /nfs/public
[root@Server01 ~]# chmod   777  /nfs/team1 /nfs/team2  /nfs/team3
[root@Server01 ~]# chmod   777  /nfs/works  /nfs/test  /nfs/security
```

（6）测试 NFS 服务器。

① 使用 rpcinfo 命令检测 NFS 是否使用了固定端口。

```
[root@Server01 ~]# rpcinfo  -p
```

② 检测 NFS 的注册状态。

格式为：

```
rpcinfo -u 主机名或 IP 地址 进程
[root@Server01 ~]# rpcinfo -u 192.168.10.1 rpcbind
program 100000 version 2 ready and waiting
program 100000 version 3 ready and waiting
program 100000 version 4 ready and waiting
```

③ 查看共享目录和参数设置。

```
[root@Server01 ~]# cat  /var/lib/nfs/etab
```

（7）测试统信 UOS V20 客户端（192.168.10.20）。

① 查看 NFS 服务器共享目录。

格式为：

```
showmount -e IP 地址（显示 NFS 服务器的所有共享目录）
showmount -d IP 地址（仅显示被客户端挂载的共享目录）
[root@Server01 ~]# showmount  -e    192.168.10.1
[root@Server01 ~]# showmount  -d    192.168.10.1
```

② 在 Client1 上挂载及卸载 NFS。

格式为：

```
mount -t nfs NFS 服务器 IP 地址或主机名: 共享名 本地挂载点
[root@Client1 ~]# mkdir -p /nfs/pub1  /nfs/nfs  /nfs/test
```

```
[root@Client1 ~]# dnf install nfs-utils
[root@Client1 ~]# mount -t nfs 192.168.10.1:/pub1 /nfs/pub1
[root@Client1 ~]# mount -t nfs 192.168.10.1:/nfs/works /nfs/nfs
[root@Client1 ~]# mount -t nfs 192.168.10.1:/nfs/test /nfs/test
[root@Client1 ~]# cd /nfs/pub1
[root@Client pub1]# ls
[root@Client1 media]# mkdir df
mkdir: 无法创建目录 "df"：只读文件系统          //只读系统
[root@Client1 pub1]# cd /nfs/nfs
[root@Client1 nfs]# mkdir df
mkdir: 无法创建目录 "df"：只读文件系统          //不能写入目录
[root@Client1 nfs]# cd /nfs/test
[root@Client1 test]# mkdir df
[root@Client1 test]# cd
[root@Client1 ~]# umount /nfs/pub1 /nfs/nfs /nfs/test          //卸载，避免自动挂载受影响
[root@Client1 test]#
```

（8）测试自动挂载是否成功。

① 在 **Client1** 上启动自动挂载 NFS。

在 **Client1** 上使用 vim 编辑器编辑/etc/fstab 文件，在该文件中增加如下内容。编辑完成后存盘退出。

```
192.168.10.1:/nfs/works          /nfs/test          nfs          defaults  0  0
```

② 使用 reboot 命令重启 **Client1** 系统。

③ 在 NFS 服务器 **Server01** 的/nfs/test 目录中新建文件和文件夹供测试用。

```
[root@Server01 ~]# mkdir /nfs/works/dirtest
[root@Server01 ~]# touch /nfs/works/filetest
```

④ 在 Linux 客户端 Client1 上查看/nfs/test 是否挂载成功，结果如图 6-4 所示。

图 6-4　查看/nfs/test 是否挂载成功

6.5　排除 NFS 故障

与其他网络服务一样，运行 NFS 的计算机同样可能出现问题。当 NFS 服务无法正常工作时，需要根据 NFS 相关的错误消息，选择适当的解决方案。NFS 采用客户-服务器（Client/

Server, C/S) 结构, 并通过网络通信, 因此, 可以将常见的故障点划分为 3 个: 网络、客户端、服务器。

1. 网络

关于网络的故障, 主要有以下两个方面的常见问题。

(1) 网络无法连通。

使用 ping 命令检测网络是否连通, 如果出现异常, 则检查物理线路、交换机等网络设备, 或者检查计算机的防火墙设置。

(2) 无法解析主机名。

对于客户端而言, 无法解析服务器的主机名可能会导致使用 mount 命令挂载失败, 并且服务器如果无法解析客户端的主机名, 则在设置时同样会出现错误, 所以需要在/etc/hosts 文件中添加相应的主机记录。

2. 客户端

客户端在访问 NFS 服务器时, 多使用 mount 命令。下面列出常见的错误信息以供参考。

(1) 服务器无响应: 端口映射失败——RPC 超时。

NFS 服务器已经关机, 或者其 RPC 端口映射进程 (portmap) 已关闭。重新启动服务器的 portmap 进程, 更正该错误。

(2) 出现 rpc mount export: RPC: Unable to receive 错误。

```
[root@Client1 ~]# showmount -e 192.168.10.1
rpc mount export: RPC: Unable to receive; errno = No route to host
```

原因是 mountd 服务没有加入 NFS 服务器的防火墙的允许列表中, 解决方法是:

```
[root@Server01 ~]# firewall-cmd --permanent --add-service=mountd
[root@Server01 ~]# firewall-cmd --reload
```

(3) 拒绝访问。客户端不具备访问 NFS 服务器共享文件的权限。

(4) 不被允许。执行 mount 命令的用户权限过低, 必须具有 root 用户身份或是系统组的成员才可以执行 mount 命令。也就是说, 只有 root 用户和系统组的成员才能够进行 NFS 服务器安装、卸载操作。

3. 服务器

(1) NFS 服务进程状态。

为了 NFS 服务器能够正常工作, 首先要保证所有相关的 NFS 服务进程为开启状态。

可以使用 rpcinfo 命令查看 RPC 的相应信息, 命令格式如下。

```
rpcinfo -p  主机名或 IP 地址
```

登录 NFS 服务器后, 使用 rpcinfo 命令检查 NFS 相关进程的启动情况。

如果 NFS 相关进程并没有启动, 则使用 systemctl 命令, 启动 NFS 服务, 再使用 rpcinfo 命令测试, 直到 NFS 服务正常工作。

(2) 检测共享目录的输出。

客户端如果无法访问服务器的共享目录, 则可以登录服务器, 检查配置文件, 确保/etc/exports 文件设定了共享目录, 并且客户端拥有相应权限。在通常情况下, 使用 showmount 命令能够检测 NFS 服务器的共享目录输出情况。

```
[root@Server01 ~]# showmount -e 192.168.10.1
```

6.6　拓展阅读　国家最高科学技术奖

国家最高科学技术奖于 2000 年由国务院设立，由国家科学技术奖励工作办公室负责，是中国 5 个国家科学技术奖中最高等级的奖项，授予在当代科学技术前沿取得重大突破或者在科学技术发展中有卓越建树、在科学技术创新、科学技术成果转化和高技术产业化中创造巨大社会效益或经济效益的科学技术工作者。

国家科学技术奖励工作办公室官网显示，国家最高科学技术奖每年评选一次，授予人数每次不超过两名，由国家主席亲自签署、颁发荣誉证书、奖章和奖金。截至 2021 年 11 月，共有 35 位杰出科学工作者获得该奖。其中，计算机科学家王选院士获此殊荣。

6.7　项目实训　配置与管理 NFS 服务器

1. 项目背景

某企业的销售部有一个局域网，域名为 long60.cn，其网络拓扑如图 6-5 所示。该局域网内有一台 Linux 的共享资源服务器 shareserver，域名为 shareserver.long60.cn。现要在 shareserver 上配置 NFS 服务器，使销售部的所有主机都可以访问 shareserver 中/share 共享目录中的内容，但不允许客户端更改共享目录中的内容。同时，让主机 China 在每次启动系统时，自动将 shareserver 的/share 目录中的内容挂载到 china3 的/share1 目录下。

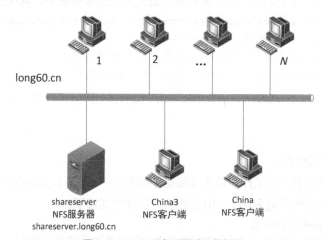

图 6-5　NFS 服务器搭建网络拓扑

2. 深度思考

思考以下几个问题。

（1）主机名的作用是什么？为主机命名的方法还有哪些？哪些主机命名的方法是临时生效的？

（2）配置共享目录时使用了什么通配符？

（3）同步与异步选项如何应用？作用是什么？

（4）在视频中为了给其他用户赋予读写权限，使用了什么命令？

（5）命令 showmount 与 mount 在什么情况下使用？本项目使用其实现什么功能？

（6）如何实现 NFS 共享目录的自动挂载？本项目是如何实现自动挂载的？

3. 做一做

完成项目实训。

6.8 练习题

一、填空题

1. Linux 操作系统和 Windows 操作系统之间可以通过_____共享文件，和 UNIX 操作系统之间可以通过_____共享文件。

2. NFS 的英文全称是_____，中文名称是_____。

3. RPC 的英文全称是_____，中文名称是_____。RPC 的主要功能是记录每个 NFS 功能对应的端口，它工作在固定端口_____。

4. Linux 操作系统下 NFS 服务的守护进程主要由 6 部分组成，其中_____、_____、_____是必需的。

5. _____守护进程的主要作用是判断、检查客户端是否具备登录主机的权限，负责处理 NFS 请求。

6. _____是提供 rpc.nfsd 和 rpc.mounted 这两个守护进程与其他相关文档、执行文件的套件。

7. 在统信 UOS V20 下查看 NFS 服务器上的共享资源使用_____命令，它的格式是_____。

8. 统信 UOS V20 下的自动挂载文件系统是在_____中定义的。

二、选择题

1. NFS 工作站要挂载远程 NFS 服务器上的一个目录时，以下哪一项是服务器必需的？（　　）

A. rpcbind 必须启动

B. NFS 服务必须启动

C. 共享目录必须加载到/etc/exports 文件中

D. 以上全都需要

2. 以下命令中，能将 NFS 服务器 svr.long60.cn 的/home/nfs 共享目录挂载到本机的 /home2 的是（　　）。

A. mount -t nfs svr.long60.cn:/home/nfs /home2

B. mount -t -s nfs svr.long60.cn./home/nfs /home2

C. nfsmount svr.long60.cn:/home/nfs /home2

D. nfsmount -s svr.long60.cn /home/nfs /home2

3. 用来通过 NFS 使磁盘资源被其他系统使用的命令是（　　）。

A. share　　　　B. mount　　　C. export　　　　D. exportfs

4. 以下 NFS 中，关于 UID 映射的描述正确的是（　　）。

A. 服务器上 root 用户的默认值和客户端的一样

B. root 用户被映射到 nfsnobody 用户

C. root 用户不被映射到 nfsnobody 用户

D. 在默认情况下，anonuid 不需要密码

5. 公司有 10 台 Linux 服务器，想用 NFS 在 Linux 服务器之间共享文件，应该修改的文件是（ ）。

A. /etc/exports　　　B. /etc/crontab　C. /etc/named.conf　D. /etc/smb.conf

6. 查看 NFS 服务器 192.168.12.1 中的共享目录的命令是（ ）。

A. show–e 192.168.12.1　　　　　　B. show //192.168.12.1

C. showmount–e 192.168.12.1　　　　D. showmount–l 192.168.12.1

7. 将 NFS 服务器 192.168.12.1 的共享目录/tmp 装载到本地目录/nfs/share 的命令是（ ）。

A. mount 192.168.12.1/tmp /nfs/share

B. mount–t nfs 192.168.12.1/tmp /nfs/share

C. mount–t nfs 192.168.12.1:/tmp /nfs/share

D. mount–t nfs //192.168.12.1/tmp /nfs/share

三、简答题

1. 简述 NFS 服务的工作流程。

2. 简述 NFS 服务的好处。

3. 简述 NFS 服务各守护进程及其功能。

4. 简述如何排除 NFS 故障。

6.9　实践习题

1. 建立 NFS 服务器，并完成以下任务。

（1）共享/share1 目录，允许所有的客户端访问该目录，但只具有只读权限。

（2）共享/share2 目录，允许 192.168.10.0/24 网段的客户端访问，并且对该目录只具有只读权限。

（3）共享/share3 目录，只有来自.smile60.cn 域的成员可以访问并具有读写权限。

（4）共享/share4 目录，192.168.9.0/24 网段的客户端具有只读权限，并且将 root 用户映射成匿名用户。

（5）共享/share5 目录，所有人都具有读写权限，但是当用户使用该共享目录时，将用户映射成为匿名用户，并且指定匿名用户的 UID 和 GID 均为 527。

2. 客户端设置练习。

（1）使用 showmount 命令查看 NFS 服务器发布的共享目录。

（2）将 NFS 服务器上的/share1 目录挂载到本地目录/share1 下。

（3）卸载/share1 目录。

（4）将 NFS 服务器上的/share1 目录自动挂载到本地目录/share1 下。

项目7
配置与管理DHCP服务器

项目导入

在一个计算机比较多的网络中，要为企业每个部门的上百台计算机逐一配置 IP 地址绝不是一项轻松的工作。为了更方便、快捷地完成这些工作，很多时候会采用 DHCP 来自动为客户端配置 IP 地址、默认网关等信息。

在完成本项目之前，首先应当对整个网络进行规划，确定网段的划分及每个网段可能的主机数量等信息。

项目目标

- 了解 DHCP 服务器在网络中的作用。
- 理解 DHCP 的工作过程。
- 掌握 DHCP 服务器的基本配置方法。
- 掌握 DHCP 客户端的配置和测试。

素养提示

- 明确职业技术岗位所需的职业规范和精神，树立社会主义核心价值观。
- "高山仰止，景行行止"。为计算机事业做出过巨大贡献的王选院士，应是青年学生崇拜的对象，也是师生学习和前行的动力。
- "面壁十年图破壁，难酬蹈海亦英雄。"为中华之崛起而读书，从来都不仅限于纸上。

7.1 项目知识准备

7.1.1 DHCP 服务概述

DHCP 用于自动管理局域网内主机的 IP 地址、子网掩码、网关地址及 DNS 服务器地址等参数，可以有效提高 IP 地址的利用率，提高配置效率，并控制管理与维护成本。

DHCP 基于 C/S 模式，当 DHCP 客户端启动时，它会自动与 DHCP 服务器通信，要求提供自动分配 IP 地址的服务，而安装了 DHCP 服务软件的服务器则会响应要求。

DHCP 是一个简化主机 IP 地址分配管理的 TCP/IP，用户可以利用 DHCP 服务器管理动态的 IP 地址分配及其他相关的环境配置工作，如 DNS 服务器、WINS 服务器、网关的设置等。

DHCP 机制可以分为服务器和客户端两个部分，服务器使用固定的 IP 地址，在局域网中扮演着给客户端提供动态 IP 地址、DNS 配置和网关配置的角色。客户端与 IP 地址相关的配置都在启动时由服务器自动分配。

7.1.2　DHCP 的工作过程

DHCP 客户端和服务器申请 IP 地址、获得 IP 地址的过程一般分为 4 个阶段，如图 7-1 所示。

1. IP 地址租用请求

当客户端启动网络时，由于网络中的每台机器都需要有一个地址，因此，此时的计算机 TCP/IP 地址与 0.0.0.0 绑定在一起。它会发送一个 DHCP Discover（DHCP 发现）广播数据包到本地子网，该数据包发送给 UDP 67 端口，该端口即 DHCP 服务器的广播数据包接收端口。

图 7-1　DHCP 的工作过程

2. IP 地址租用提供

本地子网的每一个 DHCP 服务器都会接收到 DHCP Discover 数据包。每个接收到请求的 DHCP 服务器都会检查它是否有提供给请求客户端的有效空闲地址，如果有，则以 DHCP Offer（DHCP 提供）数据包作为响应，该数据包包括有效的 IP 地址、子网掩码、DHCP 服务器的 IP 地址、租用期限，以及其他有关 DHCP 范围的详细配置。发送 DHCP Offer 数据包的服务器将保留它提供的这个 IP 地址（该地址暂时不能分配给其他的客户端）。DHCP Offer 数据包广播发送到 UDP 68 端口，即 DHCP 客户端端口。响应是以广播的方式发送的，因为客户端没有能直接寻址的 IP 地址。

3. IP 地址租用选择

客户端通常对第一个提议产生响应，并以广播的方式发送 DHCP Request（DHCP 请求）数据包作为回应。该数据包告诉服务器"是的，我想让你给我提供服务。我接收你给我的租用期限"。而且，一旦数据包以广播方式发送，网络中的所有 DHCP 服务器都可以看到该数据包，那些提议没有被客户端承认的 DHCP 服务器将保留的 IP 地址返回给它的可用地址池。客户端还可利用 DHCP Request 数据包询问服务器其他的配置选项，如 DNS 服务器或网关地址。

4. IP 地址租用确认

当服务器接收到 DHCP Request 数据包时，它以一个 DHCP Acknowledge（DHCP 确认）数据包作为响应，该数据包提供了客户端请求的任何其他信息，并且也是以广播方式发送的。该数据包告诉客户端"一切准备好。记住你只能在有限时间内租用该地址，而不能永久占据！好了，以下是你询问的其他信息"。

> **注意**　客户端发送 DHCP Discover 后，如果没有 DHCP 服务器响应客户端的请求，则客户端会随机使用 169.254.0.0/16 网段中的一个 IP 地址配置本机地址。

7.1.3　DHCP 服务器分配给客户端的 IP 地址类型

在客户端向 DHCP 服务器申请 IP 地址时，服务器并不是总给它一个动态的 IP 地址，而是根据实际情况决定。

1. 动态 IP 地址

客户端从 DHCP 服务器取得的 IP 地址一般都不是固定的，而是每次都可能不一样。在 IP 地址有限的单位内，动态 IP 地址可以最大化地达到资源的有效利用。它利用的并不是每个员工都会同时上线的原理，而是优先为上线的员工提供 IP 地址，离线之后再收回。

2. 静态 IP 地址

客户端从 DHCP 服务器取得的 IP 地址也并不总是动态的。例如，有的单位除了员工用的计算机外，还有数量不少的服务器，这些服务器如果也使用动态 IP 地址，则不但不利于管理，客户端访问起来也不方便。该怎么办呢？可以设置 DHCP 服务器记录特定计算机的 MAC 地址，然后为每个 MAC 地址分配一个固定的 IP 地址。

至于如何查询网卡的 MAC 地址，根据网卡是本机还是远程计算机，采用的方法也有所不同。

> **小资料**　什么是 MAC 地址？ MAC 地址也叫作物理地址或硬件地址，是由网络设备制造商生产时写在硬件内部的（网络设备的 MAC 地址都是唯一的）。在 TCP/IP 网络中，表面上看来是通过 IP 地址传输数据的，实际上最终是通过 MAC 地址来区分不同节点的。

（1）查询本机网卡的 MAC 地址。

这很简单，使用 ifconfig 命令。

（2）查询远程计算机网卡的 MAC 地址。

既然 TCP/IP 网络通信最终要用到 MAC 地址，那么使用 ping 命令当然也可以获取对方的 MAC 地址信息，只不过它不会显示出来，要借助其他工具来完成。

```
[root@Server01 ~]# ifconfig
[root@Server01 ~]# ping  -c  1 192.168.10.20 #ping 远程计算机192.168.10.20一次
[root@Server01 ~]# arp  -n                   #查询缓存在本地的远程计算机中的MAC地址
```

7.2　项目设计与准备

7.2.1　项目设计

部署 DHCP 服务器之前应该先进行规划，明确哪些 IP 地址用于自动分配给客户端（作用域中应包含的 IP 地址），哪些 IP 地址用于手动指定给特定的服务器。例如，在本项目中，IP 地址的要求如下。

7-2　课堂慕课

配置与管理
DHCP 服务器

（1）适用的网络是 192.168.10.0/24，网关为 192.168.10.254。

（2）192.168.10.1～192.168.10.30 地址段是服务器的固定地址。

（3）客户端可以使用的地址段为 192.168.10.31～192.168.10.200，但

192.168.10.105、192.168.10.107 为保留地址。

 注意 用于手动配置的 IP 地址一定要排除保留地址，或者采用地址池之外的可用 IP 地址，否则会造成 IP 地址冲突。

7.2.2 项目准备

部署 DHCP 服务器应满足下列需求。

（1）安装统信 UOS V20 服务器，将其作为 DHCP 服务器。

（2）DHCP 服务器的 IP 地址、子网掩码、DNS 服务器地址等 TCP/IP 参数必须手动指定，否则将不能为客户端分配 IP 地址。

（3）DHCP 服务器必须拥有一组有效的 IP 地址，以便自动分配给客户端。

（4）如果不特别指出，则所有统信 UOS 虚拟机的网络连接模式都选择"自定义，VMnet1(仅主机模式)"，如图 7-2 所示。**请读者特别留意！**

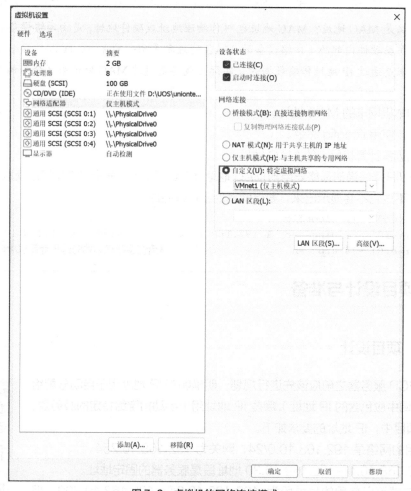

图 7-2 虚拟机的网络连接模式

（5）本项目要用到 Server01、Client1、Client2 和 Client3，设备情况如表 7-1 所示。

表 7-1　设备情况

主机名	操作系统	IP 地址	网络连接模式
DHCP 服务器：Server01	统信 UOS V20	192.168.10.1/24	VMnet1（仅主机模式）
统信客户端：Client1	统信 UOS V20	自动获取	VMnet1（仅主机模式）
统信客户端：Client2	统信 UOS V20	保留地址	VMnet1（仅主机模式）
Windows 客户端：Client3	Windows 10	自动获取	VMnet1（仅主机模式）

7.3　项目实施

任务 7-1　在服务器 Server01 上安装 DHCP 服务器

（1）检测系统是否已经安装了 DHCP 相关软件包。

```
[root@Server01 ~]# rpm -qa | grep dhcp
```

（2）如果系统还没有安装 DHCP 软件包，则可以使用 dnf 命令安装所需的软件包。

① 挂载 ISO 映像文件。

```
[root@Server01 ~]# mount /dev/cdrom /media
```

② 制作用于安装的 yum 源文件（详见**项目 1** 中的相关内容）。

```
[root@Server01 ~]# vim /etc/yum.repos.d/dvd.repo
```

③ 使用 dnf 命令查看 DHCP 软件包的信息。

```
[root@Server01 ~]# dnf info dhcp-server
```

④ 使用 dnf 命令安装 DHCP 服务。

```
[root@Server01 ~]# dnf clean all                    #安装前先清除缓存
[root@Server01 ~]# dnf install dhcp-server -y
```

软件包安装完毕，可以使用 rpm 命令进行查询，结果如下。

```
[root@Server01 ~]# rpm -qa | grep dhcp
dhcp-help-4.4.2-9.uel20.noarch
dhcp-4.4.2-9.uel20.x86_64
```

试一试　如果执行 **dnf install dhcp*** 命令，结果是怎样的？读者不妨试一试。

任务 7-2　熟悉 DHCP 主配置文件

基本的 DHCP 服务器搭建流程如下。

① 编辑主配置文件/etc/dhcp/dhcpd.conf，指定 IP 地址作用域（指定一个或多个 IP 地址范围）。

② 建立租用数据库文件。

③ 重新加载配置文件或重新启动 dhcpd 服务使配置生效。

DHCP 的工作流程如图 7-3 所示。

图7-3 DHCP的工作流程

① 客户端发送广播向 DHCP 服务器申请 IP 地址。

② DHCP 服务器收到请求后，查看主配置文件 dhcpd.conf，先根据客户端的 MAC 地址查看是否为客户端设置了固定 IP 地址。

③ 如果为客户端设置了固定 IP 地址，则将该 IP 地址发送给客户端。如果没有设置固定 IP 地址，则将地址池中的 IP 地址发送给客户端。

④ 客户端收到 DHCP 服务器回应后，给予 DHCP 服务器回应，告诉 DHCP 服务器已经使用了分配的 IP 地址。

⑤ DHCP 服务器将相关租用信息存入数据库。

1. 主配置文件 dhcpd.conf

（1）复制样例文件到主配置文件。

默认主配置文件（/etc/dhcp/dhcpd.conf）没有任何实质内容，打开查阅，发现里面有一句话"see /usr/share/doc/dhcp*/dhcpd.conf.example"。下面复制样例文件到主配置文件。

```
[root@Server01 ~]# cp /usr/share/doc/dhcp-server/dhcpd.conf.example /etc/dhcp/dhcpd.conf
[root@Server01 ~]#
```

下面以样例文件为例讲解主配置文件。

（2）dhcpd.conf 主配置文件的组成部分。

- parameters（参数）。
- declarations（声明）。
- option（选项）。

（3）dhcpd.conf 主配置文件的整体框架。

dhcpd.conf 包括全局配置和局部配置。

全局配置可以包含参数或选项，该部分对整个 DHCP 服务器生效。

局部配置通常由声明部分组成，该部分仅对局部生效，如只对某个 IP 地址作用域生效。

dhcpd.conf 文件格式如下。

```
#全局配置
参数或选项;                    #全局生效
#局部配置
声明 {
      参数或选项;             #局部生效
      }
```

dhcpd.conf 配置文件内容包含部分参数或选项，以及声明的用法，其中注释部分可以放在任何位置，并以"#"开头，当一行内容结束时，以";"结束，花括号所在行除外。

可以看出整个配置文件分成全局配置和局部配置两个部分，但是并不容易看出哪些属于参数，哪些属于声明和选项。

2. 常用参数介绍

参数主要用于设置服务器和客户端的动作或者是否执行某些任务,如设置 IP 地址租用时间、是否检查客户端所用的 IP 地址等。dhcpd.conf 配置文件中常用的参数及其作用如表 7-2 所示。

表 7-2　dhcpd.conf 配置文件中常用的参数及其作用

参数	作用
ddns-update-style [类型]	定义 DNS 服务器动态更新的类型,类型包括 none(不支持动态更新)、interim(互动更新模式)与 ad-hoc(特殊更新模式)
[allow | ignore] client-updates	允许/忽略客户端更新 DNS 记录
default-lease-time 600	默认超时时间,单位是秒
max-lease-time 7200	最大超时时间,单位是秒
option domain-name-servers　192.168.10.1	定义 DNS 地址
option domain-name "domain.org"	定义 DNS 域名
range 192.168.10.10　192.168.10.100	定义用于分配的 IP 地址池
option subnet-mask 255.255.255.0	定义客户端的子网掩码
option routers 192.168.10.254	定义客户端的网关地址
broadcase-address 192.168.10.255	定义客户端的广播地址
ntp-server　192.168.10.1	定义客户端的网络时间服务器,又称网络时间协议(Network Time Protocol,NTP)
nis-servers　192.168.10.1	定义客户端的网络信息服务(Network Information Service,NIS)域服务器的地址
Hardware　00:0c:29:03:34:02	指定网卡接口的类型与 MAC 地址
server-name　mydhcp.smile60.cn	向 DHCP 客户端通知 DHCP 服务器的主机名
fixed-address　192.168.10.105	将某个固定的 IP 地址分配给指定主机
time-offset [偏移误差]	指定客户端与格林尼治标准时间的偏差

3. 常用声明

声明一般用来指定 IP 地址作用域、定义为客户端分配的 IP 地址池等。

声明格式如下。

```
声明 {
        选项或参数;
        }
```

常用声明的使用方法如下。

(1)subnet 网络号 netmask 子网掩码{……}。

作用:定义作用域,指定子网。

```
subnet  192.168.10.0  netmask  255.255.255.0 {
        ……
                        }
```

> **注意**　网络号至少与 DHCP 服务器的其中一个网络号相同。

（2）range dynamic-bootp　起始 IP 地址　结束 IP 地址。

作用：指定动态 IP 地址范围。例如：

```
range dynamic-bootp    192.168.10.100    192.168.10.200
```

 注意　可以在 subnet 声明中指定多个 range，但多个 range 定义的 IP 地址范围不能重复。

4. 常用选项

选项通常用来配置 DHCP 客户端的可选参数，如定义客户端的 DNS 服务器地址、默认网关等。选项内容都是以 option 关键字开始的。

常用选项的使用方法如下。

（1）option routers　IP 地址。

作用：为客户端指定默认网关。例如：

```
option routers   192.168.10.254
```

（2）option subnet-mask　子网掩码。

作用：设置客户端的子网掩码。例如：

```
option subnet-mask    255.255.255.0
```

（3）option domain-name-servers　IP 地址。

作用：为客户端指定 DNS 服务器地址。例如：

```
option  domain-name-servers    192.168.10.1
```

 注意　（1）～（3）可以用在全局配置中，也可以用在局部配置中。

5. IP 地址绑定

DHCP 中的 IP 地址绑定用于给客户端分配固定 IP 地址。比如服务器需要使用固定 IP 地址就可以使用 IP 地址绑定，通过 MAC 地址与 IP 地址的对应关系为指定的物理地址计算机分配固定 IP 地址。

整个配置过程需要用到 host 声明和 hardware、fixed- address 参数。

（1）host　主机名　{......}。

作用：用于定义保留地址。例如：

```
host   computer1
```

 注意　该项通常搭配 subnet 声明使用。

（2）hardware　类型　硬件地址。

作用：定义网络接口类型和硬件地址。常用类型为以太网（Ethernet），地址为 MAC 地址。例如：

```
hardware  ethernet  3a:b5:cd:32:65:12
```

（3）fixed-address　IP 地址。

作用：定义 DHCP 客户端指定的 IP 地址。例如：

```
fixed-address   192.168.10.105
```

注意　（2）、（3）只能应用于 host 声明中。

6. 租用数据库文件

租用数据库文件用于保存一系列的租用声明，其中包含客户端的主机名、MAC 地址、分配到的 IP 地址，以及 IP 地址的有效期等相关信息。这个数据库文件是可编辑的 ASCII 格式文本文件。每当发生租用变化时，都会在文件结尾添加新的租用记录。

DHCP 服务器刚安装时，租用数据库文件 dhcpd.leases 是一个空文件。

当 DHCP 服务器正常运行后，就可以使用 cat 命令查看租用数据库文件内容了。

```
cat   /var/lib/dhcpd/dhcpd.leases
```

任务 7-3　配置 DHCP 应用案例

下面完成一个简单的应用案例。

1. 案例需求

技术部有 60 台计算机，各台计算机的 IP 地址要求如下。

（1）DHCP 服务器和 DNS 服务器的地址都是 192.168.10.1/24，有效 IP 地址段为 192.168.10.1～192.168.10.254，子网掩码是 255.255.255.0，网关为 192.168.10.254。

（2）192.168.10.1～192.168.10.30 地址段是服务器的固定地址。

（3）客户端可以使用的地址段为 192.168.10.31～192.168.10.200，但 192.168.10.105、192.168.10.107 为保留地址，其中 192.168.10.105 保留给 Client2 使用。

（4）客户端 Client1 采用自动获取方式配置 IP 地址等信息。

2. 网络环境搭建

统信服务器和客户端的 IP 地址及 MAC 地址等信息如表 7-3 所示（可以使用 VMware Workstation 的"克隆"技术快速安装需要的 Linux 客户端，**MAC 地址因读者的计算机不同而不同**）。

表 7-3　统信服务器和客户端的 IP 地址及 MAC 地址等信息

主机名	操作系统	IP 地址	MAC 地址
DHCP 服务器：Server01	统信 UOS V20	192.168.10.1	00:0c:29:c6:00:0a
统信客户端：Client1	统信 UOS V20	自动获取	00:0c:29:37:e8:2e
统信客户端：Client2	统信 UOS V20	保留地址	00:0c:29:e6:f6:b6
Windows 客户端：Client3	Windows 10	自动获取	00:0C:29:30:7E:9E

这 4 台计算机的网络连接模式都设为 VMnet1（仅主机模式），其中，一台作为服务器，另外 3 台作为客户端。

3. 服务器配置

（1）定制全局配置和局部配置，局部配置需要把 192.168.10.0/24 网段声明出来，然后在该声明中指定一个 IP 地址池，范围为 192.168.10.31～192.168.10.200，但要去掉 192.168.10.105 和 192.168.10.107，其他分配给客户端使用。注意 range 的写法！

133

（2）要保证 Client2 使用固定 IP 地址，就要在 subnet 声明中嵌套 host 声明，目的是单独为 Client2 设置固定 IP 地址，并在 host 声明中加入 IP 地址和 MAC 地址绑定的选项以申请固定 IP 地址。

执行 vim　/etc/dhcp/dhcpd.conf 命令可以编辑 DHCP 配置文件，配置文件的内容如下。

```
ddns-update-style none;
log-facility local7;
subnet 192.168.10.0 netmask 255.255.255.0 {
  range 192.168.10.31 192.168.10.104;
  range 192.168.10.106 192.168.10.106;
  range 192.168.10.108 192.168.10.200;
  option domain-name-servers 192.168.10.1;
  option domain-name "myDHCP.smile60.cn";
  option routers 192.168.10.254;
  option broadcast-address 192.168.10.255;
  default-lease-time 600;
  max-lease-time 7200;
}
host    Client2{
        hardware ethernet 00:0c:29:e6:f6:b6;
        fixed-address 192.168.10.105;
}
```

（3）配置完成后保存并退出，重启 DHCP 服务，并设置开机自动启动。

```
[root@Server01 ~]# systemctl restart dhcpd
[root@Server01 ~]# systemctl enable dhcpd
```

特别注意　如果 DHCP 启动失败，则可以使用 dhcpd 命令进行排错。

DHCP 启动失败的原因一般有以下几种。

① 配置文件有问题，包括内容不符合语法结构，如缺少分号；声明的子网和子网掩码不匹配；等等。

② 主机的 IP 地址和声明的子网不在同一网段。

③ 主机没有配置 IP 地址。

④ 配置文件路径出现问题，不同版本配置文件保存位置不同，如有的配置文件保存在 /etc/dhcpd.conf 中，有的却保存在 /etc/dhcp/dhcpd.conf 中。

4. 在客户端 Client1 上进行测试

注意　如果在真实网络中，则应该不会出现问题。但如果使用的是 VMware Workstation 16 或其他类似的版本，则虚拟机中的 DHCP 客户端可能会获取到 192.168.79.0 网络中的一个地址，与我们的预期目标不符。这时需要关闭 VMnet8 和 VMnet1 的 DHCP 服务功能。

关闭 VMnet8 和 VMnet1 的 DHCP 服务功能的方法如下（本项目的服务器和客户端的网络连接模式都为 VMnet1）。

在 VMware Workstation 主窗口中依次单击"编辑"→"虚拟网络编辑器"，打开"虚拟网络编辑器"对话框，选中 VMnet1 或 VMnet8，去掉对应的 DHCP 服务启用选项，如图 7-4 所示。

图 7-4 "虚拟网络编辑器"对话框

（1）以 root 用户身份登录名为 Client1 的统信 UOS V20 计算机，单击"启动器"，依次单击"控制中心"→"网络"→"有线网络"，打开 ens32 界面，如图 7-5 所示。

（2）单击图 7-5 所示的 ＞ 按钮，在弹出的对话框中单击"IPv4"选项，并将"方法"选项设置为"自动"，单击"保存"按钮，如图 7-6 所示。

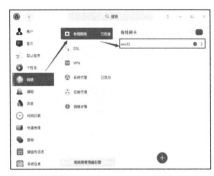

图 7-5 打开 ens32 界面

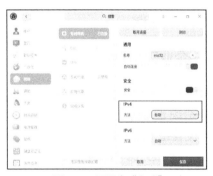

图 7-6 设置为"自动"

（3）回到图 7-5 所示的界面，单击"网络详情"，这时会看到图 7-7 所示的结果，Client1 成功获取到了 DHCP 服务器地址池中的一个 IP 地址。

5. 在客户端 Client2 上进行测试

同样以 root 用户身份登录名为 Client2 的 Linux 客户端，按照前文的方法，设置 Client2 自动获取 IP 地址，最后的结果如图 7-8 所示。

图 7-7 Client1 成功获取 IP 地址

图 7-8 Client2 成功获取 IP 地址

6. Windows 客户端（Client3）配置

（1）Windows 客户端比较简单，在 TCP/IP 属性中设置为自动获取就可以。

（2）在 Windows 命令提示符下，利用 ipconfig 命令可以释放 IP 地址，然后重新获取 IP 地址。相关命令如下。

释放 IP 地址：ipconfig　　/release。

重新申请 IP 地址：ipconfig　　/renew。

7. 在服务器 Server01 上查看租用数据库文件

```
[root@Server01 ~]# cat   /var/lib/dhcpd/dhcpd.leases
```

> **特别提示** 限于篇幅，超级作用域和中继代理的相关内容，请扫描 7.8 节的二维码"项目实录　配置与管理 DHCP 服务器"进行学习。

7.4　企业案例 1：多网卡实现 DHCP 多作用域配置

DHCP 服务器使用单一的作用域，基本能够满足网络的需求，但是在一些特殊情况下，按照网络规划需要配置多作用域。

7.4.1　企业环境及需求

如果网络中的计算机和其他设备增加，则需要扩容 IP 地址才能满足需求。在小型网络中可以为所有设备重新分配 IP 地址，其网络内部客户端和服务器较少，实现起来比较简单。但如果是一个大型网络，重新配置整个网络的 IP 地址是不明智的，一旦操作不当，就可能造成通信暂时中断及其他网络故障。DHCP 服务器可以通过发布多个作用域实现 IP 地址的扩容。

1. 任务需求

企业 IP 地址规划为 192.168.10.0/24 网段，可以容纳 254 台设备。因此可以使用 DHCP 服务器建立一个 192.168.10.0/24 网段的作用域，动态管理网络 IP 地址。但当网络规模扩大到 400 台设备时，一个 C 类网的地址显然无法满足要求。这时，可以为 DHCP 服务器添加一个新的作用域，管理分配 192.168.100.0/24 网段的 IP 地址，为网络增加 254 个新的 IP 地址，这样既可以保持原有 IP 地址的规划，又可以扩容现有的 IP 地址。

2. 网络拓扑

采用双网卡实现两个作用域，网络拓扑如图 7-9 所示。

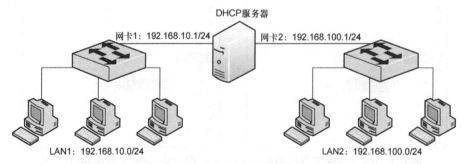

图 7-9　多作用域配置网络拓扑

3. 需求分析

对于多作用域的配置，必须保证 DHCP 服务器能够侦听所有子网客户端的请求信息。接下来讲解配置多作用域的基本方法，为 DHCP 服务器添加多块网卡使其连接每个子网，并发布多个作用域的声明。

> **注意** 划分子网时，如果选择直接配置多作用域实现分配动态 IP 地址的任务，则必须为 DHCP 服务器添加多块网卡，并配置多个 IP 地址，否则 DHCP 服务器只能分配与其现有网卡 IP 地址对应网段的作用域。

7.4.2 解决方案

1. 使用 VMware Workstation 部署该网络环境

（1）客户端 Vmware 网络连接模式采用自定义。

（2）3 台安装好统信 UOS V20 的计算机、1 台服务器（Server01）。服务器有 2 块网卡：一块网卡连接 VMnet1，IP 地址是 192.168.10.1；另一块网卡连接 VMnet8，IP 地址是 192.168.100.1。

（3）第 1 台计算机（Client1）的网卡连接 VMnet1，第 2 台计算机（Client2）的网卡连接 VMnet8。

> **注意** 利用 VMware Workstation 的自定义网络连接模式，将两个客户端分别设置到 LAN1 和 LAN2。后面还有类似的应用，希望读者在实践中认真体会。

2. 配置 DHCP 服务器中网卡的 IP 地址

DHCP 服务器有多块网卡时，需要使用 ifconfig 命令为每块网卡配置独立的 IP 地址，但要注意，IP 地址配置的网段要与 DHCP 服务器发布的作用域对应。

```
[root@Server01 ~]# ifconfig    ens32    192.168.10.1    netmask 255.255.255.0
[root@Server01 ~]# ifconfig    ens34    192.168.100.1   netmask 255.255.255.0
```

> **思考** 使用命令方式配置网卡，重启后配置将失效。有没有其他方法使配置永久生效？

> **建议** 使用系统菜单配置网络（详见项目 2），可以使配置永久生效。

3. 编辑 dhcpd.conf 主配置文件

DHCP 服务器网络环境搭建完毕，可以编辑 dhcpd.conf 主配置文件，添加如下内容，完成多作用域的设置，最后保存并退出。

```
[root@Server01 ~]# vim   /etc/dhcp/dhcpd.conf
ddns-update-style none;
ignore client-updates;
subnet 192.168.10.0 netmask 255.255.255.0 {
```

```
        option routers                                192.168.10.2;
        option subnet-mask                            255.255.255.0;
        option nis-domain                             "test.org";
        option domain-name                            "test.org";
        option domain-name-servers                    192.168.10.2;
        option time-offset           -18000;          #时间偏移
        range dynamic-bootp          192.168.10.5      192.168.10.254;
        default-lease-time           21600;
        max-lease-time               43200;
}
subnet 192.168.100.0 netmask 255.255.255.0 {
        option routers                                192.168.100.2;
        option subnet-mask                            255.255.255.0;
        option nis-domain                             "test2.org";
        option domain-name                            "test2.org";
        option domain-name-servers                    192.168.100.2;
        option time-offset           -18000;          #时间偏移
        range dynamic-bootp          192.168.100.5     192.168.100.254;
        default-lease-time           21600;
        max-lease-time               43200;
}
```

重启 DHCP 服务，并设置为开机自动启动。

```
[root@Server01 ~]# systemctl restart dhcpd
[root@Server01 ~]# systemctl enable dhcpd
```

4. 在客户端上测试

经过设置，DHCP 服务器将通过 ens32 和 ens34 两块网卡侦听客户端的请求，并发送相应的回应。测试时，将客户端 Client1 和 Client2 的网卡设置为自动获取。设置完成后，单击"保存"按钮。获取到的 IP 地址等信息如图 7-10 和图 7-11 所示。

图 7-10　Client1 获取到的 IP 地址等信息

图 7-11　Client2 获取到的 IP 地址等信息

5. 检查服务器的日志文件

重启 DHCP 服务后检查系统日志，查看配置是否成功。使用 tail 命令动态显示日志信息，可以看到这两台计算机获取到的 IP 地址及这两台计算机的 MAC 地址等。

```
[root@Server01 ~]# tail  -F  /var/log/messages
```

> **小技巧** 对于实训来讲，虚拟机使用的数量越少，实训效率越高。在本实训中，只有一台计算机也可以。依次设置这台计算机的虚拟机网络连接模式是 VMnet1、VMnet2，并分别测试，会发现计算机在这两种设置下分别获取了 192.168.10.0/24 和 192.168.100.0/24 网段的地址池内的地址。

7.5 企业案例 2：配置 DHCP 中继代理

DHCP 提供的中继代理程序为 dhcrelay，使用该程序，只需简单配置就可以完成 DHCP 的中继设置。启动 dhcrelay 的方式为：将 DHCP 请求中继到指定的 DHCP 服务器。

7.5.1 企业环境与网络拓扑

企业内部存在两个子网，分别为 192.168.10.0/24、192.168.100.0/24，现在需要使用一台 DHCP 中继代理服务器为这两个子网分配 IP 地址。DHCP 中继代理网络拓扑如图 7-12 所示。

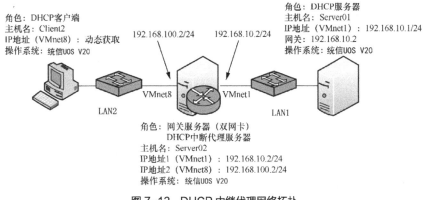

图 7-12 DHCP 中继代理网络拓扑

7.5.2 解决方案

1. 使用 VMware Workstation 部署该网络环境

（1）3 台安装好统信 UOS V20 的计算机：1 台作为 DHCP 服务器（Server01），其上有一块网卡，连接 VMnet1，IP 地址为 192.168.10.1/24，默认网关为 192.168.10.2；1 台作为 DHCP 中继代理服务器（Server02），其上有两块网卡，其中一块网卡连接 VMnet1，IP 地址是 192.168.10.2/24，另一块网卡连接 VMnet8，IP 地址是 192.168.100.2/24。

（2）中继代理服务器同时还是网关服务器。

（3）客户端 Client2 的网卡连接 VMnet8，自动获取 IP 地址。

首先在 VMware Workstation 的设置中配置好各计算机的网络连接模式和 IP 地址等信息，这是成功的第一步。

2. 在 Server01 上配置 DHCP 服务器

（1）安装 DHCP 服务器并配置作用域（注意作用域中要排除已经用作固定地址的 IP 地址）。

DHCP 服务器位于 LAN1，需要为 LAN1 和 LAN2 的客户端分配 IP 地址，也就是声明两个网段，这里可以建立两个作用域，声明 192.168.10.0/24 和 192.168.100.0/24 网段。注意网关的设置！

```
[root@Server01 ~]# vim  /etc/dhcp/dhcpd.conf

……
subnet    192.168.10.0          netmask       255.255.255.0 {
          option routers                      192.168.10.2;
          option subnet-mask                  255.255.255.0;
          option domain-name-servers          192.168.10.2;
          range dynamic-bootp                 192.168.10.20         192.168.10.254;
}

subnet    192.168.100.0         netmask       255.255.255.0 {
          option routers                      192.168.100.2;
          option subnet-mask                  255.255.255.0;
          option domain-name-servers          192.168.100.2;
          range dynamic-bootp                 192.168.100.20        192.168.100.254;
}
```

（2）设置防火墙，重启 DHCP 服务。

（3）设置 DHCP 服务器 Server01 的默认网关为 192.168.10.2。

```
[root@Server01 ~]# ip route add 192.168.10.0/24 via 192.168.10.2
```

思考　可以利用系统菜单设置 DHCP 服务器的网关为 192.168.10.2 吗？请试一试。

3. 在 Server02 上配置 DHCP 中继代理服务器和网关服务器

（1）配置网卡的 IP 地址。

（2）启用 IPv4 的转发功能，设置 net.ipv4.ip_forward 值为 1。

```
[root@Server02 ~]# vim  /etc/sysctl.conf
net.ipv4.ip_forward = 1                         #由 0 改为 1
[root@Server02 ~]# sysctl   -p                   #使 sysctl.conf 配置文件生效，启用转发功能
[root@Server02 ~]# cat /proc/sys/net/ipv4/ip_forward
1
```

（3）安装中继代理服务。

```
[root@Server02 ~]# dnf install dhcp-relay -y
```

（4）配置中继代理。

DHCP 中继代理服务器默认不转发 DHCP 客户端的请求，需要使用 dhcrelay 指定 DHCP 服务器的位置。

```
[root@Server02 ~]# dhcrelay 192.168.10.1
Dropped all unnecessary capabilities.
Internet Systems Consortium DHCP Relay Agent 4.4.2
Copyright 2004-2020 Internet Systems Consortium.
All rights reserved.
For info, please visit https://www.is*.org/software/dhcp/
Listening on LPF/ens34/00:0c:29:e6:f6:c0
```

```
Sending on    LPF/ens34/00:0c:29:e6:f6:c0
Listening on LPF/ens32/00:0c:29:e6:f6:b6
Sending on    LPF/ens32/00:0c:29:e6:f6:b6
Sending on    Socket/fallback
```

4. 在客户端测试

（1）在客户端 Client2 上测试能否正常获取 DHCP 服务器的 IP 地址。修改客户端 Client2 的 IP 地址获取方式为自动获取，DHCP 中继代理查询结果如图 7-13 所示。

（2）在 DHCP 服务器和 DHCP 中继代理服务器上查看日志信息。

```
tail -n 10 /var/log/messages
```

 特别提示 *需要修改配置的原始信息，才能启动 dhcrelay 服务。*

图 7-13　DHCP 中继代理查询结果

 注意 当有多台 DHCP 服务器时，把 DHCP 服务器放在不同子网上能够得到一定的容错能力，因此一般不把所有的 DHCP 服务器放在同一子网上。这些服务器在它们的作用域中不应有公共的 IP 地址（每台服务器都有独立、唯一的地址池）。当本地的 DHCP 服务器崩溃时，请求就转发到远程子网。远程子网中的 DHCP 服务器如果请求子网的 IP 地址作用域（每台 DHCP 服务器都有每个子网的地址池，但 IP 地址范围不重复），它就响应 DHCP 请求，为请求的子网提供 IP 地址。

7.6　DHCP 服务器配置排错

配置 DHCP 服务器通常很容易，下面有一些技巧可以帮助读者解决出现的问题。对服务器而言，要确保服务器正常工作并具备广播功能；对客户端而言，要确保网卡正常工作；最后，要考虑网络的拓扑，检查客户端向 DHCP 服务器发出的广播消息是否会受到阻碍。另外，如果 dhcpd 进程（DHCP 程序的守护进程）没有启动，则可浏览 syslog 消息文件来确定是哪里出现了问题，这个消息文件通常是/var/log/messages。

7.6.1　客户端无法获取 IP 地址

如果 DHCP 服务器配置完成且没有语法错误，但是网络中的客户端无法获取 IP 地址，则通常是由于 Linux DHCP 服务器无法接收来自 255.255.255.255 的 DHCP Request 数据包，具体地讲，是由于 DHCP 服务器的网卡没有设置 MULTICAST（多点传送）功能。为了保证 dhcpd 进程和 DHCP 客户端沟通，dhcpd 进程必须传送数据包到 IP 地址 255.255.255.255。但是在有些 Linux 系统中，255.255.255.255 这个 IP 地址被用来作为监听区域子网（Local Subnet）广播的 IP 地址。所以，必须在路由表（Routing Table）中加入 255.255.255.255，以激活多点传送功能。执行的命令如下。

```
[root@Server01 ~]# route add -host 255.255.255.255 dev ens32
```
上述命令创建了一个到地址 255.255.255.255 的路由。

如果出现"255.255.255.255:Unkown host"，那么需要修改/etc/hosts 文件，并添加一条主机记录。

```
255.255.255.255        dhcp-server
```

 提示 255.255.255.255 后面为主机名，主机名没有特别的约束，只要是合法的主机名就可以。

注意 可以编辑/etc/rc.d/rc.local 文件，添加 route add -host 255.255.255.255 dev ens32，使多点传送功能永久生效。

7.6.2　提供备份的 DHCP 设置

在中型网络中，管理数百台计算机的 IP 地址是一个大问题。为了解决该问题，可使用 DHCP 服务器来为客户端动态分配 IP 地址。但是这同样意味着如果因为某些原因导致服务器瘫痪，DHCP 服务器就无法使用，客户端也无法获得正确的 IP 地址。要想解决这个问题，配置两台以上的 DHCP 服务器即可。这样，其中一台 DHCP 服务器出了问题，另外一台 DHCP 服务器就会自动承担分配 IP 地址的任务。对于用户来说，无须知道哪台服务器提供了 DHCP 服务。

解决方法是同时设置多台 DHCP 服务器来提供冗余，然而 Linux 的 DHCP 服务器本身不提供备份。为避免出现客户端 IP 地址冲突的现象，它们提供的 IP 地址资源也不能重叠。提供容错能力，即通过分隔可用的 IP 地址到不同的 DHCP 服务器上，多台 DHCP 服务器同时为一个网络服务，从而使得一台 DHCP 服务器出现故障时，仍能正常提供 IP 地址资源供客户端使用。

为了进一步增强可靠性，通常还可以将不同的 DHCP 服务器放置在不同的子网中，互相使用中转提供 DHCP 服务。例如，在两个子网中各有一台 DHCP 服务器，标准的做法可以不使用 DHCP 中转，各子网中的 DHCP 服务器为各子网服务。然而为了达到容错的目的，可以互相为另一个子网提供服务，通过设置中转路由器转发广播，以达到互相服务的目的。

例如，位于 192.168.2.0 网络上的 DHCP 服务器 srv1 上的配置文件片段如下。

```
[root@srv1 ~]# vim /etc/dhcp/dhcpd.conf
ddns-update-style none;
```

```
subnet 192.168.2.0 netmask 255.255.255.0 {
     range dynamic-bootp              192.168.2.10         192.168.2.199;
}
subnet 192.168.3.0 netmask 255.255.255.0 {
     range dynamic-bootp              192.168.3.200         192.168.3.220;
}
```

位于 192.168.3.0 网络上的 DHCP 服务器 srv2 上的配置文件片段如下。

```
[root@srv2 ~]# vim  /etc/dhcp/dhcpd.conf
ddns-update-style none;
ignore client-updates;
subnet 192.168.2.0 netmask 255.255.255.0 {
     range dynamic-bootp              192.168.2.200         192.168.2.220;
}
subnet 192.168.3.0 netmask 255.255.255.0 {
     range dynamic-bootp              192.168.3.10         192.168.3.199;
}
```

7.6.3　利用命令及租用文件排除故障

1. dhcpd

如果遇到 DHCP 无法启动的情况，则可以使用命令进行检测，然后根据提示信息修改或调试。

```
[root@Server01 ~]# dhcpd
```

配置文件错误并不是唯一导致 dhcpd 服务无法启动的原因，网卡接口配置错误也可能导致服务启动失败。例如，网卡（ens32）的 IP 地址为 10.0.0.1，而配置文件中声明的子网为 192.168.20.0/24。通过 dhcpd 命令也可以排除故障。

```
[root@Server01 ~]# dhcpd
......
No  subnet  declaration  for ens32（10.0.0.1）  //没有为 ens32（10.0.0.1）设置子网声明
** Ignoring requests on eth0. If this not what you want, please write
a subnet declaration in your dhcpd.conf file for the network segment to
which interface eth0 is attached. **    //没有配置任何接口进行侦听

Not configured to listen on any interfaces!    //**忽略 ens32 接收请求，如果你不希
望看到这样的结果，则在配置文件 dhcpd.conf 中添加一个子网声明。**
......
```

请注意粗体部分的提示信息。

根据提示信息修改，就可以很容易地完成错误更正。

2. 租用文件

一定要确保租用文件存在，否则无法启动 dhcpd 服务。如果租用文件不存在，则可以手动建立一个。

```
[root@Server01 ~]# vim   /var/lib/dhcpd/dhcpd.leases
```

3. ping 命令

设置完成后，重启 DHCP 服务使配置生效。如果客户端仍然无法连接 DHCP 服务器，则用户可以尝试使用 ping 命令，先测试服务器和客户端的网络连通性，因为这是客户端获取 IP 地址的首要条件。如果服务器和客户端之间的网络是不通的，则客户端获取 IP 地址必然会失败。

7.6.4 总结网络故障的排除

通过前文的学习，请读者谨记以下几点。

（1）如果出现问题，则查看防火墙和 SELinux。实在不行就关闭防火墙，特别是在 samba 和 NFS 服务器中。

（2）网卡 IP 地址配置是否正确至关重要。配置完成后，一定要进行测试。

（3）在 samba 和 NFS 等服务器配置中要特别注意本地系统权限的配合设置。

（4）任何时候都要特别注意虚拟机的网络连接模式。

7.7 拓展阅读 为计算机事业做出过巨大贡献的王选院士

王选院士曾经为中国的计算机事业做出过巨大贡献，并因此获得国家最高科学技术奖。你知道王选院士吗？

王选院士（1937—2006 年）是享誉国内外的著名科学家，汉字激光照排技术创始人，中国科学院院士、中国工程院院士、发展中国家科学院院士。北京大学计算机科学技术研究所的主要创建者，历任副所长、所长，博士生导师。他曾任第十届全国政协副主席、九三学社副主席、中国科学技术协会副主席。

王选院士发明的汉字激光照排系统两次获国家科技进步一等奖（1987 年、1995 年），两次被评为全国十大科技成就（1985 年、1995 年），并获国家重大技术装备成果奖特等奖。王选院士荣获了国家最高科学技术奖、联合国教科文组织科学奖、陈嘉庚科学奖、美洲中国工程师学会个人成就奖、何梁何利基金科学与技术进步奖等 20 多项重大成果和荣誉。

1975 年开始，以王选院士为首的科研团队决定跨越当时日本流行的光机式二代机和欧美流行的阴极射线管式三代机阶段，开创性地研制当时国外尚无商品的第四代激光照排系统。针对汉字印刷的特点和难点，他们发明了高分辨率字形的高倍率信息压缩技术和高速复原方法，率先设计出相应的专用芯片，在世界上首次使用控制信息（参数）描述笔画特性。第四代激光照排系统获 1 项欧洲专利和 8 项中国专利，并获第 14 届日内瓦国际发明展金奖、中国专利发明创造金奖，2007 年入选"首届全国杰出发明专利创新展"。

7.8 项目实训 配置与管理 DHCP 服务器

1. 项目背景

（1）配置 DHCP。

某企业计划构建一台 DHCP 服务器来解决 IP 地址动态分配的问题，要求能够分配 IP 地址、网关、DNS 等其他网络属性信息，同时要求 DHCP 服务器为 DNS、Web、samba 等服务器分配固定 IP 地址。企业的 DHCP 服务器搭建网络拓扑如图 7-14 所示。

企业 DHCP 服务器的 IP 地址为 192.168.10.2；DNS 服务器的域名为 dns.long60.cn，IP 地址为 192.168.10.3；Web 服务器的 IP 地址为 192.168.10.10；samba 服务器的 IP 地址为

192.168.10.5;网关地址为 192.168.10.254;IP 地址池范围为 192.168.10.3～192.168.10.150/24,
子网掩码为 255.255.255.0。

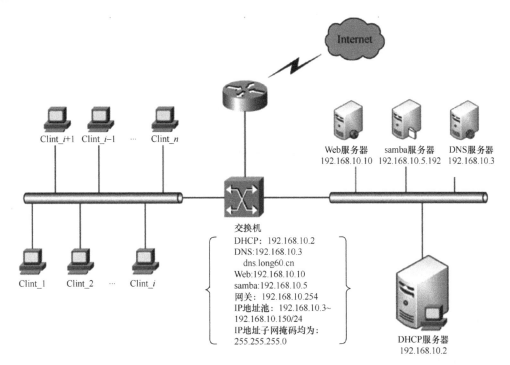

图 7-14　企业的 DHCP 服务器搭建网络拓扑

（2）配置 DHCP 超级作用域。

　　企业内部建立 DHCP 服务器,网络规划采用单作用域的结构,使用 192.168.10.0/24 网段的 IP
地址。随着企业规模扩大,设备增多,现有的 IP 地址无法满足网络的需求,需要添加可用的 IP 地址。
在 DHCP 服务器上添加新的作用域,使用 192.168.8.0/24 网段扩展网络地址的范围。

　　配置 DHCP 超级作用域的网络拓扑如图 7-15 所示（注意各虚拟机网卡的不同网络连接模式）。

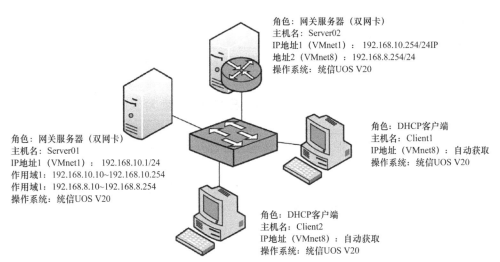

图 7-15　配置 DHCP 超级作用域的网络拓扑

（3）配置 DHCP 中继代理。

企业内部存在两个子网，分别为 192.168.10.0/24、192.168.3.0/24，现在需要使用一台 DHCP 服务器为这两个子网客户端分配 IP 地址。配置 DHCP 中继代理的网络拓扑如图 7-16 所示。

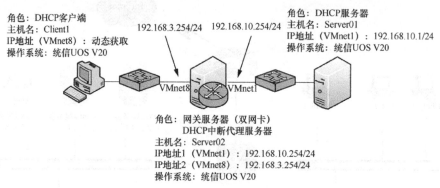

图 7-16　配置 DHCP 中继代理的网络拓扑

2. 深度思考

思考以下几个问题。

（1）DHCP 软件包中哪些是必需的？哪些是可选的？

（2）DHCP 服务器的样例文件如何获得？

（3）如何设置保留地址？进行 host 声明的设置有何要求？

（4）超级作用域的作用是什么？

（5）配置中继代理要注意哪些问题？

3. 做一做

完成项目实训。

7.9 练习题

一、填空题

1. DHCP 的工作过程分为_____、_____、_____、_____4 个阶段。

2. 如果 DHCP 客户端无法获得 IP 地址，则自动从_____地址段中选择一个作为自己的地址。

3. 在 Windows 环境下，使用_____命令可以查看 IP 地址配置，释放 IP 地址可以使用_____命令，重新申请 IP 地址可以使用_____命令。

4. DHCP 是一个简化主机 IP 地址分配管理的 TCP/IP，其英文全称是_____，中文名称为_____。

5. 当客户端注意到它的租用期到了_____以上时，就要更新该租用期。这时它发送一个_____数据包给它所获得原始信息的服务器。

6. 当租用期达到期满时间的近_____时，客户端如果在前一次请求中没能更新租用期限，则它会再次试图更新租用期。

二、选择题

1. TCP/IP 中，用来自动分配 IP 地址的协议是（　　　）。

A. ARP   B. NFS   C. DHCP   D. DNS

2. DHCP 租用文件默认保存在（　　　）目录中。

A. /etc/dhcp   B. /etc   C. /var/log/dhcp   D. /var/lib/dhcpd

3. 配置完 DHCP 服务器，执行（　　　）命令可以启动 DHCP 服务。

A. systemctl dhcpd.service start   B. systemctl start dhcpd

C. start dhcpd   D. dhcpd on

三、简答题

1. 动态 IP 地址方案有什么优点和缺点？简述 DHCP 服务器的工作过程。

2. 简述 IP 地址租用和更新的全过程。

3. 简述 DHCP 服务器分配给客户端的 IP 地址类型。

7.10 实践习题

1. 建立 DHCP 服务器，为子网 A 内的客户端提供 DHCP 服务。具体参数如下。

- IP 地址段为 192.168.11.101～192.168.11.200。
- 子网掩码为 255.255.255.0。
- 网关地址为 192.168.11.254。
- DNS 服务器的 IP 地址为 192.168.10.1。
- 子网所属域的名称为 smile60.cn。
- 默认租约有效期为 1 天，最大租约有效期为 3 天。

请写出详细解决方案，并上机实现。

2. 配置 DHCP 超级作用域。

企业内部建立 DHCP 服务器，网络规划采用单作用域的结构，使用 192.168.8.0/24 网段的 IP 地址。随着企业规模扩大，设备增多，现有的 IP 地址无法满足网络的需求，需要添加可用的 IP 地址。在 DHCP 服务器上添加新的作用域，使用 192.168.9.0/24 网段扩展网络地址的范围。

请写出详细解决方案，并上机实现。

项目8
配置与管理DNS服务器

项目导入

　　某高校组建了校园网，为了使校园网中的计算机可以简单、快捷地访问本地网络及 Internet 上的资源，需要在校园网中架设 DNS 服务器，用来提供将域名转换成 IP 地址的功能。

　　在完成本项目之前，首先应确定网络中 DNS 服务器的部署环境，明确 DNS 服务器的各种角色及其作用。

项目目标

- 了解 DNS 服务器的作用及其在网络中的重要性。
- 理解 DNS 的域名空间结构。
- 掌握 DNS 查询模式。
- 掌握 DNS 的域名解析过程。
- 掌握常规 DNS 服务器的安装与配置方法。

- 掌握辅助 DNS 服务器的配置方法。
- 掌握子域的概念及区域委派配置过程。
- 掌握转发服务器和唯缓存服务器的配置方法。
- 理解并掌握 DNS 客户端的配置方法。
- 掌握 DNS 的测试方法。

素养提示

- "雪人计划"服务于国家的"信创产业"。最为关键的是，中国可以借助 IPv6 的技术升级，改变自己在国际互联网治理体系中的地位。这样的事件可以大大激发学生的爱国情怀和求知求学的斗志。

- "靡不有初，鲜克有终。""莫等闲、白了少年头，空悲切。"青年学生为人做事要有头有尾、善始善终、不负韶华。

8.1 项目知识准备

　　DNS 是 Internet/Intranet 中最基础，也是非常重要的一项服务，它让网络访问中域名和 IP 地址能够相互转换。

8.1.1　认识域名空间

DNS 是一个分布式数据库，命名系统采用分层次的逻辑结构，如同一棵倒置的树，这个逻辑的树形结构称为域名空间。由于 DNS 划分了域名空间，所以各机构可以使用自己的域名空间创建 DNS 信息。域名空间结构如图 8-1 所示。

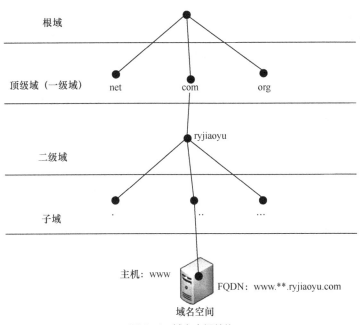

8-1　微课

配置与管理
DNS 服务器

图 8-1　域名空间结构

> **注意**　在域名空间中，DNS 树的最大深度不得超过 127 层，树中每个节点最多可以存储 63 个字符。

1. 域和域名

DNS 树的每个节点代表一个域，通过这些节点，可以对整个域名空间进行划分，使其成为一个层次结构。域名空间的每个域的名称通过域名表示。域名通常由一个完全限定域名（Fully Qualified Domain Name，FQDN）标识。FQDN 能准确表示出其相对于 DNS 树根的位置，也就是节点到 DNS 树根的完整表述方式，从节点到树根采用反向书写，并用"."分隔每个节点。

一个 DNS 域可以包括主机和其他域，每个机构都拥有名称空间某一部分的授权，负责该部分名称空间的管理和划分，并用它来命名 DNS 域和计算机。例如，ryjiaoyu 为 com 域的子域，其表示方法为 ryjiaoyu.com，而 www 为 ryjiaoyu 域中的 Web 主机，可以使用 www. ryjiaoyu.com 表示。

> **注意**　通常，FQDN 有严格的命名限制，长度不能超过 256 字节，只允许使用字符 a～z、0～9、A～Z 和"-"。"."只允许在域名标志之间（如"ryjiaoyu.com"）或者 FQDN 的结尾使用。域名不区分大小写。

2. 域名空间

域名空间结构像一棵倒置的树，并有层次划分，如图 8-1 所示。由"树根"到"树枝"，也就是从 DNS 根到下面的节点，按照不同的层次，统一命名。域名空间最顶层是根域。根域的下一层为顶级域，又称为一级域。顶级域的下一层为二级域，再下一层为二级域的子域，按照需要进行规划，可以为多级。因此对域名空间整体进行划分，由最顶层到下层，可以分成根域、顶级域、二级域、子域，并且域中能够包含主机和子域。主机 www 的 FQDN 从最下层到最顶层根域进行反写，如 www.**.ryjiaoyu.com。

域名空间的最顶层是根域，其记录着 Internet 的重要 DNS 信息，由 Internet 域名注册授权机构管理，该机构把域名空间各部分的管理工作分配给连接到 Internet 的各个组织。

根域下面是顶级域，也由 Internet 域名注册授权机构管理。共有以下 3 种类型的顶级域。

- 组织域：采用 3 个字符的代号，表示 DNS 域中包含的组织的主要功能或活动。如 com 为商业机构组织，edu 为教育机构组织，gov 为政府机构组织，mil 为军事机构组织，net 为网络机构组织，org 为非营利机构组织，int 为国际机构组织。
- 地址域：采用两个字符的国家或地区代号，如 cn 为中国，kr 为韩国，us 为美国。
- 反向域：这是特殊域，名称为 in-addr.arpa，用于将 IP 地址映射到名称（反向查询）。

对于顶级域的下级域，Internet 域名注册授权机构授权给 Internet 的各种组织。当一个组织获得了对域名空间某一部分的授权后，该组织负责命名所分配的域及其子域，包括域中的计算机和其他设备，并管理分配的域中主机名与 IP 地址的映射信息。

组成 DNS 的核心是 DNS 服务器，它是回答 DNS 查询的计算机，它为连接 Intranet 和 Internet 的用户提供并管理 DNS，维护 DNS 名称数据并处理 DNS 客户端主机名的查询。DNS 服务器保存了包含主机名和相应 IP 地址的数据库。

3. 区

区是 DNS 域名空间的一个连续部分，其中包含一组存储在 DNS 服务器上的资源记录。每个区都位于一个特殊的域节点，但区并不是域。域是域名空间的一个分支，而区一般是存储在文件中的域名空间的某一部分，可以包括多个域。一个域可以再分成几部分，每个部分或区可以由一台 DNS 服务器控制。使用区的概念，DNS 服务器可只负责自己区中主机的查询，以及该区的授权服务器问题。

8.1.2 DNS 服务器的分类

DNS 服务器分为以下 4 类。

1. 主 DNS 服务器

主（Master 或 Primary）DNS 服务器负责维护所管辖域的域名服务信息。它从域管理员构造的本地磁盘文件中加载域信息，该文件（区域文件）包含该服务器具有管理权的一部分域结构的精确信息。配置主 DNS 服务器需要一整套的配置文件，包括主配置文件（/etc/named.conf）、区域配置文件、正向解析区域声明文件、反向解析区域声明文件、根区域文件（/var/named/ named.ca）和回送文件（/var/named/named.local）。

2. 辅助 DNS 服务器

辅助（Slave 或 Secondary）DNS 服务器用于分担主 DNS 服务器的查询负载。区域文件是从主 DNS 服务器中转移出来的，并作为本地磁盘文件存储在辅助 DNS 服务器中。这种转移称为"区域文件转移"。在辅助 DNS 服务器中有一个所有域信息的完整复制，可以权威地回答对该域的查询请求。配置辅助 DNS 服务器不需要生成本地的正向解析区域声明文件、反向解析区域声明文件，因为可以从主 DNS 服务器中下载该声明文件。因而只需配置主配置文件、区域配置文件、根区域文件和回送文件即可。

3. 转发 DNS 服务器

转发 DNS 服务器（Forwarder Domain Name Server）可以向其他 DNS 服务器转发解析请求。当 DNS 服务器收到客户端的解析请求后，它首先尝试从本地数据库中查找；若未能找到，则需要向其他指定的 DNS 服务器转发解析请求；其他 DNS 服务器完成解析后返回解析结果，转发 DNS 服务器将该解析结果缓存在自己的 DNS 缓存中，并向客户端返回解析结果。在缓存期内，如果客户端请求解析相同的名称，则转发 DNS 服务器立即回应客户端；否则，将再次发生转发解析的过程。

目前网络中的所有 DNS 服务器均被配置为转发 DNS 服务器，向指定的其他 DNS 服务器或根服务器转发自己无法完成的解析请求。

4. 唯高速缓存 DNS 服务器

唯高速缓存 DNS 服务器（Caching-only DNS Server）供本地网络上的客户端来进行域名转换。它通过查询其他 DNS 服务器并将获得的信息存放在它的高速缓存中，为客户端查询信息提供服务。这个服务器不是权威性的服务器，因为它提供的所有信息都是间接信息。

8.1.3 DNS 查询模式

1. 递归查询

收到 DNS 工作站的查询请求后，DNS 服务器在自己的缓存或区域数据库中查找。如果本地 DNS 服务器没有存储要查询的 DNS 信息，那么该 DNS 服务器会询问其他 DNS 服务器，并将返回的查询结果提交给客户端。

2. 转寄查询（又称迭代查询）

收到 DNS 工作站的查询请求后，如果在 DNS 服务器中没有查到所需数据，则该 DNS 服务器会告诉 DNS 工作站另外一台 DNS 服务器的 IP 地址，然后由 DNS 工作站自行向另外一台 DNS 服务器发出查询请求，以此类推，直到查到所需数据为止。如果到最后一台 DNS 服务器都没有查到所需数据，则通知 DNS 工作站查询失败。"转寄"的意思就是，若在某地查不到，该地就告诉用户其他地方的地址，让用户转到其他地方去查。一般在 DNS 服务器之间的查询请求属于转寄查询（DNS 服务器也可以充当 DNS 工作站的角色）。

8.1.4 域名解析过程

1. DNS 域名解析的工作原理

DNS 域名解析的工作过程如图 8-2 所示。

假设 DNS 客户端使用电信非对称数字用户线（Asymmetric Digital Subscriber Line，ADSL）接入 Internet，电信为其分配的 DNS 服务器地址为 210.111.110.10，则域名解析过程如下。

① DNS 客户端向本地 DNS 服务器（210.111.110.10）直接查询 www.ryjiaoyu.com 的域名。

② 本地 DNS 服务器无法解析此域名，它先向根服务器发出请求，查询 .com 的 DNS 地址。

③ 根服务器管理根域名的地址解析，它收到请求后，把解析结果返回给本地 DNS 服务器。

④ 本地 DNS 服务器得到查询结果后，向管理.com 域的 DNS 服务器发出进一步的查询请求，要求得到 ryjiaoyu.com 的 DNS 地址。

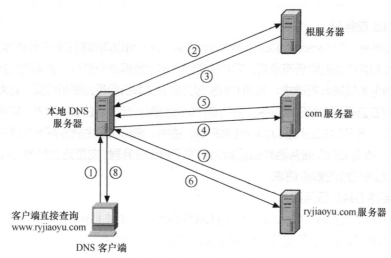

图 8-2　DNS 域名解析的工作过程

⑤ com 服务器把解析结果返回给本地 DNS 服务器。

⑥ 本地 DNS 服务器得到查询结果后，向管理 ryjiaoyu.com 域的 DNS 服务器发出查询具体主机 IP 地址的请求，要求得到满足要求的主机 IP 地址。

⑦ ryjiaoyu.com 服务器把解析结果返回给本地 DNS 服务器。

⑧ 本地 DNS 服务器得到了最终的查询结果，它把这个结果返回给客户端，从而使客户端能够和服务器通信。

2. 正向解析与反向解析

（1）正向解析。正向解析是指从域名到 IP 地址的解析过程。

（2）反向解析。反向解析是指从 IP 地址到域名的解析过程。反向解析的作用是进行服务器的身份验证。

8.1.5　资源记录

为了将域名解析为 IP 地址，服务器需要查询它们的区域文件（又叫 DNS 数据库文件或简单数据库文件）。区域文件中包含组成相关 DNS 域资源信息的资源记录（Resource Record，RR）。例如，某些资源记录把域名映射成 IP 地址，另一些则把 IP 地址映射成域名。

某些资源记录不仅包括 DNS 域中服务器的信息，还可以用于定义域，即指定每台服务器授权了哪些域，这些资源记录就是起始授权（Start of Authority，SOA）和名称服务器（Name Server，NS）资源记录。

1. SOA 资源记录

每个区在开始处都包含一个 SOA 资源记录。SOA 资源记录定义了域的全局参数，进行整个域的管理设置。一个区域文件只允许存在一个 SOA 资源记录。

2. NS 资源记录

NS 资源记录表示该区的授权服务器，它表示 SOA 资源记录中指定的该区的主 DNS 服务器和辅助 DNS 服务器，也表示任何授权区的服务器。每个区在根处至少包含一个 NS 资源记录。

3. A 资源记录

地址（Address，A）资源记录把 FQDN 映射到 IP 地址，因而解析器能查询 FQDN 对应的 IP 地址。

4. PTR 资源记录

相对于 A 资源记录，指针（Pointer，PTR）资源记录是把 IP 地址映射到 FQDN。

5. CNAME 资源记录

规范名字（Canonical Name，CNAME）资源记录创建特定 FQDN 的别名。用户可以使用 CNAME 资源记录来隐藏用户网络的实现细节，使连接的客户机无法知道具体内容。

6. MX 资源记录

邮件交换（Message Exchange，MX）资源记录为 DNS 域名指定邮件交换服务器。邮件交换服务器是用于 DNS 域名处理邮件或转发邮件的主机。

* 处理邮件是指把邮件投递到目的地或转交给另一个不同类型的邮件传送者。
* 转发邮件是指把邮件发送到最终目的服务器。转发邮件时，直接使用简单邮件传送协议（Simple Mail Transfer Protocol，SMTP）把邮件发送到离最终目的服务器最近的邮件交换服务器。需要注意的是，有的邮件需要经过一定时间的排队才能到达目的服务器。

8.1.6 hosts 文件

hosts 文件是 Linux 系统中一个负责 IP 地址与域名快速解析的文件，以 ASCII 格式保存在/etc 目录下。hosts 文件包含 IP 地址和主机名之间的映射，还包括主机名的别名。在没有域名服务器的情况下，系统上的所有网络程序都通过查询该文件来解析对应于某个主机名的 IP 地址，否则需要使用 DNS 服务程序来解决。通常可以将常用的域名和 IP 地址映射加入 hosts 文件中，实现快速、方便的访问。hosts 文件的格式如下。

```
IP 地址      主机名/域名
```

【例 8-1】假设要添加域名为 www.smile60.cn，IP 地址为 192.168.0.1 的主机记录，以及域名为 www.long60.cn，IP 地址为 192.168.10.1 的主机记录，则可在 hosts 文件中添加如下记录。

```
192.168.0.1          www.smile60.cn
192.168.10.1         www.long60.cn
```

8.2 项目设计与准备

8.2.1 项目设计

为了保证校园网中的计算机能够安全、可靠地通过域名访问本地网络以及 Internet 资源，需要在网络中部署主 DNS 服务器、辅助 DNS 服务器、缓存 DNS 服务器。

8.2.2 项目准备

一共有 4 台计算机：3 台安装统信 UOS V20，1 台安装 Windows Server 2016。Linux 服务器和客户端信息如表 8-1 所示。

表 8-1 Linux 服务器和客户端信息

主机名	操作系统	IP 地址	网络连接模式
DNS 服务器：Server01	统信 UOS V20	192.168.10.1/24	VMnet1
DNS 服务器：Server02	统信 UOS V20	192.168.10.2/24	VMnet1
Linux 客户端：Client1	统信 UOS V20	192.168.10.20/24	VMnet1
Windows 客户端：Client3	Windows Server 2016	192.168.10.40/24	VMnet1

 注意 DNS 服务器的 IP 地址必须是静态的。

8.3 项目实施

任务 8-1 安装、启动 DNS 服务器

伯克利互联网域名（Berkeley Internet Name Domain，BIND）是一款实现 DNS 服务器的开放源码软件。BIND 原本是美国国防高级研究计划局（Defense Advanced Research Projects Agency，DARPA）资助研究美国加利福尼亚大学伯克利分校开设的一个研究生课题，经过多年的变化和发展，BIND 已经成为世界上使用极为广泛的 DNS 服务器软件，目前 Internet 上绝大多数的 DNS 服务器都是用 BIND 来架设的。

8-2 课堂慕课

配置与管理
DNS 服务器

BIND 能够运行在当前大多数的操作系统上。目前，BIND 由互联网软件联合会（Internet Software Consortium，ISC）这个非营利性机构负责开发和维护。

1. 安装 BIND 软件包

（1）使用 dnf 命令安装 BIND 服务（映像文件的挂载、yum 源文件的制作请参考前文的相关内容）。

```
[root@Server01~]# mount /dev/cdrom /media
[root@Server01~]# dnf clean all                    //安装前先清除缓存
[root@Server01~]# dnf install bind bind-chroot -y
```

（2）安装完后进行查询，发现已安装成功。

```
[root@Server01~]# rpm -qa|grep bind
bind-chroot-9.11.13-3.el8.x86_64
......
bind-9.11.13-3.el8.x86_64
```

2. DNS 服务的启动、停止与重启，并设为开机自动启动

```
[root@Server01~]# systemctl start named ; systemctl stop named
[root@Server01~]# systemctl restart named ; systemctl   enable  named
```

任务 8-2　掌握 BIND 配置文件

1. DNS 服务器配置流程

一个比较简单的 DNS 服务器配置流程主要分为以下 3 步。

（1）建立主配置文件 named.conf，该文件主要用于设置 DNS 服务器能够管理哪些区域，以及这些区域对应的区域文件和存放路径。

（2）建立区域配置文件、正向解析区域声明文件、反向解析区域声明文件，按照 named.conf 文件中指定的路径和文件名建立区域配置文件，按照区域配置文件中指定的路径和文件名建立正向解析区域声明文件、反向解析区域声明文件，正向解析区域声明文件、反向解析区域声明文件主要记录该区域内的资源记录。

（3）重新加载配置文件或重新启动 named 服务使配置生效。

2. DNS 服务器配置流程实例

下面来看一个具体实例。配置 DNS 服务器的工作流程如图 8-3 所示。

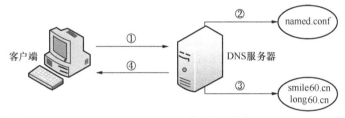

图 8-3　配置 DNS 服务器的工作流程

配置 DNS 服务器的工作流程说明如下。

① 客户端需要获得 www.smile60.cn 主机对应的 IP 地址，将查询请求发送给 DNS 服务器。

② DNS 服务器接收到请求后，查询 named.conf 文件，检查是否能够管理 smile60.cn 区域文件。named.conf 文件中记录着能够解析 smile60.cn 区域文件并提供 smile60.cn 区域文件所在的路径及文件名。

③ DNS 服务器根据 named.conf 文件中提供的路径和文件名找到 smile60.cn 区域文件对应的配置文件，并从中找到 www.smile60.cn 主机对应的 IP 地址。

④ 将查询结果反馈给客户端，完成整个查询过程。

一般的 DNS 配置文件分为主配置文件、区域配置文件、正向解析区域声明文件、反向解析区域声明文件。下面介绍各配置文件的配置方法。

3. 认识主配置文件

主配置文件 named.conf 位于/etc 目录下，其主要内容如下。

```
 [root@Server01 ~]# cat /etc/named.conf
......
options {
 listen-on port 53 { 127.0.0.1; };          //指定 BIND 侦听的 DNS 查询请求的本
```

```
                                                  //机 IP 地址及端口
    listen-on-v6 port 53 { ::1; };          //限于 IPv6
    directory "/var/named";                 //指定区域配置文件所在的路径
    dump-file       "/var/named/data/cache_dump.db";
    statistics-file "/var/named/data/named_stats.txt";
    memstatistics-file "/var/named/data/named_mem_stats.txt";
    allow-query { localhost; };             //指定接收 DNS 查询请求的客户端
recursion yes;
dnssec-enable yes;
dnssec-validation yes;                      //改为 no 可以忽略 SELinux 的影响
dnssec-lookaside auto;
......
};
//以下用于指定 BIND 服务的日志参数

logging {
        channel default_debug {
                file "data/named.run";
                severity dynamic;
        };
};

zone "." IN {                    //用于指定根服务器的配置信息，一般不能改动
  type hint;
  file "named.ca";
};

include "/etc/named.zones";      //指定主配置文件，一定根据实际情况修改
include "/etc/named.root.key";
```

options 配置段属于全局性的设置，常用配置命令及功能如下。

① **directory**：用于指定 named 守护进程的工作目录，各区域正向搜索解析文件、反向搜索解析文件和 DNS 根服务器地址列表文件（named.ca）应放在该配置指定的目录中。

② **allow-query{}**：与 allow-query{localhost;}功能相同。另外，还可以使用地址匹配符来表达允许的主机。例如，any 表示可匹配所有的 IP 地址，none 表示不匹配任何 IP 地址，localhost 表示匹配本地主机使用的所有 IP 地址，localnets 表示匹配与本地主机相连的网络中的所有主机。例如，若仅允许 127.0.0.1 和 192.168.10.0/24 网段的主机查询该 DNS 服务器，则命令为：

```
allow-query {127.0.0.1;192.168.10.0/24};
```

③ **listen-on**：设置 named 守护进程监听的 IP 地址和端口。若未指定，则默认监听 DNS 服务器的所有 IP 地址的 53 端口。当服务器有多块网卡、多个 IP 地址时，可通过该配置命令指定所要监听的 IP 地址。对于只有一个 IP 地址的服务器，不必设置。例如，要设置 DNS 服务器监听192.168.10.2 这个 IP 地址，端口使用标准的 5353 号，则配置命令为：

```
listen-on  port 5353 { 192.168.10.2;};
```

④ **forwarders{}**：它不是 named.conf 文件中的默认选项，但可以在 options 中通过手动添加来配置 BIND 服务器的 DNS 转发行为。设置转发器后，所有非本域的和在缓存中无法找到的域名查询，可由指定的 DNS 转发器来完成解析工作并进行缓存。forward 用于指定转发方式，仅在

forwarders 转发器列表不为空时有效，其用法为"forward first | only;"。forward first 为默认方式，DNS 服务器会将用户的域名查询请求先转发给 forwarders 设置的转发器，由转发器来完成域名解析。若指定的转发器无法完成域名解析或无响应，则再由 DNS 服务器自身来完成域名解析。若设置为"forward only;"，则 DNS 服务器仅将用户的域名查询请求转发给转发器。若指定的转发器无法完成域名解析或无响应，则 DNS 服务器自身也不会试着对其进行域名解析。例如，某地区的 DNS 服务器为 61.128.192.68 和 61.128.128.68，若要将其设置为 DNS 服务器的转发器，则配置命令为：

```
options{
        forwarders {61.128.192.68;61.128.128.68;};
        forward first;
};
```

4. 认识区域配置文件

区域配置文件位于/etc 目录下，可将 named.rfc1912.zones 复制为主配置文件中指定的区域配置文件，在本书中是/etc/named.zones（cp -p 表示把修改时间和访问权限也复制到新文件中）。

```
[root@Server01 ~]# cp -p /etc/named.rfc1912.zones  /etc/named.zones
[root@Server01 ~]# cat /etc/named.rfc1912.zones
zone "localhost.localdomain" IN {
 type master;                            //主要区域
 file "named.localhost";                 //指定正向解析区域声明文件
 allow-update { none; };
};
......
zone "1.0.0.127.in-addr.arpa" IN {      //反向解析区域
 type master;
 file "named.loopback";                  //指定反向解析区域声明文件
 allow-update { none; };
};
......
```

（1）区域声明。

① 主 DNS 服务器的正向解析区域声明格式如下（样本文件为 named.localhost）。

```
zone  "区域名称" IN {
   type master ;
   file  "实现正向解析的区域声明文件名";
   allow-update {none;};
};
```

② 辅助 DNS 服务器的正向解析区域声明格式如下。

```
zone  "区域名称" IN {
   type slave ;
   file  "实现正向解析的区域声明文件名";
   masters {主 DNS 服务器的 IP 地址;};
};
```

反向解析区域的声明格式与正向解析区域的相同，只是 file 指定要读取的文件不同，另外区域的名称也不同。若要反向解析 x.y.z 网段的主机，则反向解析的区域名称应设置为 z.y.x.in-addr.arpa

（反向解析区域样本文件为 named.loopback）。

（2）根域文件/var/named/named.ca。

/var/named/named.ca（以下简称 named.ca）文件是一个非常重要的文件，包含 Internet 的顶级域名服务器的名称和地址。利用该文件可以让 DNS 服务器找到根 DNS 服务器，并初始化 DNS 的缓冲区。当 DNS 服务器接收到客户端主机的查询请求时，如果在缓冲区中找不到相应的数据，就会通过根服务器进行逐级查询。named.ca 文件的主要内容如图 8-4 所示。

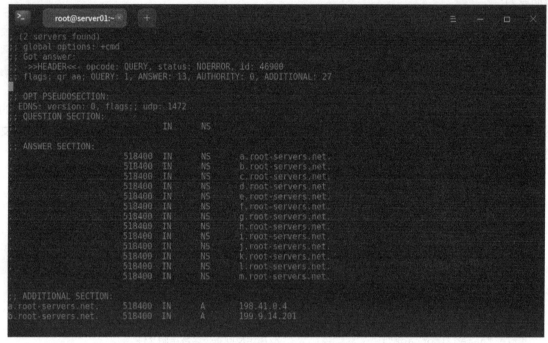

图 8-4 named.ca 文件的主要内容

> **说明**　① 以 ";" 开始的行都是注释行。
>
> ② 行 ".518400 IN NS a.root-servers.net." 的含义是："." 表示根域；"518400" 是存活期；"IN" 是资源记录的网络类型，表示 Internet 类型；"NS" 是资源记录类型；"a.root-servers.net." 是主机域名。
>
> ③ 行 "a.root-servers.net. 518400 IN A 198.41.0.4" 的含义是：A 资源记录用于将域名 a.root-servers.net. 映射到 IP 地址 198.41.0.4；"a.root-servers.net." 是主机名；"518400" 是存活期；"A" 是资源记录类型；最后对应的是 IP 地址。

由于 named.ca 文件经常会随着根服务器的变化而发生变化，所以建议最好从国际互联网络信息中心的 FTP 服务器下载最新的版本，文件名为 named.root。

任务 8-3　配置主 DNS 服务器实例

本任务将结合具体实例介绍唯高速缓存 DNS、主 DNS、辅助 DNS 等各种 DNS 服务器的配置。

1. 案例环境及需求

某校园网需要架设一台 DNS 服务器来负责 long60.cn 域的域名解析工作。DNS 服务器的 FQDN 为 dns.long60.cn，IP 地址为 192.168.10.1。要求为以下域名实现正、反向域名解析服务。

```
dns.long60.cn                              192.168.10.1
mail.long60.cn         MX 资源记录          192.168.10.2
slave.long60.cn        ←——→               192.168.10.3
www.long60.cn                              192.168.10.4
ftp.long60.cn                              192.168.10.5
```

另外，为 www.long60.cn 设置别名为 web.long60.cn。

2. 配置过程

配置过程包括对主配置文件、区域配置文件、正向解析区域声明文件、反向解析区域声明文件的配置。

（1）编辑主配置文件/etc/named.conf。

该文件位于/etc 目录下。把 options 中的侦听 IP 地址（127.0.0.1）改成 any，把 dnssec-validation yes 中的 yes 改为 no；把允许查询网段 allow-query 后面的 localhost 改成 any。在 include 语句中指定区域配置文件为 named.zones。修改后的相关内容如下。

```
[root@Server01 ~]# vim /etc/named.conf

  options {
      listen-on port 53 { any; };
      listen-on-v6 port 53 { ::1; };
      directory        "/var/named";
      dump-file        "/var/named/data/cache_dump.db";
      statistics-file "/var/named/data/named_stats.txt";
      memstatistics-file "/var/named/data/named_mem_stats.txt";
      allow-query      { any; };
      recursion yes;
      dnssec-enable yes;
      dnssec-validation no;
      ......
};
......
include "/etc/named.zones";                      //必须更改
include "/etc/named.root.key";
```

注意，删除第 52 行开始的以下几行内容，避免与下面的内容重复。

```
zone "." IN {
      type hint;
      file "named.ca";
};
```

（2）配置区域配置文件/etc/named.zones。

使用 vim /etc/named.zones 命令增加以下内容（在任务 8-2 中已将/etc/named.rfc1912.zones 复制为主配置文件中指定的区域配置文件/etc/named.zones）。

```
[root@Server01 ~]# vim /etc/named.zones

zone "." IN {
```

```
        type hint;
        file "named.ca";
};

zone "long60.cn" IN {
        type master;
        file "long60.cn.zone";
        allow-update { none; };
};

zone "10.168.192.in-addr.arpa" IN {
        type master;
        file "1.10.168.192.zone";
        allow-update { none; };
};
```

 提示 区域配置文件的名称一定要与/etc/named.conf 文件中指定的文件名一致。在本书中是
named.zones。

（3）修改 BIND 的正向解析区域声明文件、反向解析区域声明文件。

① 创建 long60.cn.zone 正向解析区域声明文件。

正向解析区域声明文件位于/var/named 目录下，为编辑方便，可先将样本文件
named.localhost 复制到 long60.cn.zone 中（加-p 选项的目的是保持文件属性），再对
long60.cn.zone 进行修改。

```
[root@Server01 ~]# cd /var/named
[root@Server01 named]# cp -p named.localhost long60.cn.zone
[root@Server01 named]# vim /var/named/long60.cn.zone
$TTL 1D
@       IN SOA  @ root.long60.cn. (
                0  ; serial            //该文件的版本号
                1D      ; refresh       //更新时间间隔
                1H      ; retry         //重试时间间隔
                1W      ; expiry        //过期时间
                3H )    ; minimum       //最小时间间隔，单位是秒
@               IN              NS              dns.long60.cn.
@               IN              MX      10      mail.long60.cn.
dns             IN              A               192.168.10.1
mail            IN              A               192.168.10.2
slave           IN              A               192.168.10.3
www             IN              A               192.168.10.4
ftp             IN              A               192.168.10.5
web             IN              CNAME           www.long60.cn.
```

强调：a. 正向解析区域声明文件、反向解析区域声明文件的名称一定要与/etc/named.zones
文件中区域声明中指定的文件名一致。b. 正向解析区域声明文件、反向解析区域声明文件的所有记
录行都要顶格写，前面不要留空格，否则会导致 DNS 服务器不能正常工作。

说明如下。

第一个有效行为 SOA 资源记录。该资源记录的格式如下。

```
@      IN SOA  origin. contact.(
);
```

其中，@是该域的替代符，例如，long60.cn.zone 文件中的@代表 long60.cn。origin 表示该域的主 DNS 服务器的 FQDN，用"."结尾表示这是一个绝对名称。例如，long60.cn.zone 文件中的 origin 为 dns.long60.cn.。contact 表示该域的管理员的电子邮箱地址。它是正常电子邮箱地址的变通，将@变为"."。例如，long60.cn.zone 文件中的 contact 为 mail.long60.cn.。所以上面例子中的 SOA 有效行（@IN SOA@ root.long60.cn.）可以改为@ IN SOA long60.cn. root.long60.cn.。

行"@ IN NS dns.long60.cn."说明该域的 DNS 服务器至少应该定义一个。

行"@ IN MX 10 mail.long60.cn."用于定义邮件交换器，其中 10 表示优先级别，数字越小，优先级别越高。

② 创建 1.10.168.192.zone 反向解析区域声明文件。

反向解析区域声明文件位于/var/named 目录下，为方便编辑，可先将样本文件/etc/named/named. loopback 复制到 1.10.168.192.zone 中，再对 1.10.168.192.zone 进行修改。

```
[root@Server01 named]# cp -p named.loopback 1.10.168.192.zone
[root@Server01 named]# vim /var/named/1.10.168.192.zone
$TTL 1D
@      IN SOA  @  root.long60.cn. (
                                0       ; serial
                                1D      ; refresh
                                1H      ; retry
                                1W      ; expire
                                3H )    ; minimum
@          IN NS          dns.long60.cn.
@          IN MX    10    mail.long60.cn.
1          IN PTR         dns.long60.cn.
2          IN PTR         mail.long60.cn.
3          IN PTR         slave.long60.cn.
4          IN PTR         www.long60.cn.
5          IN PTR         ftp.long60.cn.
```

（4）设置防火墙放行，设置主配置文件、区域配置文件、正向解析区域声明文件、反向解析区域声明文件的属组为 named（如果前面复制主配置文件和区域配置文件时使用了-p 选项，则此步骤可省略）。

```
[root@Server01 named]# firewall-cmd --permanent --add-service=dns
[root@Server01 named]# firewall-cmd --reload
[root@Server01 named]# chgrp named /etc/named.conf /etc/named.zones
[root@Server01 named]# chgrp named long60.cn.zone 1.10.168.192.zone
```

（5）重新启动 DNS 服务，添加开机自启动功能。

```
[root@Server01 named]# systemctl restart named ; systemctl enable named
```

（6）在 Client3（Windows Server 2016）上测试。

① 将 Client3 的 TCP/IP 属性中的首选 DNS 服务器的地址设置为 192.168.10.1，如图 8-5 所示。

② 在命令提示符下使用 nslookup 命令测试，测试结果如图 8-6 所示。

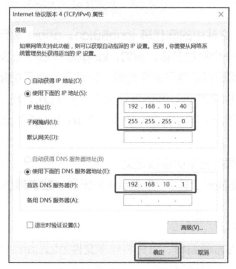

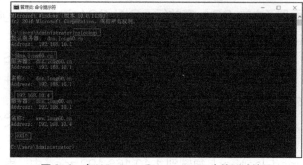

图 8-5　设置首选 DNS 服务器的地址　　　　图 8-6　在 Windows Server 2016 中的测试结果

（7）在统信 UOS V20 客户端 Client1 上测试。

① 在统信 UOS V20 中，可以修改/etc/resolv.conf 文件来设置 DNS 客户端，如下所示。

```
[root@Client1 ~]# vim /etc/resolv.conf
   nameserver 192.168.10.1
   nameserver 192.168.10.2
   search  long60.cn
```

其中，nameserver 指明 DNS 服务器的 IP 地址，可以设置多个 DNS 服务器，查询时按照文件中指定的顺序解析域名。只有当第一个 DNS 服务器没有响应时，才向下面的 DNS 服务器发出域名解析请求。search 用于指明域名搜索顺序，当查询没有域名后缀的主机名时，将自动附加由 search 指定的域名。

在 Linux 操作系统中，还可以通过系统菜单设置 DNS，相关内容前文已多次介绍，这里不赘述。

② 使用 nslookup 测试 DNS。

BIND 软件包提供了 3 个 DNS 测试工具：nslookup、dig 和 host。其中，dig 和 host 是命令行工具，而 nslookup 既可以使用非交互式模式，又可以使用交互式模式。下面在客户端 Client1（192.168.10.20）上测试，前提是必须保证与 Server01 服务器的通信畅通。

```
[root@Client1 ~]# vim /etc/resolv.conf
   nameserver 192.168.10.1
   nameserver 192.168.10.2
   search  long60.cn
[root@Client1 ~]# nslookup      //执行 nslookup 命令
> server
Default server: 192.168.10.1
Address: 192.168.10.1#53
> www.long60.cn                 //正向查询，查询域名 www.long60.cn 对应的 IP 地址
Server:      192.168.10.1
```

```
Address:        192.168.10.1#53

Name:  www.long60.cn
Address: 192.168.10.4
> 192.168.10.2              //反向查询，查询 IP 地址 192.168.10.2 对应的域名
2.10.168.192.in-addr.arpa      name = mail.long60.cn.
> set all                  //显示当前设置的所有值
Default server: 192.168.10.1
Address: 192.168.10.1#53

Set options:
 novc                  nodebug          nod2
 search                recurse
 timeout = 0           retry = 3       port = 53       ndots = 1
 querytype = A         class = IN
 srchlist =
//查询 long60.cn 域的 NS 资源记录配置
> set type=NS              //此行中 type 的取值还可以为 SOA、MX、CNAME、A、PTR 及 any 等
> long60.cn
Server:         192.168.10.1
Address:        192.168.10.1#53

long60.cn         nameserver = dns.long60.cn.
> exit
[root@Client1 ~]#
```

> **特别说明** 如果要求所有员工均可以访问外网地址，则还需要设置根域，并建立根域对应的区域文件，这样才可以访问外网地址。

任务 8-4 配置辅助 DNS 服务器

1. 辅助 DNS 服务器

DNS 服务器通过将域名空间划分为若干区域进行管理，每个区域由一个或多个 DNS 服务器负责解析。如果采用单独的 DNS 服务器而该服务器没有响应，则该区域的域名解析会失败。因此每个区域建议使用多个 DNS 服务器来提供域名解析容错功能。对于存在多个 DNS 服务器的区域，必须选择一台主 DNS 服务器，保存并管理整个区域的信息，其他服务器称为辅助 DNS 服务器。

管理区域时，使用辅助 DNS 服务器有如下几个优点。

（1）辅助 DNS 服务器提供区域冗余，能够在该区域的主 DNS 服务器停止响应时，为客户端解析该区域的 DNS 名称。

（2）创建辅助 DNS 服务器可以减少 DNS 网络通信量。采用分布式结构，在低速广域网链路中添加 DNS 服务器能有效管理和减少网络通信量。

（3）辅助 DNS 服务器可以减少区域的主 DNS 服务器的负载。

2. 区域传输

为了保证 DNS 数据相同，所有服务器必须进行数据同步，辅助 DNS 服务器从主 DNS 服务器

获得区域副本，这个过程称为区域传输。区域传输存在两种方式：完全区域传输（Full Zone Transfer，AXFR）和增量区域传输（Incremental Zone Transfer，IXFR）。当新的 DNS 服务器添加到区域中，并且配置为新的辅助 DNS 服务器时，它会执行 AXFR，从主 DNS 服务器中获取一份完整的资源记录副本。主 DNS 服务器上的区域文件再次变动后，辅助 DNS 服务器会执行 IXFR，完成资源记录的更新，始终保持 DNS 数据同步。

满足发生区域传输的条件时，辅助 DNS 服务器向主 DNS 服务器发送查询请求，更新其区域文件，如图 8-7 所示。

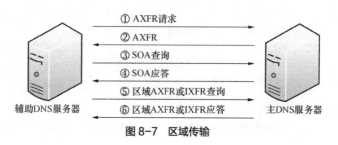

图 8-7　区域传输

① 区域传输初始阶段，辅助 DNS 服务器向主 DNS 服务器发送 AXFR 请求。

② 主 DNS 服务器做出响应，并将此区域完全传输到辅助 DNS 服务器。该区域传输时会一并发送 SOA 资源记录。SOA 中的"序列号"（serial）字段表示区域数据的版本，"刷新时间"（refresh）字段指出辅助 DNS 服务器下一次发送查询请求的时间间隔。

③ 刷新时间间隔到期时，辅助 DNS 服务器使用 SOA 查询来请求从主 DNS 服务器续订此区域。

④ 主 DNS 服务器应答 SOA 记录的查询。该响应包括主 DNS 服务器中该区域的当前序列号版本。

⑤ 辅助 DNS 服务器检查响应中的 SOA 记录的序列号，并确定续订该区域的方法，如果辅助 DNS 服务器确认区域文件已经更改，则它会把 IXFR 查询发送到主 DNS 服务器。

若 SOA 响应中的序列号等于当前的本地序列号，那么两个服务器区域数据都相同，并且不需要进行区域传输。这时，辅助 DNS 服务器根据主 DNS 服务器 SOA 响应中的该字段值重新设置其刷新时间，续订该区域。

如果 SOA 响应中的序列号比当前的本地序列号要高，则可以确定此区域已更新并需要进行区域传输。

⑥ 主 DNS 服务器通过区域的 IXFR 或 AXFR 做出响应。如果主 DNS 服务器可以保存修改的资源记录的历史记录，则它可以通过 IXFR 做出应答。如果主服务器不支持增量区域传输或没有区域变化的历史记录，则它可以通过 AXFR 做出应答。

3. 配置辅助 DNS 服务器

【例 8-2】承接任务 8-3，主 DNS 服务器的 IP 地址是 192.168.10.1，辅助 DNS 服务器的地址是 192.168.10.2，区域是 long60.cn，测试客户端是 Client1（192.168.10.20）。配置过程如下。

（1）配置主 DNS 服务器。

具体过程参见任务 8-3。

（2）配置辅助 DNS 服务器。

① 在服务器 192.168.10.2 上安装 DNS 服务（略）。

② 修改主配置文件 named.conf，添加到 long60.cn 区域的内容如下（注释内容不要写到配置文件中）。

> **特别注意** 本例 named.conf 文件集成了 named.zones 文件的内容，所以 named.zones 文件的配置可以省略。

```
[root@Server02 ~]# vim  /etc/named.conf
options {
        listen-on port 53 { any; };
        listen-on-v6 port 53 { ::1; };
        directory       "/var/named";
        dump-file       "/var/named/data/cache_dump.db";
        statistics-file "/var/named/data/named_stats.txt";
        memstatistics-file "/var/named/data/named_mem_stats.txt";
        allow-query     { any; };
        recursion yes;
        dnssec-enable yes;
        dnssec-validation no;
        ......
};
......
zone "." IN {
        type        hint;
        file        "name.ca";
};

zone "long60.cn" IN {
        type    slave;                //区域的类型为 slave
        file    "slaves/long60.cn.zone";
                                      //正向解析区域声明文件位于/var/named/slaves 目录下
        masters  { 192.168.10.1; };//主 DNS 服务器的地址
};

zone "10.168.192.in-addr.arpa" IN {
        type    slave;                //区域的类型为 slave
        file    "slaves/2.10.168.192.zone";
                                      //反向解析区域声明文件位于/var/named/slaves 目录下
        masters { 192.168.10.1; }; //主 DNS 服务器的地址
};
```

③ 重启 named 服务，设置主配置文件、正向解析区域声明文件、反向解析区域声明文件的属组为 named。

```
[root@Server02 ~]# systemctl restart named
[root@Server02 ~]# chgrp named /etc/named.conf
[root@Server02 ~]# chgrp named /var/named/slaves/long60.cn.zone
[root@Server02 ~]# chgrp named /var/named/slaves/2.10.168.192.zone
```

> **说明** 辅助 DNS 服务器只需要设置主配置文件（集成区域配置文件），正向解析区域声明文件、反向解析区域声明文件会在设置完成主配置文件，重启 DNS 服务时，由主 DNS 服务器同步到辅助 DNS 服务器，只不过路径是/var/named/slaves。

（3）数据同步测试。

① 开放防火墙，重启辅助 DNS 服务器的 named 服务，使其与主 DNS 服务器数据同步。

```
[root@Server02 ~]# firewall-cmd --permanent --add-service=dns
[root@Server02 ~]# firewall-cmd --reload
[root@Server02 ~]# systemctl restart named
[root@Server02 ~]# systemctl enable named
```

② 在主 DNS 服务器上执行 tail 命令查看系统日志，辅助 DNS 服务器通过 AXFR 获取 long60.cn 区域数据。

```
[root@Server01 ~]# tail    /var/log/messages
```

③ 通过 tail 命令查看辅助 DNS 服务器的系统日志，通过 ll 命令查看辅助 DNS 服务器的 /var/named/slaves 目录，查询结果表明区域文件 long60.cn.zone 复制完毕。

```
[root@Server02 ~]# ll    /var/named/slaves/
总用量 8.0K
-rw-r--r-- 1 named named 582  5月 20 14:01 2.10.168.192.zone
-rw-r--r-- 1 named named 463  5月 20 14:01 long60.cn.zone
[root@Server02 ~]#
```

> **注意** 不同的 DNS 服务器之间同步 DNS 区域数据时，需要确保服务器之间能够相互通信。

④ 在客户端测试辅助 DNS 服务器。将客户端的首要 DNS 服务器的地址设为 192.168.10.2，然后利用 nslookup 进行测试，其过程如下。

```
[root@Client1 ~]# nslookup
> server
Default server: 192.168.10.2
Address: 192.168.10.2#53
> www.long60.cn
Server:        192.168.10.2
Address:       192.168.10.2#53

Name:  www.long60.cn
Address: 192.168.10.4
> 192.168.10.4
4.10.168.192.in-addr.arpa      name = www.long60.cn.
>
```

> **说明** 配置完成后，请将辅助 DNS 服务器恢复原状，避免影响后续实训。

任务 8-5　建立子域并进行区域委派

域名空间由多个域构成，DNS 提供了将域名空间划分为一个或多个区域的方法，这样使得管理更加方便。而对于域来说，随着域的规模和功能不断扩展，为了保证 DNS 的管理维护和查询速度，可以为一个域添加附加域，上级域为父域，下级域为子域，例如，父域为 long60.cn，子域为 test.long60.cn。

1. 子域的应用环境

当要为一个域添加子域时，请检查是否属于以下 3 种情况。

（1）域中增加了新的分支或站点，需要添加子域扩展域名空间。

（2）域的规模不断扩大，记录的条目不断增多，该域的 DNS 数据库变得过于庞大，用户检索 DNS 信息的时间增加。

（3）需要将 DNS 域名空间的部分管理工作分散到其他部门或地理位置。

2. 管理子域

若需要添加子域，则可以使用以下两种方法管理子域。

（1）区域委派。父域建立子域，将子域的解析工作委派到额外的域名服务器，并在父域的权威 DNS 服务器中登记相应的委派记录，建立这个操作的过程称为区域委派。在任何情况下，创建子域都可以进行区域委派。

（2）虚拟子域。建立子域时，子域管理工作并不委派给其他服务器，而是与父域信息一起存放在相同的域名服务器的区域文件中。如果只是为域添加分支或子站点，不考虑分散管理，则选择虚拟子域的方式，可以降低硬件成本。

> **注意**　执行区域委派时，仅创建子域无法使子域信息得到正常的解析。在父域的权威 DNS 服务器的区域文件中，务必添加子域 DNS 服务器的记录，建立子域与父域的关联，否则子域的域名解析无法完成。

3. 配置区域委派

【例 8-3】公司提供虚拟主机服务，所有主机的后缀域名均为 long60.cn。随着虚拟主机注册量大幅增加，DNS 查询速度明显变慢，并且域名的管理维护工作变得非常困难。

> **分析**　DNS 的一系列问题，如查询速度过慢、管理维护工作繁重等，均是域名服务器中记录条目过多造成的。管理员可以为 long60.cn 新建子域 test.long60.cn 并配置区域委派，将子域的维护工作交付给其他的 DNS 服务器，新的虚拟主机注册域名为 test.long60.cn，减少 long60.cn 域名服务器负荷，提高查询速度。例如，父域名服务器地址为 192.168.10.1，子域名服务器地址为 192.168.10.2。

（1）在父域（Server01）上配置区域委派。这里只演示正向解析的区域委派过程，反向解析的区域委派不进行演示。设置 named.conf 文件，添加 long60.cn 区域，指定正向解析区域声明文件名为 long60.cn.zone。

提示 本例中的 named.conf 文件集成了 named.zones 文件的内容。

```
[root@Server01 ~]# vim /etc/named.conf

options {
        listen-on port 53 { any; };
        listen-on-v6 port 53 { ::1; };
        directory       "/var/named";
        dump-file       "/var/named/data/cache_dump.db";
        statistics-file "/var/named/data/named_stats.txt";
        memstatistics-file "/var/named/data/named_mem_stats.txt";
        allow-query     { any; };
        recursion yes;
        dnssec-enable yes;
        dnssec-validation no;
        ......
};
......
zone "." IN {
     type  hint;
     file  "name.ca";
};

zone "long60.cn" IN {
        type master;
        file "long60.cn.zone";
        allow-update { none; };
};
```

（2）添加 long60.cn 的正向解析区域声明文件。父域的区域文件中，务必添加子域的委派记录及管理子域的权威 DNS 服务器的 IP 地址（**注意新增加的最后两行！不要把标号或注释写到配置文件中**）。

```
[root@Server01 ~]# vim    /var/named/long60.cn.zone
$TTL 1D
@       IN SOA   @ root.long60.cn. (
                                    0      ; serial
                                    1D     ; refresh
                                    1H     ; retry
                                    1W     ; expire
                                    3H )   ; minimum

@               IN          NS                          dns.long60.cn.
@               IN          MX          10              mail.long60.cn.

dns             IN          A           192.168.10.1
mail            IN          A           192.168.10.2
slave           IN          A           192.168.10.2
www             IN          A           192.168.10.20
ftp             IN          A           192.168.10.40
```

```
web                     IN          CNAME        www.long60.cn.

test.long60.cn.         IN          NS           dns1.test.long60.cn.     //①
dns1.test.long60.cn.    IN          A            192.168.10.2             //②
```

① 指定委派区域 test.long60.cn 及管理工作由域名服务器 dns1.test.long60.cn 负责。

② 添加 dns1.test.long60.cn 的 A 资源记录信息，定位子域 test.long60.cn 的权威 DNS 服务器。

（3）在 Server01 上配置防火墙，设置主配置文件和区域声明文件的属组为 named，然后重启 DNS 服务。

```
[root@Server01 ~]# firewall-cmd --permanent --add-service=dns
[root@Server01 ~]# firewall-cmd --reload
[root@Server01 ~]# chgrp    named  /etc/named.conf
[root@Server01 ~]# chgrp    named  /var/named/long60.cn.zone
[root@Server01 ~]# systemctl restart named
[root@Server01 ~]# systemctl enable named
```

（4）在子域服务器 192.168.10.2 上设置子域。编辑/etc/named.conf 文件并添加 test.long60.cn 区域记录（注意清除或注释原来的辅助 DNS 服务器信息）。

```
[root@Server02 ~]# vim  /etc/named.conf

options {
        listen-on port 53 { any; };
        listen-on-v6 port 53 { ::1; };
        directory       "/var/named";
        dump-file       "/var/named/data/cache_dump.db";
        statistics-file "/var/named/data/named_stats.txt";
        memstatistics-file "/var/named/data/named_mem_stats.txt";
        allow-query     { any; };
        recursion yes;
        dnssec-enable yes;
        dnssec-validation no;
        ......
};
......

zone "." IN {
        type hint;
        file "named.ca";
};

zone "test.long60.cn" {
        type    master;
        file    "test.long60.cn.zone";
};
```

（5）在子域服务器 192.168.10.2 上设置子域，添加 test.long60.cn 域的正向解析区域声明文件。

```
[root@Server02 ~]# vim   /var/named/test.long60.cn.zone
$TTL 1D
@     IN  SOA     test.long60.cn.  root.test.long60.cn. (
```

```
                         2013120800 ; serial
                         86400      ; refresh (1 day)
                         3600       ; retry (1 hour)
                         604800     ; expire (1 week)
                         10800      ; minimum (3 hours)
                         )
@              IN    NS       dns1.test.long60.cn.
dns1           IN    A        192.168.10.2
computer1      IN    A        192.168.10.100   //为方便后面测试，增加一条 A 资源记录
```

（6）在 Server02 上配置防火墙，设置主配置文件和区域配置文件的属组为 named，然后重启 DNS 服务。

```
[root@Server02 ~]# firewall-cmd --permanent --add-service=dns
[root@Server02 ~]# firewall-cmd --reload
[root@Server02 ~]# chgrp  named  /etc/named.conf
[root@Server02 ~]# chgrp  named  /var/named/test.long60.cn.zone
[root@Server02 ~]# systemctl restart named
[root@Server02 ~]# systemctl enable named
```

（7）测试。

将客户端 Client1 的 DNS 服务器设为 192.168.10.1，因为 192.168.10.1 这台计算机上没有 computer1.test.long60.cn 的主机记录，但 192.168.10.2 计算机上有。如果委派成功，则客户端将能正确解析 computer1.test.long60.cn。测试结果如下。

```
[root@Client1 ~]# nslookup
> server
Default server: 192.168.10.1
Address: 192.168.10.1#53
> computer1.test.long60.cn
Server:        192.168.10.1
Address:       192.168.10.1#53

Non-authoritative answer:
Name:   computer1.test.long60.cn
Address: 192.168.10.100
> dns1.test.long60.cn
Server:        192.168.10.1
Address:       192.168.10.1#53

Non-authoritative answer:
Name:   dns1.test.long60.cn
Address: 192.168.10.2
> exit
[root@Client1 ~]#
```

4. 关于配置文件的总结

从任务 8-5 中能看出什么？任务 8-3 中的 Server01 和本例中的 Server02 上的配置文件的配置方法有什么不同？

在任务 8-3 中，Server01 上使用了 named.conf、named.zones、long60.cn.zone 等 3 个配置文件，而在本例中，Server02 上只使用了两个配置文件 named.conf、test.long60.cn.zone，这就是最大的区别。实际上，在 Server02 上配置 DNS 时，将 named.zones 文件的内容直接集

成到了 named.conf 文件中，从而省略了 named.zones 文件，反而更简洁。请读者务必认真回味、思考！方法不一，原理一致，认真思考，融会贯通！

任务 8-6　配置转发服务器

按照转发类型的区别，转发服务器可以分为以下两种类型。

1. 完全转发服务器

DNS 服务器配置为完全转发，会将所有区域的 DNS 查询请求发送到其他 DNS 服务器。可以设置 named.conf 文件的 options 字段实现该功能。

```
[root@Server02 ~]# vim  /etc/named.conf
options {
        directory  "/var/named";
        recursion  yes;                    //允许递归查询
        dnssec-validation no;              //必须设置为 no
        forwarders { 192.168.10.1; };      //指定转发查询请求 DNS 服务器列表
        forward only;                      //仅执行转发操作
   };
```

2. 条件转发服务器

条件转发服务器只能转发指定域的 DNS 查询请求，需要修改 named.conf 文件并添加转发区域的设置。

【例 8-4】在 Server02 上对域 long60.cn 设置转发服务器 192.168.10.1 和 192.168.10.100。

```
[root@Server02 ~]# vim  /etc/named.conf
options {
        directory       "/var/named";
        recursion  yes;                    //允许递归查询
        dnssec-validation no;              //必须设置为 no
            };
zone "." {
        type      hint;
        file      "name.ca";
}

zone "long60.cn" {
    type     forward;                                //指定该区域为条件转发类型
    forwarders { 192.168.10.1; 192.168.10.100; }; //设置转发服务器列表
};
```

配置转发服务器的注意事项如下。

- 转发服务器的查询模式必须允许递归查询，否则无法正确完成转发。
- 转发服务器列表中如果包含多个 DNS 服务器，则会依次尝试，直到获得查询信息。
- 配置区域委派时，使用转发服务器有可能会产生区域引用的错误。

搭建转发服务器的过程并不复杂，为了更有效地提高转发效率，需要掌握以下操作技巧。

① 精简转发服务器列表配置。对于配置有转发服务器的 DNS 服务器，可将查询发送到多个不同的位置。如果配置的转发服务器过多，则会增加查询的时间。根据需要使用转发服务器，如将本地无法解析的 DNS 信息转发到其他 DNS 服务器。

② 避免链接转发服务器。如果配置了 DNS 服务器 Server1，将查询请求转发给 DNS 服务器 Server2，则不要再为 Server2 配置其他转发服务器，将 Server1 的请求再次转发，这样会降低解析的效率。如果其他转发服务器配置错误，将查询转发给 Server1，那么可能会导致错误。

③ 减少转发服务器负荷。如果 DNS 服务器向转发服务器发送查询请求，那么转发服务器会通过递归查询解析 DNS 信息，且需要大量时间来应答。如果大量 DNS 服务器使用这些转发服务器查询域名信息，则会增加转发服务器的工作量，降低解析的效率，所以建议使用一个以上的转发服务器实现负载均衡。

④ 避免转发服务器配置错误。如果配置了多个转发服务器，那么 DNS 服务器将尝试按照配置文件设置的顺序来转发域名。如果国内的域名服务器错误地将第一个转发服务器配置为美国的 DNS 服务器地址，则所有本地无法解析的查询均会发送到指定的美国 DNS 服务器，这会降低解析效率。

3. 测试转发服务器配置是否成功

在 Server02 上设置完成并启动防火墙后，在 Client1 上测试，设置 Client1 的 DNS 服务器为 192.168.10.2 本身，看能否转发到 192.168.10.1 进行 DNS 解析。

任务 8-7　配置唯缓存服务器

所有的 DNS 服务器都会完成指定的查询工作，然后存储已经解析的结果。唯缓存服务器是一种特殊的域名服务器，本地并不设置 DNS 信息，仅执行查询和缓存操作。客户端发送查询请求，唯缓存服务器如果保存有该查询信息，则直接返回结果，提高了 DNS 的解析速度。

如果网络与外部网络连接带宽较低，则可以使用唯缓存服务器，一旦建立了缓存，通信量便会减少。另外，唯缓存服务器不执行区域传输，这样可以减少网络通信流量。

> **注意**　唯缓存服务器第一次启动时，没有缓存任何信息。只有执行客户端的查询请求，才可以构建缓存数据库，起到减少网络流量及提速的作用。

【例 8-5】为了提高客户端访问外部 Web 站点的速度并减少网络流量，需要在公司网络内部建立唯缓存服务器（Server02）。

> **分析**　因为公司内部没有其他 Web 站点，所以不需要在 DNS 服务器建立专门的区域，只需要能够接收用户的请求，然后将请求发送到根服务器，通过迭代查询获得相应的 DNS 信息，最后将查询结果保存到缓存，保存的信息的 TTL 值过期后将会清空。

唯缓存服务器不需要建立独立的区域，可以直接设置 named.conf 文件，以实现缓存的功能。

```
[root@Server02 ~]# vim    /etc/named.conf
options {
        directory      "/var/named";
        datasize       100M;                //DNS 服务器缓存设置为 100MB
        recursion      yes;                 //允许递归查询
    };
zone "." {
        type      hint;
        file      "name.ca";               //根域文件，保证存取正确的根服务器记录
    }
```

8.4 企业 DNS 服务器实用案例

8.4.1 企业环境与需求

DNS 主机（双网卡）的完整域名是 server.smile60.cn 和 server.long60.cn，IP 地址是 192.168.0.1 和 192.168.1.1，系统管理员的电子邮箱地址是 root@Server01.smile60.cn。一般常规服务器属于 smile60.cn 域，技术部属于 long60.cn 域。要求所有员工均可以访问外网地址。域中需要注册的主机分别如下。

- server.smile60.cn（IP 地址为 192.168.0.1），别名为 fsserver.smile60.cn，正式名称为 mail.smile60.cn、www.smile60.cn，主要提供 DNS、电子邮件、Web 和 samba 服务。
- ftp.smile60.cn（IP 地址为 192.168.0.2），主要提供 FTP 和代理服务。
- asp.smile60.cn（IP 地址为 192.168.0.3）是一台 Windows Server 2016 主机，主要提供活动服务器页面（Active Server Pages，ASP）服务。
- server01.smile60.cn（IP 地址为 192.168.0.4），主要提供电子邮件和 News 服务。
- server.long60.cn（IP 地址为 192.168.1.1），主要提供 DNS 服务。
- computer1.long60.cn（IP 地址为 192.168.1.5）是技术部的一台主机。
- computer2.long60.cn（IP 地址为 192.168.1.6）是技术部的一台主机。

8.4.2 需求分析

单纯配置两个区域并不困难，但是因为实际环境要求，要完成内网所有域的正/反向解析，所以还需要在主配置文件中建立这两个域的反向区域，并建立这些反向区域对应的区域文件。反向区域文件中会用到 PTR 资源记录。如果要求所有员工均可以访问外网地址，则还需要设置根域，并建立根域对应的区域文件，这样才可以访问外网地址。

注意 整个过程需要在主配置文件中设置可以解析的两个区域，并建立这两个区域对应的区域文件（实际情况下域的数量可能更多，如销售部属于 sales.com 域，其他人员属于 freedom.com 域等，以此类推）。

8.4.3 解决方案

参考步骤如下，如果需要详细解决方案，请任课教师向出版社或编者索要。

（1）确认 named.ca。

（2）编辑主配置文件，添加根服务器信息（安装等工作已做好）。

（3）添加 smile60.cn 和 long60.cn 域信息。

（4）将/etc/named.conf 属组由 root 改为 named。

（5）建立两个区域对应的区域文件，并更改属组为 named。

（6）配置区域文件并添加相应的资源记录。

① 配置 smile60.cn 正向解析区域。

② 配置 smile60.cn 反向解析区域。

③ 配置 long60.cn 正向解析区域声明文件。

④ 配置 long60.cn 反向解析区域声明文件。

（7）实现负载均衡功能。FTP 服务器本来的 IP 地址是 192.168.0.2，但由于性能有限，不能满足客户端大流量的并发访问需求，所以添加了两台服务器 192.168.0.12 和 192.168.0.13，采用 DNS 服务器的负载均衡功能来提供更加可靠的 FTP 功能。

在 DNS 服务器的正向解析区域声明文件中添加如下信息。

```
ftp                     IN      A       192.168.0.2
ftp                     IN      A       192.168.0.12
ftp                     IN      A       192.168.0.13
```

（8）在 Server01 上配置防火墙，设置主配置文件和区域配置文件的属组为 named，然后重启 DNS 服务。

（9）在 Client1 上测试 DNS。

① 将 Client1 的 IP 地址设置为 192.168.0.20/24，DNS 服务器的 IP 地址设置为 192.168.0.1。

② 保证 Client1 与 Server01 通信畅通。

③ 使用 nslookup 测试。

8.5 DNS 故障排除

8.5.1 使用命令排除 DNS 服务器配置错误

1. nslookup 命令

nslookup 命令可以用于查询互联网域名信息，检测 DNS 服务器的设置，如查询域名对应的 IP 地址等。nslookup 命令支持两种模式：非交互式模式和交互式模式。

（1）非交互式模式。

非交互式模式只可以查询主机和域名信息。在命令行终端直接执行 nslookup 命令，查询域名信息。

命令格式为：

```
nslookup 域名或 IP 地址
```

注意 通常访问互联网时，输入的网址实际上对应互联网上的一台主机。

（2）交互式模式。

交互式模式允许用户通过域名服务器查询主机和域名信息，或者显示一个域的主机列表。用户可以按照需要输入命令进行交互式的操作。

在交互式模式下，使用 nslookup 命令可以自由查询主机和域名信息。nslookup 命令的使用方法见前文的相关内容，此处不赘述。

2. dig 命令

dig 命令是一个灵活的命令行方式的域名查询工具，常用于从域名服务器获取特定的信息。例如，通过 dig 命令查看域名 www.long60.cn 的信息。

```
[root@Client1 ~]# dig www.long60.cn
; <<>> DiG 9.11.21-9.11.21-14.ue120 <<>> www.long60.cn
;; global options: +cmd
;; Got answer:
;; ->>HEADER<<- opcode: QUERY, status: NOERROR, id: 35766
;; flags: qr aa rd ra; QUERY: 1, ANSWER: 1, AUTHORITY: 1, ADDITIONAL: 2

;; OPT PSEUDOSECTION:
; EDNS: version: 0, flags:; udp: 4096
; COOKIE: 89730856f68bd7389808bf1564789b87cd04c39a70154eea (good)
;; QUESTION SECTION:
;www.long60.cn.                 IN      A

;; ANSWER SECTION:
www.long60.cn.          86400   IN      A       192.168.10.20

;; AUTHORITY SECTION:
long60.cn.              86400   IN      NS      dns.long60.cn.

;; ADDITIONAL SECTION:
dns.long60.cn.          86400   IN      A       192.168.10.1

;; Query time: 0 msec
;; SERVER: 192.168.10.1#53(192.168.10.1)
;; WHEN: 四 6月 01 21:22:14 CST 2023
;; MSG SIZE  rcvd: 120
```

3. host 命令

host 命令用来查询简单的主机名的信息，在默认情况下，host 只在主机名和 IP 地址之间转换。下面是一些常见的 host 命令的使用方法。

```
//正向查询主机地址
[root@Client1 ~]# host dns.long60.cn
//反向查询 IP 地址对应的域名
[root@Client1 ~]# host 192.168.10.2
//查询不同类型的资源记录配置，-t 选项后可以为 SOA、MX、CNAME、A、PTR 等
[root@Client1 ~]# host -t NS long60.cn
//列出整个 long60.cn 域的信息
[root@Client1 ~]# host -l long60.cn
//列出与指定的主机资源记录相关的详细信息
[root@Client1 ~]# host -a web.long60.cn
```

4. systemctl restart named 命令

当执行 systemctl restart named 命令时，如果 named 服务无法正常启动，则可以查看提示信息，根据提示信息更改配置文件。

5. netstat –an 命令

如果服务正常工作，则会开启 TCP 和 UDP 的 53 端口，可以使用 netstat -an 命令检测 53 端口是否正常工作。

```
netstat    -an|grep  :53
```

8.5.2 防火墙及 SELinux 对 DNS 服务器的影响

下面说明防火墙及 SELinux 对 DNS 服务器的影响。

1. firewalld

如果使用 firewalld 防火墙，则注意开放 DNS。

```
[root@Server02 ~]# firewall-cmd --permanent --add-service=dns
[root@Server02 ~]# firewall-cmd --reload
```

2. SELinux

SELinux 是美国国家安全局的一个研发项目，其目的在于增强开发代码的 Linux 内核，以提供更强的保护措施，防止一些关于安全方面的应用程序"走弯路"并且减轻恶意软件带来的危害。SELinux 提供严格的细分程序和文件的访问权限，以及防止非法访问操作系统的安全功能，设定了监视并保护容易受到攻击的功能（服务）的策略，具体而言，主要目标是 Web 服务器 httpd、DNS 服务器 named，以及 dhcpd、nscd、ntpd、portmap、snmpd、squid 和 syslogd 等。SELinux 把所有的拒绝信息输出到/var/log/messages 中。如果某台服务器（如 BIND）不能正常启动，则通过查询 messages 文件来确认是不是 SELinux 造成服务不能运行。安装并配置 BIND DNS 服务器时应先关闭 SELinux。

使用命令行方式修改/etc/sysconfig/selinux 配置文件。

```
SELINUX=0
```

重新启动后，该配置生效。

思考 /etc/sysconfig/selinux 配置文件中 SELinux 的其他值有哪些？各有什么作用？

8.5.3 检查 DNS 服务器配置中的常见错误

DNS 服务器配置中的常见错误如下。

- 配置文件名写错。在这种情况下，执行 nslookup 命令不会出现命令提示符">"。
- 主机域名后面没有"."，这是常犯的错误。
- /etc/resolv.conf 文件中的域名服务器的 IP 地址不正确。在这种情况下，执行 nslookup 命令不会出现命令提示符。
- 回送地址的数据库文件有问题。同样，在这种情况下，执行 nslookup 命令不会出现命令提示符。
- 在/etc/named.conf 文件中的区域声明中定义的文件名与/var/named 目录下的区域数据库文件名不一致。

特别注意 网卡配置文件、/etc/resolv.conf 文件和 setup 命令都可以设置 DNS 服务器地址，这 3 处一定要一致，如果没有按设置的方式运行，则不妨看看这两个文件是否冲突。

8.6 拓展阅读 "雪人计划"

"雪人计划"（Yeti DNS Project）是基于全新技术架构的全球下一代互联网（IPv6）根服务器测试和运营实验项目，旨在打破现有的根服务器困局，为下一代互联网提供更多的根服务器解决方案。

"雪人计划"是 2015 年 6 月 23 日在国际互联网名称与数字地址分配机构（the Internet Corporation for Assigned Names and Numbers，ICANN）第 53 届会议上正式对外发布的。

发起者包括中国的下一代互联网关键技术和评测国家地方联合工程研究中心、日本 WIDE 机构（M 根运营者）、国际互联网名人堂入选者保罗·维克西（Paul Vixie）博士等组织和个人。

2019 年 6 月 26 日，工业和信息化部同意中国互联网络信息中心设立域名根服务器及运行机构。"雪人计划"于 2016 年在中国、美国、日本、印度、俄罗斯、德国、法国等全球 16 个国家完成 25 台 IPv6 根服务器架设，其中 1 台主根服务器和 3 台辅根服务器部署在中国，事实上形成了 13 台原有根服务器加 25 台 IPv6 根服务器的新格局，为建立多边、透明的国际互联网治理体系打下坚实基础。

8.7 项目实训 配置与管理 DNS 服务器

1. 项目背景

某企业有一个局域网（192.168.10.0/24），其 DNS 服务器搭建的网络拓扑如图 8-8 所示。该企业已经有自己的网站，员工希望通过域名来访问该网站，同时员工也需要访问 Internet 上的网站。该企业已经申请了域名 long60.cn，企业需要 Internet 上的用户通过域名访问企业的网站。要求保证可靠性，不能因为一台 DNS 服务器的故障导致网站不能访问。

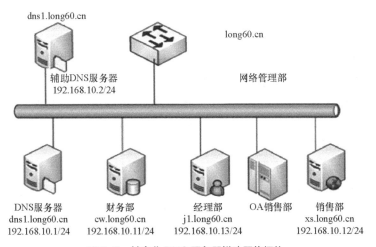

图 8-8 某企业 DNS 服务器搭建网络拓扑

要求在企业内部搭建一台 DNS 服务器，为局域网中的计算机提供域名解析服务。DNS 服务器管理 long60.cn 域的域名解析，DNS 服务器的域名为 dns1.long60.cn，IP 地址为 192.168.10.1/24。辅助 DNS 服务器的 IP 地址为 192.168.10.2/24。同时还必须为用户提供 Internet 上的主机的域名解析，要求分别能解析以下域名：财务部（cw.long60.cn，192.168.10.11/24）、销售部（xs.long60.cn，192.168.10.12）、经理部（jl.long60.cn，192.168.10.13/24）。

2. 做一做

完成项目实训。

8.8 练习题

一、填空题

1. 因为在 Internet 中，计算机之间直接利用 IP 地址进行寻址，所以需要将用户提供的主机名转换成 IP 地址，我们把这个过程称为_____。

2. DNS 提供了一个_____的命名方案。

3. DNS 顶级域名中表示商业机构组织的是_____。

4. _____表示主机的资源记录，_____表示别名的资源记录。

5. 可以用来检测 DNS 资源创建是否正确的两个工具是_____、_____。

6. DNS 服务器的查询模式有：_____、_____。

7. DNS 服务器分为_____、_____、_____、_____4 类。

8. 一般在 DNS 服务器之间的查询请求属于_____查询。

二、选择题

1. 在 Linux 操作系统中，能实现域名解析功能的软件是（   ）。

A. Apache   B. dhcpd   C. BIND   D. squid

2. www.ryjiaoyu.com 是 Internet 中主机的（   ）。

A. 用户名   B. 密码   C. 别名   D. IP 地址

3. 在 DNS 服务器配置文件中，A 资源记录的意思是（   ）。

A. 官方信息   B. IP 地址到名称的映射

C. 名称到 IP 地址的映射   D. 一个域名服务器的规范

4. 在 Linux DNS 中，根服务器配置文件是（   ）。

A. /etc/named.ca   B. /var/named/named.ca

C. /var/named/named.local   D. /etc/named.local

5. DNS 指针记录的标志是（   ）。

A. A   B. PTR   C. CNAME   D. NS

6. DNS 服务使用的端口是（   ）。

A. TCP 53   B. UDP 53   C. TCP 54   D. UDP 54

7. 以下命令中，可以用来测试 DNS 服务器的工作情况的是（   ）。

A. dig   B. host

C. nslookup   D. named-checkzone

8. 下列命令中，可以启动 DNS 服务的是（   ）。

A. systemctl start named   B. systemctl restart named

C. service dns start   D. /etc/init.d/dns start

9. 指定 DNS 服务器位置的文件是（　　）。

A. /etc/hosts   B. /etc/networks

C. /etc/resolv.conf   D. /.profile

三、简答题

1. 描述域名空间的有关内容。

2. 简述 DNS 域名解析的工作过程。

3. 简述常用的资源记录。

4. 如何排除 DNS 故障？

8.9　实践习题

1. 企业采用多个区域管理各部门网络，技术部属于 tech.org 域，市场部属于 mart.org 域，其他人员属于 freedom.org 域。技术部共有 200 人，采用的 IP 地址范围为 192.168.10.1～192.168.10.200。市场部共有 100 人，采用的 IP 地址范围为 192.168.2.1～192.168.2.100。其他人员只有 50 人，采用的 IP 地址范围为 192.168.3.1～192.168.3.50。现采用一台统信 UOS V20 主机搭建 DNS 服务器，其 IP 地址为 192.168.10.254，要求这台 DNS 服务器可以完成内网所有区域的正、反向解析，并且所有员工均可以访问外网地址。

请写出详细解决方案，并上机实现。

2. 建立辅助 DNS 服务器，并让主 DNS 服务器与辅助 DNS 服务器实现数据同步。

3. 参见任务 8-5，配置区域委派，并上机测试。

项目9
配置与管理Apache服务器

项目导入

某学院组建了校园网，建设了学院网站。现需要架设 Web 服务器来为学院网站提供服务，同时在网站上传和更新时，需要用到文件的上传和下载功能，因此还要架设 FTP 服务器，为学院内部和互联网用户提供 Web、FTP 等服务。本项目主要配置与管理 Apache 服务器。

项目目标

- 认识 Apache 服务器。
- 掌握 Apache 服务器的安装与启动方法。
- 掌握 Apache 服务器的主配置文件。

- 掌握各种 Apache 服务器的配置方法。
- 学会创建 Web 网站和虚拟主机。

素养提示

- 2023 年，在全球浮点运算性能最强的 500 台超级计算机中，中国部署的超级计算机数量继续位列全球第一。这是中国的自豪，也是中国崛起的重要见证。

- "三更灯火五更鸡，正是男儿读书时。黑发不知勤学早，白首方悔读书迟。"祖国的发展日新月异，我们拿什么报效祖国？唯有勤奋学习，惜时如金，才无愧盛世年华。

⁄⁄⁄⁄ 9.1 项目知识准备

由于能够提供图形、声音等多媒体数据，再加上可以交互的动态 Web 语言的广泛普及，万维网（World Wide Web，WWW，也称为 Web）早已成为 Internet 用户最喜欢的访问方式。一个最重要的证明就是，当前的绝大部分 Internet 流量都是由 Web 浏览产生的。

9.1.1 Web 服务概述

Web 服务是解决应用程序之间相互通信的一项技术。严格地说，Web 服务是描述一系列操作的接口，它使用标准的、规范的可扩展标记语言（Extensible Markup Language，XML）描述接口。

这一描述包括与服务进行交互所需的全部细节：消息格式、传输协议和服务位置。在对外的接口中隐藏了服务实现的细节，仅提供一系列可执行的操作，这些操作独立于软、硬件平台和编写服务所用的编程语言。Web 服务既可单独使用，又可与其他 Web 服务一起使用，实现复杂的商业功能。

1. Web 服务简介

Web 服务是 Internet 上被广泛应用的一种信息服务技术。Web 服务采用 C/S 结构，整理和存储各种资源，并响应客户端的请求，把所需的信息资源通过浏览器传送给用户。

Web 服务通常可以分为两种：静态 Web 服务和动态 Web 服务。

2. HTTP

HTTP 可以算得上是目前国际互联网基础上的一个重要组成部分。Apache、IIS 服务器是 HTTP 的服务器软件，微软公司的 Microsoft Edge 和 Mozilla 公司的 Firefox 则是 HTTP 的客户端实现。

（1）客户端访问服务器的过程。

一般客户端访问服务器要经过 3 个阶段：在客户端和服务器间建立连接、进行数据传输、关闭连接。

① 客户端使用 HTTP 命令向服务器发出请求（一般使用 GET 命令要求返回一个页面，但也有 POST 等命令）。

② 服务器接收到请求后，发送一个应答并在客户端与服务器之间建立连接。图 9-1 所示为客户端与服务器之间建立连接。

③ 服务器查找客户端所需文档，若服务器查找到请求的文档，就将请求的文档传送给客户端。若该文档不存在，则服务器发送一个相应的错误提示文档给客户端。

④ 客户端接收到文档后，就将它解释并显示在屏幕上。图 9-2 所示为客户端与服务器之间进行数据传输。

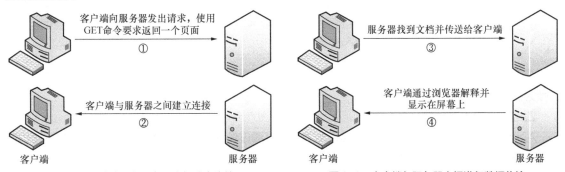

图 9-1　客户端与服务器之间建立连接　　　　图 9-2　客户端与服务器之间进行数据传输

⑤ 客户端浏览完成后，关闭与服务器的连接。图 9-3 所示为客户端与服务器之间关闭连接。

图 9-3　客户端与服务器之间关闭连接

（2）端口。

HTTP 请求的默认端口是 80，但是也可以配置某个 Web 服务器使用另外一个端口（如 8080）。这能让同一台服务器上运行多个 Web 服务器，每个 Web 服务器监听不同的端口。但是要注意，若访问端口是 80 的 Web 服务器，则由于是默认设置，所以不需要写明端口号；如果访问端口是 8080 的 Web 服务器，端口号就不能省略，它的访问方式就变成了：

```
http://www.smile60.cn:8080/
```

9.1.2　Apache 服务器简介

Apache HTTP Server（简称 Apache）是 Apache 软件基金会开发与维护的一个开放源代码的网页服务器，可以在大多数计算机操作系统中运行。其由于具有多平台和安全性较高等优点而被广泛使用，Apache 是最流行的 Web 服务器之一。它快速、可靠，并且可通过简单的 API 扩展，将 Perl/Python 等解释器编译到服务器中。

9-1　微课

配置与管理
Apache 服务器

1. Apache 的历史

Apache 起初是由美国伊利诺伊大学厄巴纳–香槟分校的国家超级计算机应用中心（National Center for Supercomputer Application，NCSA）开发的，此后，Apache 被开放源代码团体的成员不断发展和加强。Apache 服务器拥有可靠、可信的美誉，已用在超过半数的 Internet 网站中，几乎包含所有热门和访问量较大的网站。

起初，Apache 只是 Netscape 网页服务器（现在是 Sun ONE）之外的开放源代码选择，渐渐地，它开始在功能和速度上超越其他基于 UNIX 操作系统的 HTTP 服务器。1996 年 4 月以来，Apache 一直是 Internet 上十分流行的 Web 服务器。

> **小资料**　Apache 在 1995 年初被开发的时候，是由当时十分流行的 HTTP 服务器 NCSA HTTPd 1.3 的代码修改而成的，因此是"一个修补的"（a patchy）服务器。然而在服务器官方网站的 FAQ 中是这么解释的，"Apache"这个名字是为了纪念一个名为 Apache（印地语）的美洲印第安人部落。

读者如果有兴趣，则可以上网搜索 Apache 最新的市场份额占有率，还可以查询某个站点使用的服务器情况。

2. Apache 的功能

Apache 支持众多功能，这些功能绝大部分都是通过编译模块实现的，包括服务器的编程语言支持、身份认证等。

一些通用的语言接口支持 Perl、Python、Tcl 和 PHP，流行的认证模块包括 mod_access、rood_auth 和 rood_digest，还有 SSL 和传输层安全协议（Transport Layer Security，TLS）支持（mod_ssl）、代理服务器（proxy）模块、很有用的 URL 重写（由 rood_rewrite 实现）、定制日志文件（mod_log_config），以及过滤支持（mod_include 和 mod_ext_filter）。

Apache 日志可以通过网页浏览器使用免费的脚本 AWStats 或 Visitors 来分析。

9.2　项目设计与准备

9-2　课堂慕课

配置与管理
Apache 服务器

9.2.1　项目设计

利用 Apache 服务建立普通 Web 站点、基于主机和用户认证的访问控制。

9.2.2　项目准备

安装有统信 UOS V20 的计算机一台，测试用计算机两台（安装有 Windows Server 2016、统信 UOS V20），并且这两台计算机都连入局域网。该环境也可以用虚拟机实现。规划好各台计算机的 IP 地址。Linux 服务器和客户端信息如表 9-1 所示。

表 9-1　Linux 服务器和客户端信息

主机名	操作系统	IP 地址	网络连接模式
Web 服务器：Server01	统信 UOS V20	192.168.10.1/24 192.168.10.10/24	VMnet1
统信客户端：Client1	统信 UOS V20	192.168.10.20/24	VMnet1
Windows 客户端：Client3	Windows Server 2016	192.168.10.40/24	VMnet1

9.3　项目实施

任务 9-1　安装、启动与停止 Apache 服务

1. 安装 Apache 相关软件

```
[root@Server01 ~]# rpm -q httpd
[root@Server01 ~]# mount /dev/cdrom /media
[root@Server01 ~]# dnf clean all                //安装前先清除缓存
[root@Server01 ~]# dnf install httpd -y
[root@Server01 ~]# rpm -qa | grep httpd         //检查组件是否安装成功
```

 注意　一般情况下，Firefox 默认已经安装，请读者根据系统的实际情况决定是否重新安装 Firefox。

启动 Apache 服务的命令如下（重新启动和停止的命令分别是 restart 和 stop）。

```
[root@Server01 ~]# systemctl start httpd
```

2. 让防火墙放行，并设置 SELinux 为允许

需要注意的是，统信 UOS V20 采用了 SELinux 这种增强的安全模式，在默认的配置下，只有 SSH 服务可以通过。像 Apache 这种服务，安装、配置、启动完毕，还需要为它放行。

（1）使用防火墙命令放行 HTTP 服务。

```
[root@Server01 ~]# firewall-cmd --list-all
[root@Server01 ~]# firewall-cmd --permanent --add-service=http
[root@Server01 ~]# firewall-cmd --reload
[root@Server01 ~]# firewall-cmd --list-all
public (active)
  ......
  sources:
  services: dhcpv6-client http mdns ssh
  ......
```

（2）当前的 SELinux 值默认为 Disabled，无须修改。

```
[root@Server01 ~]# getenforce
Disabled
```

3. 查看 Apache 服务器是否安装成功

（1）安装完 Apache 服务器后，启动并设置开机自动加载 Apache 服务。

```
[root@Server01 ~]# systemctl start httpd
[root@Server01 ~]# systemctl enable httpd
[root@Server01 ~]# firefox http://127.0.0.1
```

（2）如果看到图 9-4 所示的提示信息，则表示 Apache 服务器已安装成功，可以正常运行。

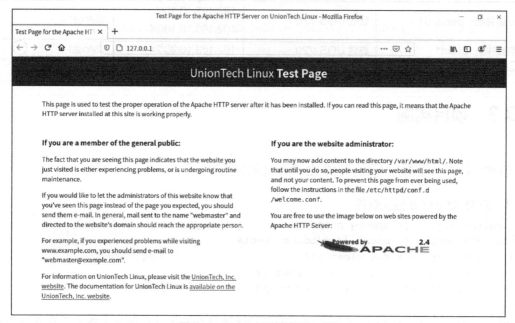

图 9-4　Apache 服务器运行正常

任务 9-2　认识 Apache 服务器的配置文件

在统信 UOS V20 中配置服务，其实就是修改服务的配置文件。httpd 服务程序的配置文件及存放位置如表 9-2 所示。

表 9-2　httpd 服务程序的配置文件及存放位置

配置文件的名称	存放位置
服务目录	/etc/httpd
主配置文件	/etc/httpd/conf/httpd.conf
网站数据目录	/var/www/html
访问日志文件	/var/log/httpd/access_log
错误日志文件	/var/log/httpd/error_log

Apache 服务器的主配置文件是 httpd.conf，该文件通常存放在/etc/httpd/conf 目录下。文件

看起来很复杂，其实很多是注释内容。本任务先简单介绍，后文将给出实例，非常容易理解。

httpd.conf 文件不区分大小写，在该文件中以"#"开始的行为注释行。除注释行和空行外，服务器把其他的行认为是完整的或部分的命令。命令又分为类似于 Shell 的命令和伪超文本标记语言（Hypertext Markup Language，HTML）标记。命令的格式为：

    配置参数名称　参数值

伪 HTML 标记的格式为：

```
<Directory />
    Options FollowSymLinks
    AllowOverride None
</Directory>
```

在 httpd 服务程序的主配置文件中存在 3 种类型的信息：注释行信息、全局配置信息、区域配置信息。配置 httpd 服务程序常用的参数以及用途如表 9-3 所示。

表 9-3　配置 httpd 服务程序常用的参数以及用途

参数	用途
ServerRoot	服务目录
ServerAdmin	管理员邮箱
User	运行服务的用户
Group	运行服务的用户组
ServerName	网站服务器的域名
DocumentRoot	文档根目录（网站数据目录）
Directory	网站数据目录的权限
Listen	监听的 IP 地址与端口
DirectoryIndex	默认的索引页页面
ErrorLog	错误日志文件
CustomLog	访问日志文件
Timeout	网页超时时间，默认为 300 秒

从表 9-3 可知，DocumentRoot 参数用于定义网站数据的保存路径，其默认设置是把网站数据存放到/var/www/html 目录中；当前网站首页的名称一般为 index.html，因此可以向/var/www/html 目录中写入一个文件，替换掉 httpd 服务程序的默认首页，该操作会立即生效（在本机上测试）。

```
[root@Server01 ~]# echo "Welcome To MyWeb" > /var/www/html/index.html
[root@Server01 ~]# firefox http://127.0.0.1
```

程序的首页内容已经发生了改变，如图 9-5 所示。

图 9-5　首页内容已发生改变

提示 如果没有出现希望的页面，则一定是 SELinux 的问题。解决方法见后文。

任务 9-3 设置文档根目录和首页文件的实例

【例 9-1】默认情况下，网站的文档根目录保存在/var/www/html 中，如果想把保存网站文档的根目录修改为/home/www，并且将首页文件修改为 myweb.html，那么该如何操作呢？

（1）分析。

文档根目录的设置是较为重要的，一般来说，网站上的内容都保存在文档根目录中。在默认情形下，除了记号和别名将指向别处以外，所有的请求都从文档根目录处开始，而打开网站时所显示的页面即该网站的首页（主页）。首页的文件名是由 DirectoryIndex 参数定义的。在默认情况下，Apache 的默认首页名称为 index.html。当然也可以根据实际情况进行更改。

（2）解决方案。

① 在 Server01 上修改文档的根目录为/home/www，并创建首页文件 myweb.html。

```
[root@Server01 ~]# mkdir /home/www
[root@Server01 ~]# echo "The Web's DocumentRoot Test " > /home/www/myweb.html
```

② 在 Server01 上，先**备份主配置文件**，然后打开 httpd 服务程序的主配置文件，将第 119 行用于定义网站数据保存路径的参数 DocumentRoot 后面的路径修改为/home/www，同时需要将第 124 行用于定义目录权限的参数 Directory 后面的路径也修改为/home/www，将第 164 行修改为 DirectoryIndex myweb.html index.html。配置文件修改完毕即可保存并退出。

```
[root@Server01 ~]# vim /etc/httpd/conf/httpd.conf
......
119 DocumentRoot "/home/www"
120
121 #
122 # Relax access to content within /var/www.
123 #
124 <Directory "/home/www">
125     AllowOverride None
126     # Allow open access:
127     Require all granted
128 </Directory>
......
163 <IfModule dir_module>
164     DirectoryIndex myweb.html index.html
165 </IfModule>
......
```

③ 让防火墙放行 HTTP，重启 httpd 服务。

```
[root@Server01 ~]# firewall-cmd --permanent --add-service=http
[root@Server01 ~]# firewall-cmd --reload
[root@Server01 ~]# firewall-cmd --list-all
[root@Server01 ~]# systemctl restart httpd
```

④ 在 Client1 上测试（Server01 和 Client1 采用的网络连接模式都是 VMnet1，保证互相通信）。

```
[root@Client1 ~]# firefox http://192.168.10.1
```
结果如图 9-6 所示，说明在客户端测试成功。

图 9-6　在客户端测试成功

⑤可能出现的故障。

在不同的版本中，SELinux 的默认设置可能不同。如果在客户端测试失败，如图 9-7 所示，则会是什么原因呢？是 SELinux 的问题！解决方法是在**服务器 Server01** 上执行 setenforce 0 命令，设置 SELinux 为允许。

```
[root@Server01 ~]# getenforce
Enforcing
[root@Server01 ~]# setenforce 0
[root@Server01 ~]# getenforce
Permissive
```

图 9-7　在客户端测试失败

任务 9-4　用户个人主页实例

现在许多网站（如网易）都允许用户拥有自己的主页空间，而用户可以很容易地管理自己的主页空间。Apache 可以实现用户的个人主页。客户端在浏览器中浏览个人主页的 URL 地址的格式一般为：

```
http://域名/~username
```
其中，"~username" 在利用 Linux 系统中的 Apache 服务器来实现时，使用的是 Linux 系统的合法用户名（即该用户必须在 Linux 系统中存在）。

【例 9-2】在 IP 地址为 192.168.10.1 的 Apache 服务器中，为系统中的 long 用户设置个人主页空间。该用户的家目录为/home/long，个人主页空间所在的目录为 public_html。

实现步骤如下。

（1）修改用户的家目录权限，使其他用户具有读取和执行的权限。

```
[root@Server01 ~]# useradd long
[root@Server01 ~]# passwd long
[root@Server01 ~]# chmod  705  /home/long
```

（2）创建用于存放用户个人主页空间的目录。

```
[root@Server01 ~]# mkdir  /home/long/public_html
```

（3）创建个人主页空间的默认首页文件。

```
[root@Server01 ~]# cd  /home/long/public_html
[root@Server01 public_html]# echo "this is long's web。" >> index.html
```

（4）在 httpd 服务程序中默认没有开启个人用户主页功能。为此需要编辑配置文件 /etc/httpd/conf.d/userdir.conf。然后在第 17 行的 UserDir disabled 参数前面加上"#"，表示让 httpd 服务程序开启个人用户主页功能。同时需把第 24 行的 UserDir public_html 参数前面的"#"去掉（UserDir 参数表示网站数据在用户主目录中的保存目录名称，即 public_html 目录）。修改完毕保存并退出。（在 vim 编辑状态记得使用":set nu"显示行号。）

```
[root@Server01 ~]# vim /etc/httpd/conf.d/userdir.conf
 ......
 17 # UserDir disabled
 ......
 24    UserDir public_html
 ......
```

（5）将 SELinux 设置为允许，让防火墙放行 httpd 服务，重启 httpd 服务。

```
[root@Server01 ~]# setenforce 0
[root@Server01 ~]# firewall-cmd --permanent --add-service=http
[root@Server01 ~]# firewall-cmd --reload
[root@Server01 ~]# firewall-cmd --list-all
[root@Server01 ~]# systemctl restart httpd
```

（6）在客户端的浏览器中访问 http://192.168.10.1/~long，看到的个人主页空间的效果如图 9-8 所示。

图 9-8　个人主页空间的效果

任务 9-5　虚拟目录实例

要从 Web 站点主目录以外的其他目录发布站点，可以使用虚拟目录实现。虚拟目录是一个位于 Apache 服务器主目录之外的目录，它不包含在 Apache 服务器的主目录中，但在访问 Web 站点的用户看来，它与位于主目录中的子目录是一样的。每一个虚拟目录都有一个别名，客户端可以通过此别名来访问虚拟目录。

由于每个虚拟目录都可以分别设置不同的访问权限，所以非常适合不同用户对不同目录拥有不同权限的情况。另外，只有知道虚拟目录名的用户才可以访问此虚拟目录，除此之外的其他用户将无法访问此虚拟目录。

在 Apache 服务器的主配置文件 httpd.conf 中，通过 Alias 命令设置虚拟目录。

【例 9-3】在 IP 地址为 192.168.10.1 的 Apache 服务器中，创建名为/test/的虚拟目录，它对应的物理路径是/virdir/，并在客户端测试。

（1）创建物理路径/virdir/。

```
[root@Server01 ~]# mkdir  -p  /virdir/
```

（2）创建虚拟目录中的默认首页文件。

```
[root@Server01 ~]# cd  /virdir/
[root@Server01 virdir]# echo "This is Virtual Directory sample。" >> index.html
```

（3）修改默认首页文件的权限，使其他用户具有读取和执行权限。

```
[root@Server01 virdir]# chmod 705 index.html
```

或者：

```
[root@Server01 ~]# chmod -R 705 /virdir
```

（4）修改/etc/httpd/conf/httpd.conf 文件，添加下面的语句。

```
Alias  /test "/virdir"
<Directory "/virdir">
   AllowOverride None
   Require all granted
</Directory>
```

（5）将 SELinux 设置为允许，让防火墙放行 httpd 服务，重启 httpd 服务。

```
[root@Server01 ~]# setenforce 0
[root@Server01 ~]# firewall-cmd --permanent --add-service=http
[root@Server01 ~]# firewall-cmd --reload
[root@Server01 ~]# firewall-cmd --list-all
[root@Server01 ~]# systemctl restart httpd
```

（6）在客户端 Client1 的浏览器中访问 http://192.168.10.1/test，看到的虚拟目录的效果如图 9-9 所示。

图 9-9　虚拟目录的效果

任务 9-6　配置基于 IP 地址的虚拟主机

虚拟主机在一台 Web 服务器上可以为多个独立的 IP 地址、域名或端口提供不同的 Web 站点。对于访问量不大的站点来说，这样做可以降低单个站点的运营成本。

下面分别配置基于 IP 地址的虚拟主机、基于域名的虚拟主机和基于端口的虚拟主机。

基于 IP 地址的虚拟主机的配置需要在服务器上绑定多个 IP 地址，然后配置 Apache 服务器。

把多个网站绑定在不同的 IP 地址上，访问服务器上不同的 IP 地址，就可以看到不同的网站。

【例 9-4】假设 Apache 服务器具有 192.168.10.1 和 192.168.10.10 两个 IP 地址（提前在服务器中配置这两个 IP 地址）。现需要利用这两个 IP 地址分别创建两台基于 IP 地址的虚拟主机，要求不同的虚拟主机对应的主目录不同，默认文档的内容也不同。配置步骤如下。

（1）在 Server01 的任务栏上依次单击"控制中心"→"网络"→"用网络管理器配置"，双击"ens32"，选择"IPv4 设置"，打开图 9-10 所示的界面，增加一个 IP 地址（192.168.10.10/24），完成后单击"保存"按钮。最后先禁用该网卡再启用，这样刚才的设置才会生效。这样可以在一块网卡上配置多个 IP 地址，当然也可以直接在多块网卡上配置多个 IP 地址。

图 9-10 IP 地址设置界面

（2）分别创建/var/www/ip1 和/var/www/ip2 主目录和默认文件。

```
[root@Server01 ~]# mkdir  /var/www/ip1  /var/www/ip2
[root@Server01 ~]# echo "this is 192.168.10.1's web." >/ var/www/ip1/index.html
[root@Server01 ~]# echo "this is 192.168.10.10's web." >/ var/www/ip2/index.html
```

（3）添加/etc/httpd/conf.d/vhost.conf 文件。该文件的内容如下。

```
#设置基于 IP 地址 192.168.10.1 的虚拟主机
<Virtualhost 192.168.10.1>
    DocumentRoot  /var/www/ip1
</Virtualhost>

#设置基于 IP 地址 192.168.10.10 的虚拟主机
<Virtualhost 192.168.10.10>
    DocumentRoot /var/www/ip2
</Virtualhost>
```

（4）在主配置文件 http.conf 中配置网站数据目录访问权限，添加内容如下。

```
<Directory "/var/www">
    AllowOverride None
    Require all granted
</Directory>
```

（5）将 SELinux 设置为允许，让防火墙放行 httpd 服务，重启 httpd 服务。

（6）在客户端可以看到 http://192.168.10.1 和 http://192.168.10.10 这两个网站的浏览效果，如图 9-11 和图 9-12 所示。

图 9-11　浏览效果 1

图 9-12　浏览效果 2

> **注意**　为了不使后面的实训受到前面虚拟主机设置的影响，做完一个实训后，请将配置文件中添加的内容删除，然后做下一个实训。

任务 9-7　配置基于域名的虚拟主机

基于域名的虚拟主机的配置只需服务器有一个 IP 地址即可，所有的虚拟主机共享同一个 IP 地址，各虚拟主机之间通过域名进行区分。

要建立基于域名的虚拟主机，DNS 服务器中应建立多个主机资源记录，使它们解析到同一个 IP 地址（**请读者参考前文自行完成**）。例如：

```
www1.long60.cn.        IN    A    192.168.10.1
www2.long60.cn.        IN    A    192.168.10.1
```

【例 9-5】假设 Apache 服务器的 IP 地址为 192.168.10.1。在本地 DNS 服务器中，该 IP 地址对应的域名分别为 www1.long60.cn 和 www2.long60.cn。现需要创建基于域名的虚拟主机，要求不同的虚拟主机对应的主目录不同，默认文档的内容也不同。配置步骤如下。

（1）分别创建/var/www/www1 和/var/www/www2 主目录和默认文件。

```
[root@Server01 ~]# mkdir   /var/www/www1   /var/www/www2
[root@Server01 ~]# echo "www1.long60.cn's web." >/ var/www/www1/index.html
[root@Server01 ~]# echo "www2.long60.cn's web." >/ var/www/www2/index.html
```

（2）修改 httpd.conf 文件。添加的目录权限内容如下。

```
<Directory "/var/www">
    AllowOverride None
    Require all granted
</Directory>
```

（3）修改/etc/httpd/conf.d/vhost.conf 文件。该文件的内容如下（原来的内容已被清空）。

```
<Virtualhost 192.168.10.1>
    DocumentRoot /var/www/www1
    ServerName www1.long60.cn
</Virtualhost>

<Virtualhost 192.168.10.1>
    DocumentRoot /var/www/www2
    ServerName www2.long60.cn
</Virtualhost>
```

（4）将 SELinux 设置为允许，让防火墙放行 httpd 服务，重启 httpd 服务。在客户端 Client1 上测试。要确保 DNS 服务器解析正确，应确保为 Client1 设置了正确的 DNS 服务器地址（etc/resolv.conf）。

> **注意** 在本例的配置中，DNS 服务器的正确配置至关重要，一定要确保 long60.cn 域名及主机的正确解析，否则无法成功。正向解析区域声明文件如下（其他设置与前文相同）。不要忘记 DNS 服务器的特殊设置及重启操作！

```
[root@Server01 long]# vim /var/named/long60.cn.zone
$TTL 1D
@       IN SOA   dns.long60.cn. mail.long60.cn. (
                                   0       // serial
                                   1D      // refresh
                                   1H      // retry
                                   1W      // expire
                                   3H )    // minimum

@               IN    NS            dns.long60.cn.
@               IN    MX      10    mail.long60.cn.

dns             IN    A             192.168.10.1
www1            IN    A             192.168.10.1
www2            IN    A             192.168.10.1
```

> **思考** 为了测试方便，在 Client1 上直接设置/etc/hosts 为如下内容可否代替 DNS 服务器？

```
192.168.10.1  www1.long60.cn
192.168.10.1  www2.long60.cn
```

（5）在客户端可以看到http://www1.long60.cn和http://www2.long60.cn的效果，如图9-13和图9-14所示。

图9-13 效果1

图 9-14　效果 2

任务 9-8　配置基于端口的虚拟主机

基于端口的虚拟主机的配置只需服务器有一个 IP 地址即可，所有的虚拟主机共享同一个 IP 地址，各虚拟主机之间通过不同的端口进行区分。在配置基于端口的虚拟主机时，需要利用 Listen 语句设置监听的端口。

【例 9-6】假设 Apache 服务器的 IP 地址为 192.168.10.1。现需要创建基于 8088 和 8089 端口的虚拟主机，要求不同的虚拟主机对应的主目录不同，默认文档的内容也不同。配置步骤如下。

（1）分别创建/var/www/8088 和/var/www/8089 主目录和默认文件。

```
[root@Server01 ~]# mkdir   /var/www/8088   /var/www/8089
[root@Server01 ~]# echo "8088 port 's  web." >/ var/www/8088/index.html
[root@Server01 ~]# echo "8089 port 's  web." >/ var/www/8089/index.html
```

（2）修改/etc/httpd/conf/httpd.conf 文件。该文件修改的内容如下。

```
......
42 Listen 80
43 Listen 8088
44 Listen 8089
......
124 <Directory "/var/www">
125    AllowOverride None
126    # Allow open access:
127    Require all granted
128 </Directory>
......
```

（3）修改/etc/httpd/conf.d/vhost.conf 文件。该文件的内容如下（原来的内容已被清空）。

```
<Virtualhost 192.168.10.1:8088>
      DocumentRoot   /var/www/8088
</Virtualhost>

<Virtualhost 192.168.10.1:8089>
      DocumentRoot /var/www/8089
</Virtualhost>
```

（4）关闭防火墙并设置 SELinux 为允许，重启 httpd 服务，然后在客户端 Client1 上测试。测试结果如图 9-15 所示。

（5）处理故障。这是因为 firewalld 防火墙检测到 8088 和 8089 端口原本不属于 Apache 服务器需要的资源，但现在却以 httpd 服务程序的名义使用了，所以防火墙会拒绝 Apache 服

193

务器使用这两个端口。可以使用 firewall-cmd 命令永久添加需要的端口到 public 区域，并重启防火墙。

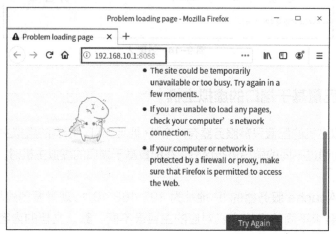

图 9-15　测试结果

```
[root@Server01 ~]# firewall-cmd --list-all
public (active)
  ......
  services: dhcpv6-client http mdns ssh
  ports:
  ......
[root@Server01 ~]# firewall-cmd --permanent --zone=public --add-port=8088/tcp
[root@Server01 ~]# firewall-cmd --permanent --zone=public --add-port=8089/tcp
[root@Server01 ~]# firewall-cmd --reload
[root@Server01 ~]# firewall-cmd --list-all
public (active)
  ......
  services: dhcpv6-client http mdns ssh
  ports: 8088/tcp 8089/tcp
  ......
```

（6）再次在 Client1 上测试，基于不同端口的虚拟主机的测试结果如图 9-16 所示。

图 9-16　基于不同端口的虚拟主机的测试结果

技巧　在终端窗口中可直接输入命令 firewall-config，打开图形界面的防火墙配置窗口，详尽地配置防火墙，包括配置 public 区域的端口等。默认已经安装，如果没有安装，则需要使用 dnf install firewall-config -y 命令先安装，安装完成后，"**活动**"菜单中就会有防火墙的配置菜单，非常方便。

任务 9-9　其他常规设置

1. 设置根目录

配置文件中的 ServerRoot 字段用来设置 Apache 的配置文件、错误文件和日志文件的存放目录，并且该目录是整个目录树的根节点，如果下面的字段设置中出现相对路径，就是相对于这个路径的。在默认情况下，根路径为/etc/httpd，可以根据需要修改。

【例 9-7】设置根目录为/usr/local/httpd。

```
ServerRoot    "/usr/local/httpd"
```

2. 设置超时时间

Timeout 字段用于对接收和发送数据的超时时间进行设置。默认时间单位是秒。如果超过限定的时间，客户端仍然无法连接服务器，则予以断线处理。默认时间为 120 秒，可以根据环境需要更改。

【例 9-8】设置超时时间为 300 秒。

```
Timeout    300
```

3. 客户端连接数限制

客户端连接数限制就是指在某一时刻，Web 服务器允许多少客户端同时访问，是允许同时访问的最大数值。

（1）为什么要设置客户端连接数限制？

讲到这里不难提出这样的疑问，网站本来就是提供给别人访问的，何必要限制访问数量，将人拒之门外呢？如果搭建的网站为小型网站，访问量较小，则对服务器的响应速度没有影响，但如果网站中访问的用户突然过多，一时间点击量猛增，一旦超过某一数值就很可能导致服务器瘫痪。而且，就算是门户级网站，如百度、新浪、搜狐等大型网站，它们使用的服务器硬件实力相当雄厚，可以承受同一时刻成千上万的点击量，但是，硬件资源是有限的，如果遇到大规模的分布式拒绝服务（Distributed Denial of Service，DDoS）攻击，仍然可能导致服务器因过载而瘫痪。作为企业内部的网络管理者应该尽量避免类似的情况发生，所以限制客户端连接数是非常有必要的。

（2）实现客户端连接数限制。

在配置文件中，MaxClients 字段用于设置同一时刻最大的客户端访问数量，默认数值是 256，这对于小型网站来说已经够用了。如果是大型网站，则可以根据实际情况修改。

【例 9-9】设置客户端连接数为 500。

```
<IfModule prefork.c>
    StartServers        8
    MinSpareServers     5
    MaxSpareServers     20
    ServerLimit         500
    MaxClients          500
    MaxRequestSPerChild 4000
    </IfModule>
```

> **注意**　MaxClients 字段出现的频率可能不止一次，请注意这里的 MaxClients 是包含在<IfModule prefork.c> </IfModule>这个容器当中的。

4. 设置管理员的电子邮件地址

当客户端访问服务器发生错误时，服务器通常会将带有错误提示信息的网页反馈给客户端，并且上面包含管理员的电子邮件地址，以便修正出现的错误。

可以使用 ServerAdmin 字段设置管理员的电子邮件地址。

【例 9-10】设置管理员的电子邮件地址为 root@smile60.cn。

```
ServerAdmin        root@smile60.cn
```

5. 设置主机名

ServerName 字段定义了服务器的主机名和端口，用以表明自己的身份。如果没有注册 DNS，则可以输入 IP 地址。当然，在任何情况下输入 IP 地址都可以完成重定向工作。

【例 9-11】设置服务器的主机名及端口。

```
ServerName         www.long60.cn:80
```

> **技巧** 正确使用 ServerName 字段设置服务器的主机名或 IP 地址后，启动服务时不会出现"Could not reliably determine the server's fully qualified domain name, using 127.0.0.1 for ServerName"的错误提示。

6. 设置网页编码

地域不同（如中国和外国，或者亚洲地区和欧美地区），采用的网页编码也不同，如果出现服务器的网页编码和客户端的网页编码不一致，就会导致我们看到的是乱码。这和各国人民使用的母语不同道理一样，这样会带来交流障碍。如果想正常显示网页的内容，则必须使用正确的网页编码。

httpd.conf 文件中使用 AddDefaultCharset 字段来设置服务器的默认编码。在默认情况下，服务器编码采用 UTF-8，而汉字的编码一般是 GB2312，国家标准是 GB 18030。具体使用哪种编码要根据网页文件的编码来决定，只要保持和这些网页文件采用的编码一致，就可以正常显示。

【例 9-12】设置服务器默认编码为 GB2312。

```
AddDefaultCharset  GB2312
```

> **技巧** 若不清楚该使用哪种编码，则可以在 AddDefaultCharset 字段前加上"#"号，注释该语句，表示不使用任何编码，让客户端自动检测当前网页采用的编码是什么，然后自动调整。对于多语言的网站搭建，最好采用注释 AddDefaultCharset 字段的方法。

7. 设置目录

设置目录就是为服务器上的某个目录设置权限。在访问某个网站时，通常真正访问的仅仅是那台 Web 服务器中某个目录下的某个网页文件，而整个网站也是由这些林林总总的目录和文件组成的。网站管理人员可能经常只需要设置某个目录，而不需要设置整个网站。例如，拒绝 IP 地址为 192.168.0.100 的客户端访问某个目录内的文件，可以使用<Directory> </Directory>容器来设置。这是一对容器语句，需要成对出现。每个容器中均有 Options、AllowOverride 等参数，它们都和访问控制相关。Apache 目录访问控制参数如表 9-4 所示。

表 9-4　Apache 目录访问控制参数

目录访问控制参数	描述
Options	设置特定目录中的服务器特性，具体的参数取值见表 9-5

续表

目录访问控制参数	描述
AllowOverride	设置如何使用访问控制文件.htaccess，具体的参数取值见表 9-6
Order	设置 Apache 默认的访问权限及 Allow 和 Deny 的处理顺序
Allow	设置允许访问 Apache 服务器的主机，可以是主机名，也可以是 IP 地址
Deny	设置拒绝访问 Apache 服务器的主机，可以是主机名，也可以是 IP 地址

（1）设置默认根目录。

```
<Directory/>
    Options FollowSymLinks              ①
    AllowOverride None                  ②
</Directory>
```

以上代码中带有序号的两行代码说明如下。

① Options 字段用来定义目录使用哪些特性，后面的 FollowSymLinks 表示可以在该目录中使用符号链接。Options 字段还可以设置很多功能，Options 参数的取值如表 9-5 所示。

② AllowOverride 字段用于设置.htaccess 文件中的命令类型。None 表示禁止使用.htaccess 文件。

表 9-5　Options 参数的取值

参数取值	描述
Indexes	允许目录浏览。当访问的目录中没有 DirectoryIndex 参数指定的网页文件时，会列出目录中的目录清单
Multiviews	允许内容协商的多重视图
All	支持除 Multiviews 以外的所有参数，如果没有 Options 语句，则默认为 All
ExecCGI	允许在该目录下执行公共网关接口（Common Gateway Interface，CGI）脚本
FollowSysmLinks	可以在该目录中使用符号链接，以访问其他目录
Includes	允许服务器使用服务器端包含（Server Side Includes，SSI）技术
IncludesNoExec	允许服务器使用 SSI 技术，但禁止执行 CGI 脚本
SymLinksIfOwnerMatch	目录文件与目录属于同一用户时支持符号链接

> **注意**　可以使用"+"或"−"在 Options 参数中添加或取消某个参数的值。如果不使用这两个符号，那么容器中 Options 参数的取值将完全覆盖以前的 Options 命令的取值。

（2）设置默认的文档目录。

```
<Directory  "/var/www/html">
        Options Indexes FollowSymLinks
        AllowOverride None                  ①
        Order allow, deny                   ②
        Allow from all                      ③
</Directory>
```

以上代码中带有序号的 3 行代码说明如下。

① AllowOverride 使用的命令组此处不使用认证。

② 设置默认的访问权限与 Allow 和 Deny 字段的处理顺序。

③ Allow 字段用来设置哪些客户端可以访问服务器。与之对应的 Deny 字段则用来限制哪些客户端不能访问服务器。

Allow 和 Deny 字段的处理顺序非常重要，需要详细了解它们的含义和使用技巧。

情况一：Order allow, deny。

表示默认情况下禁止所有客户端访问，且 Allow 字段在 Deny 字段之前被匹配。如果既匹配 Allow 字段，又匹配 Deny 字段，则最终生效的是 Deny 字段，也就是说，Deny 会覆盖 Allow。

情况二：Order deny, allow。

表示默认情况下允许所有客户端访问，且 Deny 字段在 Allow 字段之前被匹配。如果既匹配 Allow 字段，又匹配 Deny 字段，则最终生效的是 Allow 字段，也就是说，Allow 会覆盖 Deny。

下面举例说明 Allow 和 Deny 字段的用法。

【例 9-13】允许所有客户端访问（先允许后拒绝）。

```
Order allow, deny
Allow from all
```

【例 9-14】拒绝 IP 地址为 192.168.100.100 和来自.long60.cn 域的客户端访问，其他客户端都可以正常访问。

```
Order deny,allow
Deny from  192.168.100.100
Deny from  .long60.cn
```

【例 9-15】仅允许 192.168.0.0/24 网段的客户端访问，但 192.168.0.100 不能访问。

```
Order allow,deny
Allow from  192.168.0.0/24
Deny from  192.168.0.100
```

为了说明允许和拒绝的使用方法，对照下面的两个例子。

【例 9-16】除了 www.smile60.cn 的主机，允许其他所有人访问 Apache 服务器。

```
Order allow,deny
Allow from  all
Deny from  www.smile60.cn
```

【例 9-17】只允许 10.0.0.0/8 网段的主机访问服务器。

```
Order deny,allow
Deny from all
Allow from 10.0.0.0/255.0.0.0
```

> **注意** Order、Allow from 和 Deny from 关键字对大小写不敏感，但 allow 和 deny 之间以 "," 分割，二者之间不能有空格。

> **技巧** 如果仅仅想对某个文件进行权限设置，则可以使用<Files 文件名></Files>容器语句实现，方法和使用<Directory "目录"></Directory>几乎一样。例如：
>
> ```
> <Files  "/var/www/html/f1.txt">
>         Order allow, deny
>         Allow from all
> </Files>
> ```

9.4 保障企业网站安全——配置用户身份认证

1. .htaccess 文件控制存取

什么是.htaccess 文件？简单地说，它是一个访问控制文件，用来配置相应目录的访问方法。不过，按照默认的配置是不会读取相应目录下的.htaccess 文件来进行访问控制的。这是因为 AllowOverride 中的配置为：

```
AllowOverride        none
```

完全忽略了.htaccess 文件。该如何打开它呢？很简单，将 none 改为 AuthConfig。

```
<Directory />
   Options FollowSymLinks
   AllowOverride AuthConfig
</Directory>
```

现在就可以在需要进行访问控制的目录下创建一个.htaccess 文件了。需要注意的是，文件前有一个符号 "."，说明这是一个隐藏文件（该文件名也可以采用其他的文件名，只需要在 httpd.conf 中设置即可）。

另外，httpd.conf 文件中的<Directory/>中的 AllowOverride 字段主要用于控制.htaccess 文件中允许进行的设置。AllowOverride 字段可以设置多项参数和命令，详细参数和命令如表 9-6 所示。

表 9-6　AllowOverride 的参数和命令

参数	可用命令	说明
AuthConfig	AuthDBMGroupFile,AuthDBMUserFile,AuthGroupFile, AuthName, AuthType, AuthUserFile, Require	进行认证、授权以及安全的相关命令
FileInfo	DefaultType, ErrorDocument, ForceType, LanguagePriority, SetHandler, SetInputFilter, SetOutputFilter	控制文件处理方式的相关命令
Indexes	AddDescription,AddIcon, AddIconByEncoding, DefaultIcon, AddIconByType, DirectoryIndex, ReadmeName FancyIndexing, HeaderName, IndexIgnore, IndexOptions	控制目录列表方式的相关命令
Limit	Allow,Deny,Order	进行目录访问控制的相关命令
Options	Options, XBitHack	启用不能在主配置文件中使用的各种选项
All	用于允许所有类型的配置指令在.htaccess 文件中覆盖	可以使用以上所有命令
None	禁止使用所有命令	禁止处理.htaccess 文件

假设在用户 clinuxer 的 Web 目录（public_html）下新建了一个.htaccess 文件，则该文件的绝对路径为/home/clinuxer/public_html/.htaccess。其实 Apache 服务器并不会直接读取这个文件，而是从根目录下开始搜索.htaccess 文件。

```
/.htaccess
/home/.htaccess
/home/clinuxer/.htaccess
/home/clinuxer/public_html/.htaccess
```

如果这个路径中有一个.htaccess 文件，如/home/clinuxer/.htaccess，则 Apache 服务器不

会读取/home/clinuxer/public_html/.htaccess，而是读取/home/clinuxer/.htaccess。

2. 用户身份认证

Apache 服务器中的用户身份认证，也可以采取"整体存取控制"或者"分布式存取控制"方式，其中用得非常广泛的就是通过.htaccess 文件来进行。

（1）创建用户名和密码

在/usr/local/httpd/bin 目录下有一个 htpasswd 可执行文件，它就是用来创建.htaccess 文件身份认证使用的密码的。它的格式如下。

```
htpasswd  [-bcD]  [-mdps]   密码文件名字   用户名
```

各选项的含义如下。

- -b：用批处理方式创建用户。htpasswd 不会提示输入用户密码，不过由于要在命令行输入可见的密码，因此并不是很安全。
- -c：新创建一个密码文件。
- -D：删除一个用户。
- -m：采用 MD5 编码加密。
- -d：采用 CRYPT 编码加密，这是预设的方式。
- -p：采用明文格式的密码。出于安全的原因，目前不推荐使用这个选项。
- -s：采用 SHA 编码加密。

【例 9-18】创建一个用于.htaccess 密码认证的用户 yy1。

在当前目录下创建一个.htpasswd 文件，并添加一个用户 yy1，密码为 P@ssw0rd。

```
[root@Server01 ~]# htpasswd -c -mb .htpasswd yy1 P@ssw0rd
```

（2）实例

【例 9-19】设置一个虚拟目录/httest，让用户必须输入用户名和密码才能访问。

① 创建一个新用户 smile。

```
[root@Server01 ~]# mkdir -p  /virdir/test
[root@Server01 ~]# echo "Require valid_users's  web." >/ virdir/test/index.html
[root@Server01 ~]# cd  /virdir/test
[root@Server01 test]# /usr/bin/htpasswd  -c  /usr/local/.htpasswd  smile
```

之后会要求输入该用户的密码并确认，成功后会提示"Adding password for user smile"。

如果还要在.htpasswd 文件中添加其他用户，则直接使用以下命令（不带选项-c）。

```
[root@Server01 test]# /usr/bin/htpasswd    /usr/local/.htpasswd  user2
```

② 在/etc/httpd/conf/httpd.conf 文件中设置该目录允许采用.htaccess 文件进行用户身份认证。

加入如下内容（不要把注释写到配置文件中，后文同）。

```
[root@Server01 test]# vim /etc/httpd/conf/httpd.conf
Alias  /httest  "/virdir/test"
<Directory "/virdir/test">
   Options Indexes MultiViews FollowSymLinks
  #允许列目录
  AllowOverride AuthConfig
  #启用用户身份认证
  Order deny,allow
  Allow from all
  #允许所有用户访问
```

```
    AuthName    Test_Zone
    #定义的认证名称，与后面的.htpasswd文件中的一致
</Directory>
```

如果修改了 Apache 的主配置文件 httpd.conf，则必须重启 Apache 才会使新配置生效。可以执行 systemctl restart httpd 命令重启 Apache。

③ 在/virdir/test 目录下新建一个.htaccess 文件，内容如下。

```
[root@Server01 test]# cd  /virdir/test
[root@Server01 test]# touch  .htaccess              //创建.htaccess 文件
[root@Server01 test]# vim .htaccess                 //编辑.htaccess 文件并加入以下内容
AuthName "Test  Zone"
    AuthType Basic
    AuthUserFile  /usr/local/.htpasswd
    #指明存放授权访问的密码文件
    require   valid-user
    #指明密码文件中的用户才是有效用户
```

> **注意** 如果.htpasswd 文件不在默认的搜索路径中，则应该在 AuthUserFile 中指定该文件的绝对路径。

④ 让防火墙放行 HTTP，重启 httpd 服务，更改当前的 SELinux 值。

```
[root@Server01 ~]# firewall-cmd --permanent --add-service=http
[root@Server01 ~]# firewall-cmd --reload
[root@Server01 ~]# firewall-cmd --list-all
[root@Server01 ~]# systemctl restart httpd
```

⑤ 在客户端浏览器中输入 http://192.168.10.1/httest，需要输入用户名和密码才能访问，如图 9-17 所示。在 Apache 服务器上访问权限受限的目录时会出现认证窗口，只有输入正确的用户名和密码才能打开，如图 9-18 所示。

图 9-17　输入用户名和密码才能访问　　　图 9-18　输入正确的用户名和密码后能够访问受限内容

9.5　拓展阅读　中国的超级计算机

你知道全球超级计算机 500 强榜单吗？你知道中国目前的水平吗？

由国际组织"TOP500"编制的新一期全球超级计算机 500 强榜单于 2023 年 6 月揭晓。榜单显示，在全球浮点运算性能最强的 500 台超级计算机中，中国部署的超级计算机数量继续位列全球第一，达到 173 台，占总体份额超过 34.6%。中国厂商联想、曙光、浪潮是最主要的"超算"供应商。

全球超级计算机 500 强榜单始于 1993 年，每半年发布一次，是给全球已安装的超级计算机排名的知名榜单。

9.6 项目实训 配置与管理 Web 服务器

1. 项目背景

假如你是某学校的网络管理员，学校的域名为 www.long60.cn，学校计划为每位教师开通个人主页服务，为教师与学生建立沟通的平台。该学校的 Web 服务器搭建与配置网络拓扑如图 9-19 所示。

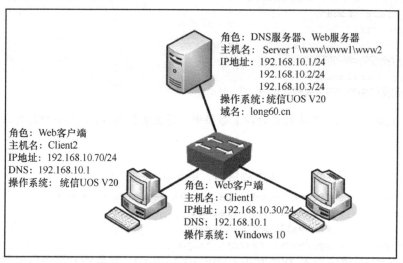

图 9-19　Web 服务器搭建与配置网络拓扑

学校计划为每位教师开通个人主页服务，要求实现如下功能。

（1）网页文件上传完成后，立即自动发布 URL 为 http://www. long60.cn/~的用户名。

（2）在 Web 服务器中建立一个名为 private 的虚拟目录，其对应的物理路径是/data/private，并配置 Web 服务器对该虚拟目录启用用户身份认证，只允许 yun90 用户访问。

（3）在 Web 服务器中建立一个名为 private 的虚拟目录，其对应的物理路径是/dir1/test，并配置 Web 服务器，仅允许来自 long60.cn 域和 192.168.10.0/24 网段的客户端访问该虚拟目录。

（4）使用 192.168.10.2 和 192.168.10.3 这两个 IP 地址，创建基于 IP 地址的虚拟主机，其中，IP 地址为 192.168.10.2 的虚拟主机对应的主目录为/var/www/ip2，IP 地址为 192.168.10.3 的虚拟主机对应的主目录为/var/www/ip3。

（5）创建基于域名 www1.long60.cn 和 www2.long60.cn 的虚拟主机，域名为 www1. long60.cn 的虚拟主机对应的主目录为/var/www/lon601，域名为 www2.long60.cn 的虚拟主机对应的主目录为/var/www/lon602。

2. 深度思考

思考以下几个问题。

（1）使用虚拟目录有何好处？

（2）配置基于域名的虚拟主机要注意什么？

（3）如何启用用户身份认证？

3. 做一做

完成项目实训。

9.7 练习题

一、填空题

1. Web 服务器使用的协议是＿＿＿＿＿＿，英文全称是＿＿＿＿＿＿，中文名称是＿＿＿＿＿＿。

2. HTTP 请求的默认端口是＿＿＿＿＿＿。

3. 统信 UOS V20 采用了 SELinux 这种增强的安全模式，在默认的配置下，只有＿＿＿＿＿＿服务可以通过。

4. 在命令行控制台窗口，输入＿＿＿＿＿＿命令打开 Linux 配置工具选择窗口。

二、选择题

1. 以下命令可以用于配置统信 UOS V20 启动时自动启动 httpd 服务的是（　　　）。

A. service　　　　　　B. ntsysv　　　　　　C. useradd　　　　　　D. startx

2. 在统信 UOS V20 中手动安装 Apache 服务器时，默认的 Web 站点的目录为（　　　）。

A. /etc/httpd　　　　　　　　　　　B. /var/www/html

C. /etc/home　　　　　　　　　　　D. /home/httpd

3. 对于 Apache 服务器，提供的子进程的默认用户是（　　　）。

A. root　　　　　　B. apached　　　　　　C. httpd　　　　　　D. nobody

4. Apache 服务器默认的工作方式是（　　　）。

A. inetd　　　　　　B. xinetd　　　　　　C. standby　　　　　　D. standalone

5. 用户的主页存放的目录由文件 httpd.conf 中的（　　　）参数设定。

A. UserDir　　　　　　B. Directory　　　　　　C. public_html　　　　　　D. DocumentRoot

6. 设置 Apache 服务器时，一般将服务的端口绑定到系统的（　　　）端口上。

A. 10000　　　　　　B. 23　　　　　　C. 80　　　　　　D. 53

7. 下面不是 Apache 服务器基于主机的访问控制命令的是（　　　）。

A. allow　　　　　　B. deny　　　　　　C. order　　　　　　D. all

8. 用来设定当服务器产生错误时，在浏览器上显示管理员的电子邮件地址的字段是（　　　）。

A. ServerName　　　　　　　　　　　B. ServerAdmin

C. ServerRoot　　　　　　　　　　　D. DocumentRoot

9. 在 Apache 服务器基于用户名的访问控制中，用于生成用户密码文件的命令是（　　　）。

A. smbpasswd　　　　　　　　　　　B. htpasswd

C. passwd　　　　　　　　　　　　　D. password

9.8 实践习题

1. 建立 Web 服务器，同时建立一个名为/mytest 的虚拟目录，并完成以下设置。

（1）设置根目录为/etc/httpd。

（2）设置首页名称为 test.html。

（3）设置超时时间为 240 秒。

（4）设置最大客户端连接数为 500。

（5）设置管理员的电子邮件地址为 root@smile60.cn。

（6）设置虚拟目录对应的实际目录为/linux/apache。

（7）将虚拟目录设置为仅允许 192.168.0.0/24 网段的客户端访问。

（8）分别测试 Web 服务器和虚拟目录。

2．在文档目录中建立 security 目录，并完成以下设置。

（1）对该目录启用用户身份认证功能。

（2）仅允许 user1 和 user2 账号访问。

（3）更改 Apache 服务默认监听的端口，将其设置为 8080。

（4）将允许 Apache 服务的用户和组设置为 nobody。

（5）禁止使用目录浏览功能。

3．建立虚拟主机，并完成以下设置。

（1）建立 IP 地址为 192.168.10.1 的虚拟主机 1，对应的文档目录为/usr/local/www/web1，仅允许来自.smile60.cn 域的客户端访问虚拟主机 1。

（2）建立 IP 地址为 192.168.10.2 的虚拟主机 2，对应的文档目录为/usr/local/www/web2，仅允许来自.long60.cn 域的客户端访问虚拟主机 2。

4．配置用户身份认证。

项目10
配置与管理FTP服务器

10

项目导入

某学院组建了校园网，建设了学院网站，并架设了 Web 服务器来为学院网站提供服务，但在网站上传和更新时，需要用到文件的上传和下载功能，因此还要架设 FTP 服务器，为学院内部和互联网用户提供 FTP 等服务。本项目主要配置与管理 FTP 服务器。

项目目标

- 掌握 FTP 服务的工作过程。
- 学会配置 vsftpd 服务器。

- 掌握配置基于虚拟用户的 FTP 服务器。
- 实践典型的 FTP 服务器配置案例。

素养提示

- "龙芯"让中国人自豪！请记住"龙芯"，记住"863""973""核高基"等国家重大项目。为中华之崛起而读书，从来都不仅限于书面上。

- 如果人生是一场奔赴，青春最好的"模样"是昂首笃行、步履铿锵。"人无刚骨，安身不牢。"骨气是人的脊梁，是前行的支柱。新时代的"弄潮儿"要有"富贵不能淫，贫贱不能移，威武不能屈"的气节，要有"自信人生二百年，会当水击三千里"的勇气，还要有"我将无我，不负人民"的担当。

10.1 项目知识准备

以 HTTP 为基础的 Web 服务功能虽然强大，但对于文件传输来说却略显不足。一种专门用于文件传输的服务——FTP 服务应运而生。

FTP 服务就是文件传输服务，FTP 的英文全称是 File Transfer Protocol，即文件传送协议，它具备更强的文件传输可靠性和更高的效率。

10.1.1　FTP 服务的工作过程

　　FTP 服务大大简化了文件传输的复杂性，它能够使文件通过网络从一台计算机传送到另外一台计算机上，却不受计算机和操作系统类型的限制。无论是计算机、服务器、大型机，还是 macOS、Linux、Windows 操作系统，只要双方都支持 FTP 服务，就可以方便、可靠地传送文件。

　　FTP 服务的工作过程（见图 10-1）如下。

　　（1）FTP 客户端向 FTP 服务器发送连接请求，同时 FTP 客户端动态地打开一个大于 1024 的端口（如 1031 端口）等候 FTP 服务器连接。

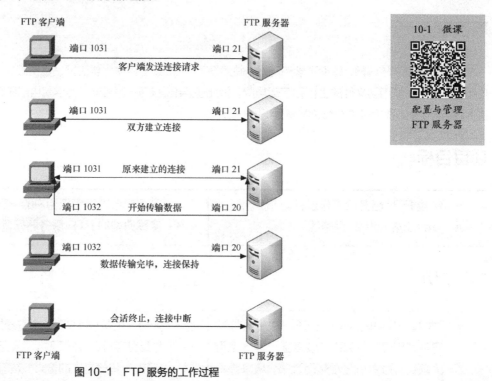

图 10-1　FTP 服务的工作过程

　　（2）若 FTP 服务器在端口 21 处侦听到该请求，则在 FTP 客户端的 1031 端口和 FTP 服务器的 21 端口之间建立起一个 FTP 会话连接。

　　（3）当需要传输数据时，FTP 客户端再动态地打开一个大于 1024 的端口（如 1032 端口）连接到 FTP 服务器的 20 端口，并在这两个端口之间传输数据。当数据传输完毕，这两个端口会自动关闭。

　　（4）数据传输完毕，如果 FTP 客户端不向 FTP 服务器发送拆除连接的请求，则连接保持。

　　（5）当 FTP 客户端向 FTP 服务器发送拆除连接的请求并确认后，FTP 客户端将断开与 FTP 服务器的连接，FTP 客户端上动态分配的端口将自动释放。

　　FTP 服务有两种工作模式：主动传输模式（Active FTP）和被动传输模式（Passive FTP）。

10.1.2　匿名用户

　　FTP 服务不同于 Web 服务，它要求先登录服务器，再传输文件。这对于很多公开提供软件下载的服务器来说十分不便，于是匿名用户访问诞生了。使用一个共同的用户名 anonymous 和密码不限的管理策略（一般使用用户的邮箱地址作为密码），让任何用户都可以很方便地从这些服务器上下载软件。

10.2 项目设计与准备

10-2 课堂慕课

配置与管理
FTP 服务器

一共有 3 台计算机，网络连接模式都设为 VMnet1。其中的两台安装了统信 UOS V20，一台作为服务器使用，一台作为客户端使用；另外一台安装了 Windows Server 2016，也作为客户端使用。Linux 服务器和客户端的配置信息如表 10-1 所示（可以使用 VMware Workstation 的"克隆"技术快速安装需要的 Linux 客户端）。

表 10-1　Linux 服务器和客户端的配置信息

主机名	操作系统	IP 地址	网络连接模式
FTP 服务器：Server01	统信 UOS V20	192.168.10.1/24	VMnet1
统信客户端：Client1	统信 UOS V20	192.168.10.20/24	VMnet1
Windows 客户端：Client3	Windows Server 2016	192.168.10.40/24	VMnet1

10.3 项目实施

任务 10-1　安装、启动 vsftpd 服务

1. 安装 vsftpd 服务

```
[root@Server01 ~]# rpm -q vsftpd
[root@Server01 ~]# mount /dev/cdrom /media
[root@Server01 ~]# dnf clean all                    //安装前先清除缓存
[root@Server01 ~]# dnf install vsftpd -y
[root@Server01 ~]# dnf install ftp -y               //同时安装 FTP 软件包，但要注意，本地 yum
                                                    //源没有 FTP 软件包，请切换在线 yum 源安装
[root@Server01 ~]# rpm -qa | grep vsftpd            //检查组件是否安装成功
```

2. vsftpd 服务的启动、重启、随系统启动

安装完 vsftpd 服务后，下一步就是启动。vsftpd 服务可以以独立或被动方式启动。在 UOS V20 中，默认以独立方式启动。

在此需要提醒各位读者，在生产环境中或者在 RHCSA、RHCE、RHCA 认证考试中，一定要把配置过的服务程序加入开机启动项，以保证服务器在重启后依然能够正常提供传输服务。

重新启动 vsftpd 服务、随系统启动，开放防火墙，开放 SELinux，输入下面的命令。

```
[root@Server01 ~]# systemctl restart vsftpd
[root@Server01 ~]# systemctl enable vsftpd
[root@Server01 ~]# firewall-cmd --permanent --add-service=ftp
[root@Server01 ~]# firewall-cmd --reload
[root@Server01 ~]# setsebool -P ftpd_full_access=on
```

207

任务 10-2 认识 vsftpd 的配置文件

vsftpd 的配置主要通过以下几个文件来完成。

1. 主配置文件

vsftpd 服务程序的主配置文件（/etc/vsftpd/vsftpd.conf）的内容总长度达到 126 行，但其中大多数参数在开头都添加了"#"，从而成为注释信息。

 注意 使用 cat /etc/vsftpd/vsftpd.conf 可以查看配置文件的说明，特别是"#"部分，非常重要。

可以使用 grep 命令添加-v 选项，过滤并反选出没有包含"#"的行（过滤所有的注释信息），然后将过滤后的行通过输出重定向符写回原始的主配置文件中（为安全起见，请先备份主配置文件）。

```
[root@Server01 ~]# mv /etc/vsftpd/vsftpd.conf /etc/vsftpd/vsftpd.conf.bak
[root@Server01 ~]# grep -v "#" /etc/vsftpd/vsftpd.conf.bak > /etc/vsftpd/vsftpd.conf
[root@Server01 ~]# cat /etc/vsftpd/vsftpd.conf -n
     1  anonymous_enable=NO
     2  local_enable=YES
     3  write_enable=YES
     4  local_umask=022
     5  dirmessage_enable=YES
     6  xferlog_enable=YES
     7  connect_from_port_20=YES
     8  xferlog_std_format=YES
     9  listen=NO
    10  listen_ipv6=YES
    11
    12  pam_service_name=vsftpd
    13  userlist_enable=YES
```

注意 使用 man vsftpd 命令可以查看 vsftpd 的详细配置说明。

表 10-2 所示为 vsftpd 服务程序常用的参数以及作用。后文将演示重要参数的用法，帮助大家熟悉并掌握这些参数。

表 10-2　vsftpd 服务程序常用的参数以及作用

参数	作用
listen=[YES|NO]	是否以独立运行的方式监听服务
listen_address=IP 地址	设置要监听的 IP 地址
listen_port=21	设置 FTP 服务的监听端口
download_enable = [YES|NO]	是否允许下载文件
userlist_enable=[YES|NO] userlist_deny=[YES|NO]	设置用户列表为"允许"还是"禁止"操作
max_clients=0	最大客户端连接数，0 表示不限制

续表

参数	作用
max_per_ip=0	同一 IP 地址的最大连接数，0 表示不限制
anonymous_enable=[YES|NO]	是否允许匿名用户访问
anon_upload_enable=[YES|NO]	是否允许匿名用户上传文件
anon_umask=022	匿名用户上传文件的 umask 值
anon_root=/var/ftp	匿名用户的 FTP 根目录
anon_mkdir_write_enable=[YES|NO]	是否允许匿名用户创建目录
anon_other_write_enable=[YES|NO]	是否开放匿名用户的其他写入权限（包括重命名、删除等操作权限）
anon_max_rate=0	匿名用户的最大传输速率（Byte/s），0 表示不限制
local_enable=[YES|NO]	是否允许本地用户登录 FTP
local_umask=022	本地用户上传文件的 umask 值
local_root=/var/ftp	本地用户的 FTP 根目录
chroot_local_user=[YES|NO]	是否将用户权限禁锢在 FTP 目录中，以确保安全
local_max_rate=0	本地用户的最大传输速率（Byte/s），0 表示不限制

2. /etc/pam.d/vsftpd

vsftpd 的可插拔认证模块（Pluggable Authentication Modules，PAM）配置文件，主要用来加强 vsftpd 服务器的用户认证。

3. /etc/vsftpd/ftpusers

所有位于此文件内的用户都不能访问 vsftpd 服务。当然，为安全起见，这个文件中默认已经包括 root、bin 和 daemon 等系统账户。

4. /etc/vsftpd/user_list

这个文件中包括的用户有可能是被拒绝访问 vsftpd 服务的，也可能是允许访问的，这主要取决于 vsftpd 的主配置文件/etc/vsftpd/vsftpd.conf 中的 userlist_deny 参数是设置为 YES（默认值）还是 NO。

- 当 userlist_deny=NO 时，仅允许文件列表中的用户访问 FTP 服务器。
- 当 userlist_deny=YES 时，拒绝文件列表中的用户访问 FTP 服务器。

5. /var/ftp 目录

该目录是 vsftpd 提供服务的文件集散地，它包括一个 pub 子目录。在默认配置下，所有的目录都只有只读权限，不过 root 用户有写权限。

任务 10-3　配置匿名用户 FTP 实例

1. vsftpd 的认证模式

vsftpd 允许用户以如下 3 种认证模式登录 FTP 服务器。

（1）**匿名开放模式**：一种极不安全的认证模式，任何人都无须密码验证，即可直接登录 FTP 服务器。

（2）**本地用户模式**：通过 Linux 系统本地的账户密码信息进行认证的模式。与匿名开放模式相比，该模式更安全，而且配置起来也很简单。但是如果被入侵者破解了账户的信息，就可以畅通无阻地登录 FTP 服务器，从而完全控制整台服务器。

（3）**虚拟用户模式**：这是 3 种模式中最安全的一种认证模式。它需要为 FTP 服务单独建立用户数据库文件，虚拟映射用来进行口令验证的账户信息在服务器系统中实际上是不存在的，仅供 FTP 服务程序进行认证使用。这样，即使入侵者破解了账户信息，也无法登录服务器，从而有效减少了破坏范围和影响。

2. 匿名用户登录的参数说明

表 10-3 所示为可以向匿名用户开放的权限参数以及作用。

表 10-3　可以向匿名用户开放的权限参数以及作用

权限参数	作用
anonymous_enable=YES	允许匿名用户访问
anon_umask=022	匿名用户上传文件的 umask 值
anon_upload_enable=YES	允许匿名用户上传文件
anon_mkdir_write_enable=YES	允许匿名用户创建目录
anon_other_write_enable=YES	允许匿名用户修改目录名称或删除目录

3. 配置匿名用户登录 FTP 服务器实例

【例 10-1】搭建一台 FTP 服务器，允许匿名用户上传和下载文件，匿名用户的根目录设置为/var/ftp。

（1）新建测试文件，编辑/etc/vsftpd/vsftpd.conf 文件。

```
[root@Server01 ~]# touch /var/ftp/pub/sample.tar
[root@Server01 ~]# vim  /etc/vsftpd/vsftpd.conf
```

在文件后面添加如下 4 行（**语句前后一定不要带空格**，若有重复的语句，则删除或直接在其上更改，"#"及后面的内容不要写到文件里）。

```
anonymous_enable=YES
#允许匿名用户访问
anon_root=/var/ftp
#设置匿名用户的根目录为/var/ftp
anon_upload_enable=YES
#允许匿名用户上传文件
anon_mkdir_write_enable=YES
#允许匿名用户创建目录
```

（2）设置 SELinux 为允许，让防火墙放行 FTP 服务，重启 vsftpd 服务。

```
[root@Server01 ~]# setenforce 0                    #默认 SELinux 处于关闭状态
[root@Server01 ~]# firewall-cmd --permanent --add-service=ftp
[root@Server01 ~]# firewall-cmd --reload
[root@Server01 ~]# firewall-cmd --list-all
[root@Server01 ~]# systemctl restart vsftpd
```

在 Windows Server 2016 客户端的资源管理器中输入 ftp://192.168.10.1，打开 pub 目录，新建一个文件夹，结果出错了，如图 10-2 所示。

什么原因呢？系统的本地权限没有设置！

（3）设置本地系统权限，将属主设为 ftp，或者对 pub 目录赋予其他用户写权限。

```
[root@Server01 ~]# ll -ld /var/ftp/pub
```

```
drwxr-xr-x 2 root root 24  5月 24 19:46 /var/ftp/pub        //其他用户没有写权限
[root@Server01 ~]# chown ftp /var/ftp/pub                    //将属主改为匿名用户 ftp
 或者:
[root@Server01 ~]# chmod  o+w /var/ftp/pub          //为其他用户赋予写权限
[root@Server01 ~]# ll -ld /var/ftp/pub
drwxr-xrwx 2 ftp root 24  5月 24 19:46 /var/ftp/pub          //已将属主改为匿名用户 ftp
[root@Server01 ~]# systemctl  restart vsftpd
```

图 10-2　测试 FTP 服务器 192.168.10.1 出错

（4）在 Windows Server 2016 客户端再次测试，在 pub 目录下能够新建文件夹。

提示　如果在 Linux 上测试，则在终端执行 ftp 192.168.10.1 命令后，在用户名处输入 "ftp"，然后在密码处直接按 "Enter" 键即可。

注意　要实现匿名用户创建文件等功能，仅在配置文件中开启这些功能是不够的，还需要注意开放本地文件系统权限，使匿名用户拥有写权限，或者改变属主为 ftp。也要特别注意防火墙和 SELinux 的设置，否则会出问题！切记！

任务 10-4　配置本地模式的常规 FTP 服务器案例

1. FTP 服务器配置要求

企业内部现有一台 FTP 服务器和 Web 服务器，FTP 服务器主要用于维护企业的网站内容，包括上传文件、创建目录、更新网页等。企业现有两个部门负责维护任务，两者分别用 team1 和 team2 账号进行管理。要求仅允许 team1 和 team2 账号登录 FTP 服务器，但不能登录本地系统，并将这两个账号的根目录限制为/web/www/html，不能进入该目录以外的任何目录。

2. 需求分析

将 FTP 服务器和 Web 服务器放在一起是企业经常采用的方法，这样方便实现对网站的维护。为了增强安全性，首先需要仅允许本地用户访问，并禁止匿名用户登录；其次，使用 chroot 功能将

team1 和 team2 锁定在/web/www/html 目录下。如果需要删除文件，则还需要注意本地权限。

3. 解决方案

（1）建立维护网站内容的账号 team1、team2，并为其设置密码。

```
[root@Server01 ~]# useradd   team1; useradd team2; useradd   user1
[root@Server01 ~]# passwd   team1
[root@Server01 ~]# passwd   team2
[root@Server01 ~]# passwd   user1
```

（2）配置 vsftpd.conf 主配置文件并将相应修改写入配置文件时，下面的注释一定要去掉，**语句前后不要加空格，切记！**另外，要先把任务 10-3 的配置文件恢复到最初状态再做实训（**可在语句前面加上"#"**），以免实训间互相影响。

```
[root@Server01 ~]# vim  /etc/vsftpd/vsftpd.conf
anonymous_enable=NO
#禁止匿名用户登录
local_enable=YES
#允许本地用户登录
local_root=/web/www/html
#设置本地用户的根目录为/web/www/html
chroot_local_user=NO
#是否限制本地用户，这也是默认值，可以省略
chroot_list_enable=YES
#激活 chroot 功能
chroot_list_file=/etc/vsftpd/chroot_list
#设置锁定用户在根目录中的列表文件
allow_writeable_chroot=YES
#只要启用 chroot 功能就一定要加入这条：允许 chroot 限制，否则会出现连接错误。切记
```

> **特别提示**　chroot_local_user=NO 是默认设置，即如果不做任何 chroot 设置，则 FTP 登录目录是不受限制的。另外，只要启用 chroot 功能，就一定要增加 allow_writeable_chroot=YES 语句。

> **注意**　chroot 是靠例外列表来实现的，列表内的用户即例外的用户。例外列表文件为 /etc/vsftpd/chroot_list。所以根据是否启用本地用户转换，可设置不同目的的例外列表，从而实现 chroot 功能。实现锁定目录有两种方法。

① 第一种是除列表内的用户外，其他用户都被限定在固定目录内，即列表内的用户自由，列表外的用户受限制。这时启用 chroot_local_user=YES。

```
chroot_local_user=YES
chroot_list_enable=YES
chroot_list_file=/etc/vsftpd/chroot_list
allow_writeable_chroot=YES
```

② 第二种是除列表内的用户外，其他用户都可自由转换目录，即列表内的用户受限制，列表外的用户自由。这时启用 chroot_local_user=NO。**本例使用第二种。**

```
chroot_local_user=NO
chroot_list_enable=YES
```

```
chroot_list_file=/etc/vsftpd/chroot_list
allow_writeable_chroot=YES
```

（3）建立/etc/vsftpd/chroot_list 文件，添加 team1 和 team2 账号。

```
[root@Server01 ~]# vim /etc/vsftpd/chroot_list
team1
team2
```

（4）默认 SELinux 是关闭的，只要防火墙放行！重启 FTP 服务。

```
[root@Server01 ~]# firewall-cmd --permanent --add-service=ftp
[root@Server01 ~]# firewall-cmd --reload
[root@Server01 ~]# setenforce 0          //默认 SELinux 关闭，该语句执行会提示 SELinux
//is disabled，如果 SELinux 是开启的，则需要执行该命令
[root@Server01 ~]# systemctl restart vsftpd
```

 思考 如果执行 setenforce 1，那么必须执行 setsebool -P ftpd_full_access=on。这样能保证目录的
正常写入和删除等操作。

（5）修改本地权限。

```
[root@Server01 ~]# mkdir /web/www/html -p
[root@Server01 ~]# touch /web/www/html/test.sample
[root@Server01 ~]# ll -d /web/www/html
drwxr-xr-x 2 root root 25 5月 24 20:56 /web/www/html
[root@Server01 ~]# chmod -R o+w /web/www/html      //其他用户可以写入
[root@Server01 ~]# ll -d /web/www/html
drwxr-xrwx 2 root root 25 5月 24 20:56 /web/www/html
```

（6）在统信客户端 Client1 上先安装 FTP 工具，然后测试。

```
[root@Client1 ~]# mount /dev/cdrom /so
[root@Client1 ~]# dnf clean all
[root@Client1 ~]# dnf install ftp -y      //需要联网在线安装
```

① 使用 team1 和 team2 用户不能转换目录，但能建立新文件夹，显示的目录是"/"，其实是
/web/www/html！

```
[root@Client1 ~]# ftp 192.168.10.1
Connected to 192.168.10.1 (192.168.10.1).
220 (vsFTPd 3.0.3)
Name (192.168.10.1:root): team1          //锁定用户测试
331 Please specify the password.
Password:                                //输入 team1 用户密码
230 Login successful.
Remote system type is UNIX.
Using binary mode to transfer files.
ftp> pwd
257 "/" is the current directory  //显示的目录是"/"，其实是/web/www/html，从列示的文件
//中就知道
ftp> mkdir testteam1
257 "/testteam1" created
ftp> ls
227 Entering Passive Mode (192,168,10,1,109,244).
150 Here comes the directory listing.
-rw-r--rw-   1 0        0               0 May 24 12:56 test.sample
drwxr-xr-x   2 1001     1001            6 May 24 12:59 testteam1
```

```
226 Directory send OK.
ftp> get test.sample test1111.sample        //下载 test.sample 到客户端的当前目录并改名
local: test1111.sample remote: test.sample
227 Entering Passive Mode (192,168,10,1,135,142).
150 Opening BINARY mode data connection for test.sample (0 bytes).
226 Transfer complete.
ftp> put test1111.sample  test00.sample      //上传文件并改名为 test00.sample
local: test1111.sample remote: test00.sample
227 Entering Passive Mode (192,168,10,1,235,69).
150 Ok to send data.
226 Transfer complete.
ftp> ls
227 Entering Passive Mode (192,168,10,1,172,169).
150 Here comes the directory listing.
-rw-r--rw-   1 0        0             0 May 24 12:56 test.sample
-rw-r--r--   1 1001     1001          0 May 24 13:00 test00.sample
drwxr-xr-x   2 1001     1001          6 May 24 12:59 testteam1
226 Directory send OK.
ftp> cd /etc
550 Failed to change directory.        //不允许更改目录
ftp> exit
221 Goodbye.
```

② 使用 user1 用户能自由转换目录，可以将/etc/passwd 文件下载到主目录，何其危险！

```
[root@Client1 ~]# ftp 192.168.10.1
Connected to 192.168.10.1 (192.168.10.1).
220 (vsFTPd 3.0.3)
Name (192.168.10.1:root): user1        //列表外的用户是自由的
331 Please specify the password.
Password:                              //输入 user1 用户密码
230 Login successful.
Remote system type is UNIX.
Using binary mode to transfer files.
ftp> pwd
257 "/web/www/html" is the current directory
ftp> mkdir testuser1
257 "/web/www/html/testuser1" created
ftp> cd /etc                           //成功转换到/etc 目录
250 Directory successfully changed.
ftp> get passwd
//成功下载密码文件 passwd 到本地用户的当前目录（本例是/root），可以退出后查看。不安全
local: passwd remote: passwd
227 Entering Passive Mode (192,168,10,1,163,94).
150 Opening BINARY mode data connection for passwd (2622 bytes).
226 Transfer complete.
2622 bytes received in 4.3e-05 secs (60976.74 Kbytes/sec)
ftp> cd /web/www/html
250 Directory successfully changed.
ftp> ls
227 Entering Passive Mode (192,168,10,1,84,192).
150 Here comes the directory listing.
-rw-r--rw-   1 0        0             0 May 24 12:56 test.sample
```

```
-rw-r--r--    1 1001      1001              0 May 24 13:00 test00.sample
drwxr-xr-x    2 1001      1001              6 May 24 12:59 testteam1
drwxr-xr-x    2 1003      1003              6 May 24 13:06 testuser1
226 Directory send OK.
ftp> exit
221 Goodbye.
[root@Client1 ~]#
```

（7）在 Server01 上，在该任务的配置文件的新增语句前加上"#"。

任务 10-5　设置 vsftpd 虚拟账户

FTP 服务器的搭建工作并不复杂，但需要按照服务器的用途合理规划相关配置。如果 FTP 服务器并不对互联网上的所有用户开放，则可以关闭匿名访问，而开启实体账户或者虚拟账户的验证机制。但在实际操作中，如果使用实体账户访问，则 FTP 用户在拥有服务器真实用户名和密码的情况下，会对服务器产生潜在的危害。如果 FTP 服务器设置不当，则用户有可能使用实体账户进行非法操作。所以，为了 FTP 服务器的安全，可以使用虚拟账户验证方式，也就是将虚拟账户映射为服务器的实体账户，客户端使用虚拟账户访问 FTP 服务器。

要求：使用虚拟账户 user2、user3 登录 FTP 服务器，访问的主目录是/var/ftp/vuser，用户只允许查看文件，不允许上传、修改等操作。

对于 vsftpd 虚拟账户的配置主要有以下几个步骤。（务必还原回任务 10-1 前状态再执行本任务，否则会在测试时无法登入）

1. 创建用户数据库

（1）使用 gdbmtool 工具创建数据库。

```
[root@Server01 ~]# mkdir   /vftp
[root@server01 ~]# gdbmtool -n                     //创建一个数据库
Welcome to the gdbm tool. Type ? for help.
gdbmtool> open /vftp/vuser.pag                      //打开数据库文件 vuser.pag
gdbmtool> store user2 12345678                      //存储虚拟账户和密码
gdbmtool> store user3 12345678
gdbmtool> quit
```

（2）修改数据库文件访问权限。

数据库文件中保存着虚拟账户和密码信息，为了防止用户非法盗取，可以修改该文件的访问权限。

```
[root@Server01 ~]# chmod 700 /vftp/vuser.pag ; ll /vftp
总用量 16K
-rwx------ 1 root root 16K  5月 31 18:25 vuser.pag
```

2. 配置 PAM 文件

为了使服务器能够使用数据库文件，对客户端进行身份验证，需要调用系统的 PAM 模块，不必重新安装应用程序，通过修改指定的配置文件，调整对该程序的认证方式。PAM 模块配置文件的路径为/etc/pam.d。该目录下保存着大量与认证有关的配置文件，并以服务名称命名。

下面修改 vsftpd 对应的 PAM 配置文件/etc/pam.d/vsftpd，添加相应字段，如下所示。

```
[root@Server01 ~]# vim   /etc/pam.d/vsftpd
auth            required      pam_userdb.so    db=/vftp/vuser
account         required      pam_userdb.so    db=/vftp/vuser
```

3. 创建虚拟账户对应的系统账户，并建立测试文件和目录

```
[root@Server01 ~]# useradd -d /var/ftp/vuser  vuser                    ①
[root@Server01 ~]# chown  vuser.vuser  /var/ftp/vuser                  ②
[root@Server01 ~]# chmod  555  /var/ftp/vuser                         ③
[root@Server01 ~]# touch /var/ftp/vuser/file1; mkdir /var/ftp/vuser/dir1
[root@Server01 ~]# ls  -ld  /var/ftp/vuser                           ④
dr-xr-xr-x 11 vuser vuser 208  5月 31 18:30 /var/ftp/vuser
```

以上代码中其后带有序号的各行的说明如下。

① 用 useradd 命令添加系统账户 vuser，并将其/home 目录指定为/var/ftp 下的 vuser。

② 变更 vuser 目录所属的用户和组，设定为 vuser 用户、vuser 组。

③ 匿名账户登录时会被映射为系统账户，并登录/var/ftp/vuser 目录，但其并没有访问该目录的权限，需要为 vuser 目录的属主、属组、其他用户和组添加读和执行权限。

④ 使用 ls 命令查看 vuser 目录的详细信息，系统账户主目录设置完毕。

4. 修改/etc/vsftpd/vsftpd.conf

```
[root@Server01 ~]# dnf install vsftpd -y
[root@Server01 ~]# mv /etc/vsftpd/vsftpd.conf /etc/vsftpd/vsftpd.conf.bak
[root@Server01 ~]# grep -v "#" /etc/vsftpd/vsftpd.conf.bak > /etc/vsftpd/vsftpd.conf
[root@Server01 ~]# vim /etc/vsftpd/vsftpd.conf
anonymous_enable=NO                                          ①
anon_upload_enable=NO
anon_mkdir_write_enable=NO
anon_other_write_enable=NO
local_enable=YES                                            ②
chroot_local_user=YES                                       ③
allow_writeable_chroot=YES
write_enable=NO                                             ④
guest_enable=YES                                            ⑤
guest_username=vuser                                        ⑥
listen=YES                                                  ⑦
pam_service_name=vsftpd                                     ⑧
listen_ipv6=NO                                              ⑨
```

 注意 ① "="两边不要加空格；② 将该内容直接加到配置文件的尾部，但与原文件相同的配置选项前面需要加上"#"。

以上代码中其后带有序号的各行的说明如下。

① 为了保证服务器的安全，关闭匿名访问，以及其他与匿名相关的设置。

② 因为虚拟账户会被映射为服务器的系统账户，所以需要开启本地账户的支持。

③ 锁定账户的根目录。

④ 关闭用户的写权限。

⑤ 开启虚拟账户访问功能。

⑥ 设置虚拟账户对应的系统账户为 vuser。

⑦ 设置 FTP 服务器为独立运行。

⑧ 配置 vsftpd 使用的 PAM 模块为 vsftpd。

⑨ 目前网络环境尚不支持 IPv6，在 listen 设置为 Yes 的情况下会导致出现错误无法启动，所以将其值改为 NO。

5. 设置防火墙放行和设置 SELinux 为允许（默认关闭），重启 vsftpd 服务

```
[root@Server01 ~]# firewall-cmd --permanent --add-service=ftp
[root@Server01 ~]# firewall-cmd --reload
[root@Server01 ~]# firewall-cmd --list-all
[root@Server01 ~]# setsebool -P ftpd_full_access=on
[root@Server01 ~]# systemctl restart vsftpd
[root@Server01 ~]# systemctl enable  vsftpd
```

6. 在 Client1 上测试

使用虚拟账户 user2、user3 登录 FTP 服务器，进行测试，会发现虚拟账户登录成功，并显示 FTP 服务器目录信息。

```
[root@Client1 ~]# ftp 192.168.10.1
Connected to 192.168.10.1 (192.168.10.1).
220 (vsFTPd 3.0.3)
Name (192.168.10.1:root): user2
331 Please specify the password.
Password:
230 Login successful.
Remote system type is UNIX.
Using binary mode to transfer files.
ftp> ls
227 Entering Passive Mode (192,168,10,1,102,115).
150 Here comes the directory listing.
drwxr-xr-x    2 1001     1001            59 May 13 12:51 Desktop
drwxr-xr-x    2 1001     1001             6 Oct 20  2022 Documents
drwxr-xr-x    2 1001     1001             6 Oct 20  2022 Downloads
drwxr-xr-x    2 1001     1001            32 May 13 12:51 Music
drwxr-xr-x    3 1001     1001            24 May 13 12:51 Pictures
drwxr-xr-x    2 1001     1001             6 Oct 20  2022 Videos
drwxr-xr-x    2 0        0               6 May 31 10:30 dir1
-rw-r--r--    1 0        0               0 May 31 10:30 file1
226 Directory send OK.
ftp> cd /etc                    //不能更改主目录
550 Failed to change directory.
ftp> mkdir testuser1            //仅能查看，不能写入
550 Permission denied.
ftp> quit
221 Goodbye.
```

> **特别提示** 匿名开放模式、本地用户模式和虚拟用户模式的配置文件，请在出版社网站下载，或向编者索要。

7. 补充关于 vsftpd 服务器的主动模式和被动模式配置

（1）主动模式配置。

```
Port_enable=YES              //开启主动模式
Connect_from_port_20=YES     //指定当主动模式开启时，是否启用默认的 20 端口监听
```

```
Ftp_date_port=%portnumber%        //上一选项使用 NO 参数时指定数据传输端口
```
（2）被动模式配置。
```
connect_from_port_20=NO
PASV_enable=YES                    //开启被动模式
PASV_min_port=%number%             //被动模式最低端口
PASV_max_port=%number%             //被动模式最高端口
```

10.4 企业实战与应用

10.4.1 企业环境及需求

企业为了宣传最新的产品信息，计划搭建 FTP 服务器，为用户提供相关文档的下载功能。对所有互联网用户开放共享目录，允许下载产品信息，禁止上传。企业的合作单位能够使用 FTP 服务器进行上传和下载，但不可删除数据，并且为保证服务器的稳定性，需要进行适当的优化设置。

10.4.2 需求分析

根据企业的需求，对不同用户进行不同的权限限制，FTP 服务器需要实现用户的审核。因为考虑服务器的安全性，所以关闭实体账户登录，使用虚拟账户验证机制，并对不同虚拟账户设置不同的权限。为了保证服务器的性能，还需要根据用户的等级限制客户端的连接数和下载速度。在 Server01 上配置服务器，在 Client1 和 Client3 上测试。

10.4.3 解决方案

1. 创建用户数据库文件

首先打开数据库文件 ftptestuser.pag，添加两个虚拟账户：公共账户 ftptest、客户账户 vip。具体操作如下。

（1）使用 gdbmtool 工具创建数据库。
```
[root@Server01 ~]# mkdir /ftptestuser
[root@server01 ~]# gdbmtool -n                       //创建一个数据库
Welcome to the gdbm tool.  Type ? for help.
gdbmtool> open /ftptestuser/ftptestuser.pag          //打开数据库文件 ftptestuser.pag
gdbmtool> store ftptest 12345678                     //存储虚拟账户和密码
gdbmtool> store vip 12345678
gdbmtool> quit
```
（2）修改数据库文件的访问权限。

为了保证数据库文件的安全，需要修改该文件的访问权限，如下所示。
```
[root@Server01 ~]# chmod 700 /ftptestuser/ftptestuser.pag
[root@Server01 ~]# ll  /ftptestuser
总用量 16K
-rwx------ 1 root root 16K  5月 31 18:55 ftptestuser.pag
```
2. 配置 PAM 文件

修改 vsftpd 对应的 PAM 配置文件/etc/pam.d/vsftpd，如下所示。

```
[root@Server01 ~]# Vim /etc/pam.d/vsftpd
auth        required        pam_userdb.so      db=/ftptestuser/ftptestuser
account     required        pam_userdb.so      db=/ftptestuser/ftptestuser
```

3. 创建虚拟账户对应的系统账户

对于公共账户和客户账户，因为需要配置不同的权限，所以可以将两个账户的目录隔离，控制用户的文件访问。公共账户 ftptest 对应系统账户 ftptestuser，并指定其主目录为/var/ftptest/share，而客户账户 vip 对应系统账户 ftpvip，指定其主目录为/var/ftptest/vip。

```
[root@Server01 ~]# mkdir  /var/ftptest
[root@Server01 ~]# useradd  -d /var/ftptest/share  ftptestuser
[root@Server01 ~]# chown  ftptestuser:ftptestuser  /var/ftptest/share
[root@Server01 ~]# chmod  o=r  /var/ftptest/share                        ①
[root@Server01 ~]# useradd  -d /var/ftptest/vip  ftpvip
[root@Server01 ~]# chown  ftpvip:ftpvip  /var/ftptest/vip
[root@Server01 ~]# chmod  o=rw  /var/ftptest/vip                         ②
[root@Server01 ~]# mkdir  /var/ftptest/share/testdir
[root@Server01 ~]# touch  /var/ftptest/share/testfile
[root@Server01 ~]# mkdir  /var/ftptest/vip/vipdir
[root@Server01 ~]# touch  /var/ftptest/vip/vipfile
```

以上代码中其后带有序号的两行的说明如下。

① 公共账户 ftptest 只允许下载，修改 share 目录其他用户的权限为 read（只读）。

② 因为客户账户 vip 允许上传和下载，所以将 vip 目录权限设置为 read 和 write（可读写）。

4. 建立配置文件

设置多个虚拟账户的不同权限时，使用一个配置文件无法实现该功能，需要为每个虚拟账户建立独立的配置文件，并根据需要进行相应的设置。

（1）修改 vsftpd.conf。

配置主配置文件/etc/vsftpd/vsftpd.conf，注释原有数据，添加虚拟账户的共同设置，并添加 user_config_dir 字段，定义虚拟账户的配置文件目录，如下所示。

```
anonymous_enable=NO
anon_upload_enable=NO
anon_mkdir_write_enable=NO
anon_other_write_enable=NO
local_enable=YES
chroot_local_user=YES
allow_writeable_chroot=YES
pam_service_name=vsftpd                                                   ①
user_config_dir=/ftpconfig                                               ②
max_clients=300                                                          ③
max_per_ip=10                                                            ④
```

以上代码中其后带有序号的几行的说明如下。

① 配置 vsftpd 使用的 PAM 模块为 vsftpd。

② 设置虚拟账户的主目录为/ftpconfig。

③ 设置 FTP 服务器最大接入客户端数为 300。

④ 每个 IP 地址的最大连接数为 10。

（2）建立虚拟账户配置文件。

在 user_config_dir 指定路径下，建立与虚拟账户同名的配置文件，并添加相应的配置字段。首先创建公共账户 ftptest 的配置文件，如下所示。

```
[root@Server01 ~]# mkdir  /ftpconfig
[root@Server01 ~]# vim  /ftpconfig/ftptest
guest_enable=yes                                          ①
guest_username=ftptestuser                                ②
anon_world_readable_only=yes                              ③
anon_max_rate=30000                                       ④
```

以上代码中其后带有序号的几行的说明如下。

① 开启虚拟账户登录。

② 设置 ftptest 对应的系统账户为 ftptestuser。

③ 配置虚拟账户全局可读，允许其下载数据。

④ 限定传输速率为 30KB/s。

同理，设置 ftpvip 用户的配置文件。

```
[root@Server01 ~]# vim  /ftpconfig/vip
guest_enable=yes
guest_username=ftpvip                                     ①
anon_world_readable_only=no                               ②
write_enable=yes                                          ③
anon_upload_enable=yes                                    ④
anon_mkdir_write_enable=yes
anon_max_rate=60000                                       ⑤
allow_writeable_chroot=YES                                ⑥
```

以上代码中其后带有序号的几行的说明如下。

① 设置 vip 账户对应的系统账户为 ftpvip。

② 关闭匿名账户只读功能。

③ 允许在文件系统中使用 FTP 命令进行操作。

④ 开启匿名账户的上传功能。

⑤ 限定传输速率为 60KB/s。

⑥ 允许用户的主目录具有写权限而不报错。

5. 配置防火墙和 SELinux，启动 vsftpd 并设置开机自动启动 vsftpd

```
[root@Server01 ~]# firewall-cmd --permanent --add-service=ftp
[root@Server01 ~]# firewall-cmd --reload
[root@Server01 ~]# firewall-cmd --list-all
[root@Server01 ~]# setsebool -P ftpd_full_access=on
[root@Server01 ~]# systemctl restart vsftpd
[root@Server01 ~]# systemctl enable  vsftpd
```

6. 测试

（1）使用公共账户 ftptest 登录服务器，可以浏览、下载文件，但是尝试上传文件时，会提示 550 错误信息。请先在当前目录下建立一个待上传的文件 f1.conf。

```
[root@Client1 ~]# touch  /f1.conf
[root@Client1 ~]# ftp 192.168.10.1
Connected to 192.168.10.1 (192.168.10.1).
```

```
220 (vsFTPd 3.0.3)
Name (192.168.10.1:root): ftptest
331 Please specify the password.
Password:
230 Login successful.
Remote system type is UNIX.
Using binary mode to transfer files.
ftp> ls                                     //可以浏览下载的文件
227 Entering Passive Mode (192,168,10,1,153,109).
150 Here comes the directory listing.
drwxr-xr-x    2 1001      1001              59 May 13 12:51 Desktop
drwxr-xr-x    2 1001      1001               6 Oct 20  2022 Documents
drwxr-xr-x    2 1001      1001               6 Oct 20  2022 Downloads
drwxr-xr-x    2 1001      1001              32 May 13 12:51 Music
drwxr-xr-x    3 1001      1001              24 May 13 12:51 Pictures
drwxr-xr-x    2 1001      1001               6 Oct 20  2022 Videos
drwxr-xr-x    2 0         0                  6 May 31 11:01 testdir
-rw-r--r--    1 0         0                  0 May 31 11:01 testfile
226 Directory send OK.
ftp> put /f1.conf
local: /f1.conf remote: /f1.conf
227 Entering Passive Mode (192,168,10,1,188,251).
550 Permission denied.                      //尝试上传文件时，会提示 550 错误信息
ftp> exit
221 Goodbye.
```

（2）使用客户账户 vip 登录测试，vip 账户具备上传权限，使用 put 上传 "XXX 文件"，使用 mkdir 创建文件夹，都是成功的。

（3）但是使用该账户删除文件时，会出现 550 错误提示，表明无法删除文件。vip 账户的测试过程如下。

```
[root@Client1 ~]# ftp 192.168.10.1
Connected to 192.168.10.1 (192.168.10.1).
220 (vsFTPd 3.0.3)
Name (192.168.10.1:root): vip
331 Please specify the password.
Password:
230 Login successful.
Remote system type is UNIX.
Using binary mode to transfer files.
ftp> ls
227 Entering Passive Mode (192,168,10,1,42,32).
150 Here comes the directory listing.
drwxr-xr-x    2 1002      1002              59 May 13 12:51 Desktop
drwxr-xr-x    2 1002      1002               6 Oct 20  2022 Documents
drwxr-xr-x    2 1002      1002               6 Oct 20  2022 Downloads
drwxr-xr-x    2 1002      1002              32 May 13 12:51 Music
drwxr-xr-x    3 1002      1002              24 May 13 12:51 Pictures
drwxr-xr-x    2 1002      1002               6 Oct 20  2022 Videos
drwxr-xr-x    2 0         0                  6 May 31 11:01 vipdir
-rw-r--r--    1 0         0                  0 May 31 11:01 vipfile
```

```
226 Directory send OK.
ftp> mkdir testdir1
257 "/testdir1" created
ftp> put /f1.conf
local: /f1.conf remote: /f1.conf
227 Entering Passive Mode (192,168,10,1,46,13).
150 Ok to send data.
226 Transfer complete.                     //成功上传文件
ftp> rm f1.conf
550 Permission denied.
ftp> exit
221 Goodbye.
```

10.5 FTP 排错

相比其他的服务，vsftpd 的配置操作并不复杂，但管理员的疏忽会造成客户端无法正常访问 FTP 服务器。本节将通过几个常见错误，讲解 vsftpd 的排错方法。

1. 拒绝账户登录（错误提示：OOPS 无法改变目录）

当客户端使用 FTP 账户登录服务器时，提示"500 OOPS"错误。

接收到该错误信息，其实并不是 vsftpd.conf 配置文件的设置有问题，而是"cannot change directory"，即无法更改目录。出现这个错误主要有以下两个原因。

（1）目录权限设置错误。

该错误一般在本地账户登录时发生，如果管理员在设置该账户主目录权限时，忘记添加执行权限（X），就会收到该错误信息。FTP 中的本地账户需要拥有目录的执行权限，使用 chmod 命令添加"X"权限，保证用户能够浏览目录信息，否则拒绝登录。对于 FTP 的虚拟账户，即使不具备目录的执行权限，也可以登录 FTP 服务器，但会有其他错误提示。为了保证 FTP 用户的正常访问，请开启目录的执行权限。

（2）SELinux。

FTP 服务器开启了 SELinux 针对 FTP 数据传输的策略，也会造成"无法切换目录"的错误提示，如果目录权限设置正确，就需要检查 SELinux 的配置。用户可以通过 setsebool 命令，禁用 SELinux 的 FTP 传输审核功能。在统信 UOS V20 中，默认 SELinux 是关闭的，如果开启，则正确处理。

```
[root@Server01 ~] # setsebool  -P  ftpd_disable_trans  1
```

重新启动 vsftpd 服务，用户能够成功登录 FTP 服务器。

2. 客户端连接 FTP 服务器超时

造成客户端访问服务器超时的原因主要有以下几种。

（1）线路不通。

使用 ping 命令测试网络连通性，如果出现"Request Timed Out"，就说明客户端与服务器的网络连接存在问题，检查线路的故障。

（2）防火墙设置。

如果防火墙屏蔽了 FTP 服务器控制端口 21 以及其他的数据端口，则会造成客户端无法连接服务器，出现"超时"的错误提示。需要设置防火墙开放 21 端口，还应该开启主动模式的 20 端口，以及被动模式使用的端口范围，防止数据的连接错误。

3. 账户登录失败

客户端登录 FTP 服务器时，还可能会收到"登录失败"的错误提示。

登录失败实际上涉及身份验证，以及其他一些登录的设置。

（1）密码错误。

请保证登录密码的正确性，如果 FTP 服务器更新了密码设置，则使用新密码重新登录。

（2）PAM 验证。

当输入的密码无误，仍然无法登录 FTP 服务器时，很有可能是 PAM 中 vsftpd 的配置文件设置错误造成的。PAM 的配置比较复杂，其中 auth 字段主要用于接收用户名和密码，进而对该用户的密码进行认证，account 字段主要用于检查账户是否被允许登录系统、账户是否已经过期、账户的登录是否有时间段的限制等，保证这两个字段配置的正确性，否则 FTP 账户将无法登录服务器。事实上，大部分账户登录失败都是由这个错误造成的。

（3）用户目录权限。

FTP 账户对于主目录没有任何权限时，也会收到"登录失败"的错误提示，根据该账户的用户身份，重新设置其主目录权限，重启 vsftpd 服务，使配置生效。

4. 500 OOPS: vsftpd: refusing to run with writable root inside chroot()

vsftpd 2.3.5 之后的版本增强了安全检查。如果用户被限定在其主目录下，则该用户的主目录不能再具有写权限！如果检查发现还有写权限，就会报错：500 OOPS: vsftpd: refusing to run with writable root inside chroot()。

要修复这个错误，可以用命令 chmod a-w /web/www/html 去除用户主目录的写权限，注意把目录替换成所需的目录，本例是/web/www/html，不过这样就无法写入了。还有一种方法是在 vsftpd 的配置文件中增加下列命令：allow_writeable_ chroot=YES。

10.6 拓展阅读 中国的"龙芯"

你知道"龙芯"吗？你知道"龙芯"的应用水平吗？

通用处理器是信息产业的基础部件，是电子设备的核心器件。通用处理器是关系到国家命运的战略产业之一，其发展直接关系到国家技术创新能力，关系到国家安全，是国家的核心利益所在。

"龙芯"是我国最早研制的高性能通用处理器系列，于 2001 年在中国科学院计算技术研究所开始研发，得到了"863""973""核高基"等项目的大力支持，完成了 10 年的核心技术积累。2008年，中国科学院和北京市政府共同牵头出资，龙芯中科技术股份有限公司（以下简称龙芯中科）正式成立，开始市场化运作，旨在将龙芯处理器的研发成果产业化。

龙芯中科研制的处理器产品包括龙芯 1 号、龙芯 2 号、龙芯 3 号三大系列。为了将国家重大创新成果产业化，龙芯中科努力探索，在国防、教育、工业、物联网等行业取得了重大市场突破，龙芯处理器产品取得了良好的应用效果。

目前龙芯处理器产品在各领域取得了广泛应用。在安全领域，龙芯处理器已经通过了严格的可靠性实验，作为核心元器件应用在几十种型号和系统中，2015 年，龙芯处理器成功应用于北斗二代导航卫星的系统中。在通用领域，龙芯处理器已经应用在个人计算机、服务器及高性能计算机、行业计算机终端，以及云计算终端等方面。在嵌入式领域，基于龙芯 CPU 的防火墙等网络安全系列产品已达到规模销售；应用于国产高端数控机床等系列工业控制产品显著提升了我国工业控制领域的自主化程度和产业化水平；龙芯提供了 IP 设计服务，在国产数字电视领域也与国内多家知名厂家展开合作，其 IP 地址授权量已达百万以上。

10.7 项目实训 配置与管理 FTP 服务器

1. 项目背景

某企业的 FTP 服务器搭建与配置网络拓扑如图 10-3 所示。该企业欲构建一台 FTP 服务器，为企业局域网中的计算机提供文件传输服务，为财务部、销售部和 OA 系统等提供异地数据备份。要求能够对 FTP 服务器设置连接限制、日志记录、消息、验证客户端身份等属性，并能创建用户隔离的 FTP 站点。

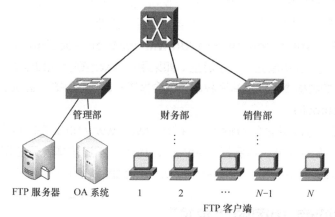

图 10-3 某企业的 FTP 服务器搭建与配置网络拓扑

2. 深度思考

思考以下几个问题。

（1）如何使用 service vsftpd status 命令检查 vsftpd 的安装状态？

（2）FTP 权限和文件系统权限有何不同？如何设置？

（3）为何不建议为根目录设置写权限？

（4）如何设置进入目录后的欢迎信息？

（5）如何将 FTP 用户锁定在其"宿主"目录中？

（6）user_list 和 ftpusers 文件都存有用户名列表，如果一个用户同时存在于这两个文件中，则最终的执行结果是怎样的？

3. 做一做

完成项目实训。

10.8 练习题

一、填空题

1. FTP 服务就是_____服务，FTP 的英文全称是_____。

2. FTP 服务使用一个共同的用户名_____和密码不限的管理策略，让任何用户都可以很方便地从这些服务器上下载软件。

3. FTP 服务有两种工作模式: _____和_____。

4. ftp 命令的格式为_____。

二、选择题

1. ftp 命令中可以与指定的机器建立连接的参数是（　　）。

A. connect　　　　B. close　　　　C. cdup　　　　D. open

2. FTP 服务使用的端口是（　　）。

A. 21　　　　　　B. 23　　　　　　C. 25　　　　　　D. 53

3. 从 Internet 上获得软件最常采用的服务是（　　）。

A. Web　　　　　B. Telnet　　　　C. FTP　　　　　D. DNS

4. 下面（　　）不是 FTP 用户的类别。

A. real　　　　　B. anonymous　C. guest　　　　D. users

5. 修改文件 vsftpd.conf 的（　　）可以实现 vsftpd 服务独立启动。

A. listen=YES　　　　　　　　　B. listen=NO

C. boot=standalone　　　　　　D. #listen=YES

6. 将用户加入（　　）文件中可能会阻止用户访问 FTP 服务器。

A. vsftpd/ftpusers　　　　　　B. vsftpd/user_list

C. ftpd/ftpusers　　　　　　　D. ftpd/userlist

三、简答题

1. 简述 FTP 服务的工作原理。

2. 简述 FTP 服务的传输模式。

3. 简述常用的 FTP 软件。

10.9 实践习题

1. 在 VMware Workstation 中启动一台统信 UOS V20 服务器作为 vsftpd 服务器，在该系统中添加用户 user1 和 user2。

（1）确保系统安装了 vsftpd 软件包。

（2）设置匿名账户具有上传、创建目录的权限。

（3）利用/etc/vsftpd/ftpusers 文件设置禁止本地用户 user1 登录 FTP 服务器。

（4）设置本地用户 user2 登录 FTP 服务器之后，在进入 dir 目录时显示提示信息"welcome to user's dir！"。

（5）设置将所有本地用户都锁定在/home 目录中。

（6）设置只有在/etc/vsftpd/user_list 文件中指定的本地用户 user1 和 user2 可以访问 FTP 服务器，其他用户都不可以。

（7）配置基于主机的访问控制，实现如下功能。

- 拒绝 192.168.6.0/24 访问。
- 对 jnrp.net 和 192.168.2.0/24 内的主机不限制连接数和最大传输速率。
- 对其他主机的访问限制为每个 IP 地址的连接数为 2，最大传输速率为 500KB/s。

2. 建立仅允许本地用户访问的 vsftpd 服务器，并完成以下任务。

（1）禁止匿名账户访问。

（2）建立 s1 和 s2 账户，并具有读写权限。

（3）使用 chroot 功能将 s1 和 s2 账户限制在/home 目录中。

项目11
配置与管理postfix邮件服务器

11

项目导入

　　某高校组建了校园网，现需要在校园网中部署一台电子邮件服务器，用于发送公文和工作交流。利用基于 Linux 平台的 postfix 邮件服务器既能满足需求，又能节省资金。

　　在完成本项目之前，首先应规划好电子邮件服务器的存放位置、所属网段、IP 地址、域名等信息；其次，要确定每个用户的用户名，以便为其创建账号等。

项目目标

- 了解电子邮件服务的工作原理。
- 掌握 postfix 和 POP3 邮件服务器的配置。
- 掌握电子邮件服务器的测试。

素养提示

- 国产操作系统的前途一片光明！只有瞄准核心技术埋头攻关，助力我国软件产业从价值链中低端向高端迈进，才能为高质量发展和国家信息产业安全插上腾飞的"翅膀"。
- "少壮不努力，老大徒伤悲。""劝君莫惜金缕衣，劝君惜取少年时。"盛世之下，青年学生要惜时如金，学好知识和技术，报效祖国。

11.1　项目知识准备

11.1.1　电子邮件服务概述

　　电子邮件（Electronic Mail，E-mail）服务是 Internet 最基本，也是最重要的服务之一。

　　与传统邮件相比，电子邮件服务的优势在于传递迅速。如果采用传统的方式发送信件，则发一封特快专递也至少需要一天的时间，而发一封电子邮件给远方的用户，通常来说，几秒之内对方就能收到。与常用的日常通信手段——电话系

11-1　微课

配置与管理 postfix
邮件服务器

统相比，电子邮件在速度上虽然不占优势，但它不要求通信双方同时在场。由于电子邮件服务采用存储转发的方式发送邮件，发送邮件时并不需要收件人处于在线状态，收件人可以根据实际需要随时上网从邮件服务器上收取邮件，方便了信息交流。

与现实生活中的邮件传递类似，每个人必须有一个唯一的电子邮件地址。电子邮件地址的格式为"user@server.com"，由 3 部分组成：第一部分"user"代表用户邮箱账号，对于同一个邮件接收服务器来说，这个账号必须是唯一的；第二部分"@"是分隔符；第三部分"server.com"是用户邮箱的邮件接收服务器域名，用以标识其所在的位置。这样的一个电子邮件地址表明该用户在指定的计算机（邮件服务器）上有一块存储空间。统信 UOS V20 邮件服务器上的邮件存储空间通常位于/var/spool/mail 目录下的文件中。

与常用的网络通信方式不同，电子邮件系统采用缓冲池（spooling）技术处理传递的延迟。用户发送邮件时，邮件服务器将完整的邮件信息存放到缓冲区队列中，系统后台进程会在适当的时间将队列中的邮件发送出去。RFC 822 定义了电子邮件的标准格式，它将一封电子邮件分成头部（Header）和正文（Body）两部分。邮件的头部包含邮件的发送方、接收方、发送日期、邮件主题等内容，而正文通常是要发送的信息。

11.1.2　电子邮件系统的组成

统信 UOS V20 中的电子邮件系统包括 3 个组件：邮件用户代理（Mail User Agent，MUA）、邮件传送代理（Mail Transfer Agent，MTA）和邮件投递代理（Mail Dilivery Agent，MDA）。

1. MUA

MUA 是电子邮件系统的客户端程序。它是用户与电子邮件系统的接口，主要负责邮件的发送、接收，以及邮件的撰写、阅读等工作。目前主流的 MUA 软件有基于 Windows 平台的 Outlook、Foxmail 和基于 Linux 平台的 mail、elm、pine、Evolution 等。

2. MTA

MTA 是电子邮件系统的服务器程序，它主要负责邮件的存储和转发。常用的 MTA 软件有基于 Windows 平台的 Exchange 和基于 Linux 平台的 qmail 和 postfix 等。

3. MDA

MDA 有时也称为本地投递代理（Local Dilivery Agent，LDA）。MTA 把邮件投递到邮件收件人所在的邮件服务器，MDA 则负责把邮件按照收件人的用户名投递到邮箱中。

4. MUA、MTA 和 MDA 协同工作

总的来说，当使用 MUA 程序（如 mail、elm、pine）写邮件时，应用程序把邮件传给 postfix 或 postfix 这样的 MTA 程序。如果邮件是发给局域网或本地主机的，那么 MTA 程序应该从地址上就可以确定这个信息。如果邮件是发给远程系统用户的，那么 MTA 程序必须能够选择路由，与远程邮件服务器建立连接并发送邮件。MTA 程序还必须能够处理发送邮件时产生的问题，并且能向发件人报告出错信息。例如，当邮件没有填写地址或收件人不存在时，MTA 程序要向发件人报错。MTA 程序还支持别名机制，使用户能够方便地用不同的名字与其他用户、主机或网络通信。MDA 的作用主要是把收件人收到的邮件信息投递到相应的邮箱中。

11.1.3　电子邮件传输过程

电子邮件与普通邮件有类似的地方，发件人注明收件人的姓名与地址（邮件地址），发送方服务

器把邮件传到收件方服务器，收件方服务器再把邮件发到收件人的邮箱中。图 11-1 所示为电子邮件发送过程。

图 11-1 电子邮件发送过程

电子邮件传输的基本过程如图 11-2 所示。

图 11-2 电子邮件传输的基本过程

（1）用户在客户端使用 MUA 撰写邮件，并将写好的邮件提交给本地 MTA 上的缓冲区。

（2）MTA 每隔一定时间发送一次缓冲区中的邮件队列。MTA 根据邮件的收件人地址，使用 DNS 服务器的 MX（邮件交换器）资源记录解析邮件地址的域名部分，从而决定将邮件投递到哪一个目标主机。

（3）目标主机上的 MTA 收到邮件以后，根据邮件地址中的用户名部分判断用户的邮箱，并使用 MDA 将邮件投递到该用户的邮箱中。

（4）该邮件的发件人可以使用常用的 MUA 软件登录邮箱，查阅新邮件，并根据自己的需求做相应的处理。

11.1.4 与电子邮件相关的协议

常用的与电子邮件相关的协议有 SMTP、POP3 和 IMAP4。

1. SMTP

SMTP 默认工作在 TCP 的 25 端口。SMTP 属于 C/S 模型，它是一组用于由源地址到目的地址传送邮件的规则，由它来控制邮件的中转方式。SMTP 属于 TCP/IP 协议族，它帮助每台计算机在发送或中转邮件时找到下一个目的地。通过 SMTP 指定的服务器，就可以把电子邮件发送到收件人的服务器上。SMTP 服务器是遵循 SMTP 的发送邮件服务器，用来发送或中转发出的电子邮件。SMTP 仅用来传输基本的文本信息，不支持字体、颜色、声音、图像等信息的传输。为了传输这些内容，目前在 Internet 中广为使用的是多用途互联网邮件扩展（Multipurpose Internet Mail Extensions，MIME）协议。MIME 协议弥补了 SMTP 的不足，解决了 SMTP 仅能传送 ASCII 文本的限制。目前，SMTP 和 MIME 协议已经广泛应用于各种电子邮件系统中。

2. POP3

邮局协议第 3 版（Post Office Protocol version 3，POP3）默认工作在 TCP 的 110 端口。POP3 也属于 C/S 模型，它规定怎样将个人计算机连接到 Internet 的邮件服务器和怎样下载电子邮件。它是 Internet 电子邮件的第一个离线协议标准，POP3 允许从服务器上把邮件存储到本地主机，即自己的计算机上，同时删除保存在邮件服务器上的邮件。遵循 POP3 来接收电子邮件的服务器是

POP3 服务器。

3. IMAP4

互联网信息访问协议的第 4 个版本（Internet Message Access Protocol 4，IMAP4）默认工作在 TCP 的 143 端口。它是用于从本地服务器上访问电子邮件的协议，也是一个 C/S 模型协议，用户的电子邮件由服务器负责接收、保存，用户可以通过浏览邮件头来决定是否要下载此邮件。用户也可以在服务器上创建或更改文件夹或邮箱、删除邮件或检索邮件的特定部分。

> **注意** 虽然 POP3 和 IMAP4 都用于处理电子邮件的接收，但二者在机制上有所不同。当用户访问电子邮件时，IMAP4 需要持续访问邮件服务器，而 POP3 则是将电子邮件保存在服务器上；当用户阅读电子邮件时，所有内容都会被立即下载到用户的计算机上。

11.1.5 邮件中继

前文讲解了整个邮件转发的流程，实际上，邮件服务器在接收到邮件以后，会根据邮件的目的地址判断该邮件是发送至本域还是外部，然后分别进行不同的操作，常见的处理方法有以下两种。

1. 本地邮件发送

当邮件服务器检测到邮件发往本地邮箱时，如 yun@smile60.cn 发送至 ph@smile60.cn，处理方法比较简单，会直接将邮件发往指定的邮箱。

2. 邮件中继

中继是指要求用户的服务器向其他服务器传递邮件的一种请求。一个服务器处理的邮件只有两类，一类是外发的邮件，另一类是接收的邮件，前者是本域用户通过服务器向外部转发的邮件，后者是发送给本域用户的邮件。

一个服务器不应该处理路过的邮件，就是既不是你的用户发送的，也不是发送给你的用户的，而是一个外部用户发送给另一个外部用户的。这一行为称为第三方中继。如果不需要经过验证就可以中继邮件到组织外，则称为开放中继（Open Relay）。第三方中继和开放中继是要禁止的，但中继是不能关闭的。这里需要了解以下几个概念。

（1）中继。

用户通过服务器将邮件传递到组织外。

（2）开放中继。

不受限制的组织外中继，即无验证的用户也可提交中继请求。

（3）第三方中继。

由服务器提交的开放中继不是从客户端直接提交的。比如用户的域是 A，用户通过服务器 B（属于 B 域）中转邮件到 C 域。这时在服务器 B 上看到的是连接请求来源于 A 域的服务器（不是客户），而邮件既不是服务器 B 所在域的用户提交的，也不是发送至 B 域的，这就属于第三方中继。这也是垃圾邮件的根本。如果用户直接连接你的服务器发送邮件，则这是无法阻止的，如群发软件。但如果关闭了开放中继，那么他只能将邮件发送到你的组织内用户，无法将邮件中继出组织。

3. 邮件认证机制

如果关闭了开放中继，那么只有该组织内的用户通过验证后，才可以提交中继请求。也就是说，用户要发邮件到组织外，一定要经过验证。要注意的是不能关闭中继，否则邮件系统只能在组织内使用。邮件认证机制要求用户在发送邮件时必须提交账号及密码，邮件服务器验证该用户属于该域的合法用户后，才允许转发邮件。

11.2　项目设计与准备

11.2.1　项目设计

本项目选择统信 UOS V20 提供的电子邮件系统 postfix 来部署电子邮件服务，利用 Windows Server 2016 的 Outlook 程序来收发邮件（如果没安装，则从网上下载并安装）。

11-2　课堂慕课

配置与管理 postfix
邮件服务器

11.2.2　项目准备

部署电子邮件服务应做好下列准备工作。

（1）安装好统信 UOS V20，并且必须保证 Apache 服务和 Perl 语言解释器正常工作。客户端使用统信 UOS V20 和 Windows 操作系统。服务器和客户端能够通过网络进行通信。

（2）电子邮件服务器的 IP 地址、子网掩码等 TCP/IP 参数应手动配置。

（3）电子邮件服务器应拥有友好的 DNS 名称，应能够被正常解析，并且具有电子邮件服务所需的 MX 资源记录。

（4）创建任何电子邮件域之前，规划并设置好 POP3 服务器的身份验证方法。

Linux 服务器和客户端的配置信息如表 11-1 所示（可以使用 VMware Workstation 的"克隆"技术快速安装需要的 Linux 客户端）。

表 11-1　Linux 服务器和客户端的配置信息

主机名	操作系统	IP 地址	角色及其他
电子邮件服务器：Server01	统信 UOS V20	192.168.10.1	DNS 服务器、postfix 邮件服务器，VMnet1
统信客户端：Client1	统信 UOS V20	IP 地址和 DNS 根据不同任务设定	邮件测试客户端，VMnet1
Windows 客户端：Client2	Windows Server 2016	IP 地址和 DNS 根据不同任务设定	邮件测试客户端，VMnet1

11.3　项目实施

任务 11-1　配置 postfix 常规服务器

在 RHEL 5、RHEL 6，以及诸多早期的 Linux 系统中，默认使用的发件服务是由 sendmail 服务程序提供的，而在统信 UOS V20 中已经替换为 postfix 服务程序。相较于 sendmail 服务程序，postfix 服务程序减少了很多不必要的配置步骤，而且在稳定性、并发性方面也有很大改进。

想要成功地架设 postfix 邮件服务器，除了需要理解其工作原理外，还需要清楚整个设定流程，以及在整个流程中每一步的作用。设定一个简易的 postfix 邮件服务器主要包含以下几个步骤。

（1）配置好 DNS。

（2）配置 postfix 服务程序。

（3）配置 dovecot 服务程序。

（4）创建电子邮件系统的登录账户。

（5）启动 postfix 邮件服务器。

（6）测试电子邮件系统。

1. 安装 bind 和 postfix 服务

```
[root@Server01 ~]# rpm -q postfix
未安装软件包 postfix
[root@Server01 ~]# dnf clean all                    //安装前先清除缓存
[root@Server01 ~]# mount /dev/cdrom /media
[root@Server01 ~]# dnf install bind postfix -y
[root@Server01 ~]# rpm -qa | grep postfix           //检查组件是否安装成功
```

2. 开放 dns、smtp 服务

检查当前 SELinux 的状态。

```
[root@Server01 ~]# sestatus
SELinux status:              disabled
```

如启用 SELinux，则执行以下命令进行修改。

```
[root@Server01 ~]# vi /etc/selinux/config
......
SELINUX=enforcing
......
```

启用后，打开 SELinux 有关的布尔值，在防火墙中开放 dns、smtp 服务。重启服务，并设置开机重启生效。

```
[root@Server01 ~]# setsebool  -P  allow_postfix_local_write_mail_spool  on
[root@Server01 ~]# systemctl restart postfix
[root@Server01 ~]# systemctl restart named
[root@Server01 ~]# systemctl enable named
[root@Server01 ~]# systemctl enable postfix
[root@Server01 ~]# firewall-cmd --permanent --add-service=dns
[root@Server01 ~]# firewall-cmd --permanent --add-service=smtp
[root@Server01 ~]# firewall-cmd -reload
```

在默认情况下，SELinux 没有被启用，第 1 条命令可以不用执行。

3. postfix 服务程序主配置文件

postfix 服务程序主配置文件/etc/ postfix/main.cf 有 679 行左右的内容，其主要参数如表 11-2 所示。

表 11-2　postfix 服务程序主配置文件中的主要参数

参数	作用
myhostname	电子邮件系统的主机名
mydomain	电子邮件系统的域名
myorigin	从邮件服务器发出的邮件的发件域名
inet_interfaces	监听的网卡接口

续表

参数	作用
mydestination	可接收邮件的主机名或域名
mynetworks	设置可转发哪些主机的邮件
relay_domains	设置可转发哪些网域的邮件

使用如下命令可以查看带行号的主配置文件内容。

```
[root@Server01 ~]# cat /etc/postfix/main.cf -n
```

在 postfix 服务程序的主配置文件中,总计需要修改以下 5 处。

① 在第 94 行定义一个名为 myhostname 的变量,用来保存服务器的主机名。还要记住以下参数,有时需要调用它。

```
myhostname = mail.long60.cn
```

② 在第 102 行定义一个名为 mydomain 的变量,用来保存电子邮件系统的域名。后文也要调用这个变量。

```
mydomain = long60.cn
```

③ 在第 118 行调用 mydomain 变量,用来定义从邮件服务器发出的邮件的发件域名。调用变量的好处是避免重复写入信息,以及便于日后统一修改。

```
myorigin = $mydomain
```

④ 在第 135 行定义监听的网卡接口。可以指定要使用服务器的哪些 IP 地址对外提供电子邮件服务;也可以直接写成 all,代表所有 IP 地址都能提供电子邮件服务。

```
inet_interfaces = all
```

⑤ 在第 183 行定义可接收邮件的主机名或域名。这里可以直接调用前面定义好的 myhostname 和 mydomain 变量(如果不想调用变量,则也可以直接调用变量中的值)。

```
mydestination = $myhostname, localhost.$mydomain, localhost
```

4. 别名和群发设置

用户别名是经常用到的一个功能。顾名思义,别名就是给用户起的另外一个名字。例如,给用户 A 起一个别名为 B,以后发给 B 的邮件实际是 A 用户来接收的。为什么说这是一个经常用到的功能?第一,root 用户无法收发邮件,如果有发给 root 用户的邮件,就必须为 root 用户建立别名。第二,群发设置需要用到这个功能。企业内部在使用邮件服务时,经常会按照部门群发邮件,发给财务部门的邮件只有财务部的人才会收到,其他部门的人则无法收到。

要使用别名设置功能,首先需要在/etc 目录下建立文件 aliases,然后编辑文件内容,其格式如下。

```
alias: recipient[,recipient,…]
```

其中,alias 为邮件地址中的用户名(别名),recipient 是实际接收该邮件的用户。下面通过几个例子来说明用户别名的设置方法。

【例 11-1】为 user1 账号设置别名为 zhangsan,为 user2 账号设置别名为 lisi。方法如下。

```
[root@Server01 ~]# vim /etc/aliases
//添加下面两行:
zhangsan: user1
lisi: user2
```

【例 11-2】假设网络组的每位成员在本地统信 UOS V20 中都拥有一个真实的电子邮件账号,

现在要给网络组的所有成员发送一封内容相同的电子邮件。可以使用用户别名机制中的邮件列表功能实现，方法如下。

```
[root@Server01 ~]# vim   /etc/aliases
network_group: net1,net2,net3,net4
```

这样，通过给 network_group 发送邮件就可以给网络组中的 net1、net2、net3 和 net4 都发送一封同样的邮件。

最后，在设置过 aliases 文件后，还要使用 newaliases 命令生成 aliases.db 数据库文件。

```
[root@Server01 ~]# newaliases
```

5. 利用 Access 文件设置邮件中继

Access 文件用于控制邮件中继和管理邮件的进出。可以利用 Access 文件来限制哪些客户端可以使用此邮件服务器来转发邮件。例如，限制某个域的客户端拒绝转发邮件，也可以限制某个网段的客户端可以转发邮件。Access 文件的内容会以列表形式体现出来，格式如下。

```
对象      处理方式
```

对象和处理方式的表现形式并不单一，每一行都包含对象和对它们的处理方式。下面简单介绍常见的对象和处理方式的类型。

Access 文件中的每一行都具有一个对象和一种处理方式，需要根据环境需求进行二者的组合。下面来看一个示例，使用 vim 命令查看默认的 access 文件。

默认的设置表示来自本地的客户端允许使用 mail 服务器收发邮件。通过修改 Access 文件，可以设置邮件服务器对电子邮件的转发行为，但是配置后必须使用 postmap 建立新的 access.db 数据库文件。

【例 11-3】允许 192.168.0.0/24 网段和 long60.cn 域自由发送邮件，但拒绝来自客户端主机 clm.long60.cn，及除 192.168.2.100 以外的 192.168.2.0/24 网段中的所有主机。

```
[root@Server01 ~]# vim   /etc/postfix/access
192.168.0                          OK
.long60.cn                         OK
clm.long60.cn                      REJECT
192.168.2.100                      OK
192.168.2                          OK
```

还需要在/etc/postfix/main.cf 中增加以下内容。

```
smtpd_client_restrictions = check_client_access hash:/etc/postfix/access
```

特别注意 只有增加上述内容，访问控制的过滤规则才生效！

最后使用 postmap 生成新的 access.db 数据库文件。

```
[root@Server01 ~]# postmap   hash:/etc/postfix/access
[root@Server01 ~]# ls -l /etc/postfix/access*
-rw-r--r-- 1 root root 21346  5月 26 12:18 /etc/postfix/access
-rw-r--r-- 1 root root 12288  5月 26 12:20 /etc/postfix/access.db
```

6. 设置邮箱容量

（1）设置用户邮件的大小限制。

编辑/etc/postfix/main.cf 配置文件，限制发送的邮件大小最大为 5MB，添加以下内容。

```
message_size_limit=5000000
```

（2）通过磁盘配额限制用户邮箱空间。

① 使用 df -hT 命令查看邮件目录挂载信息，如图 11-3 所示。

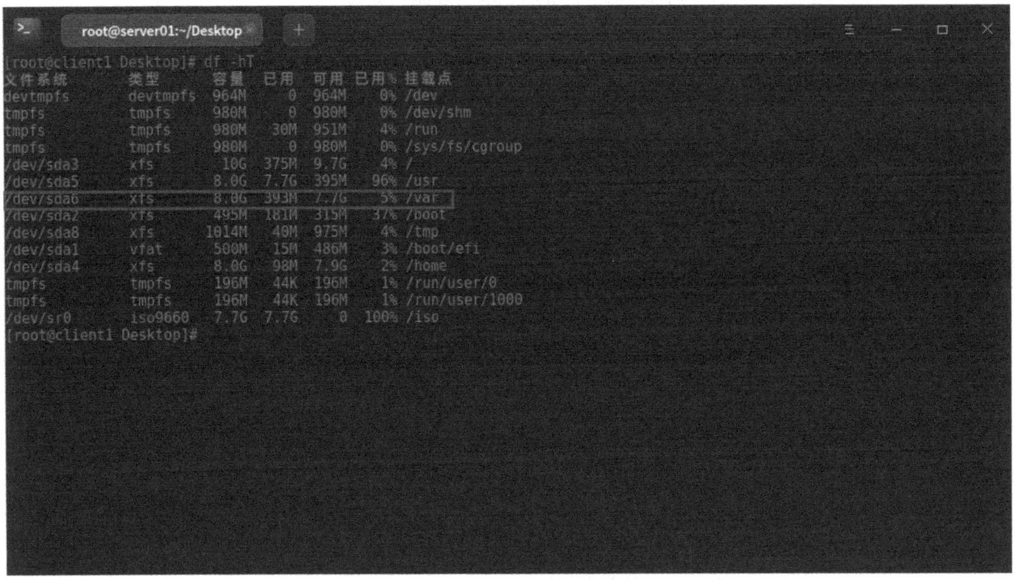

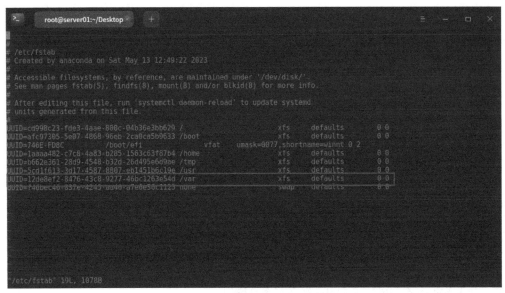

图 11-3 查看邮件目录挂载信息

② 使用 vim 编辑器修改/etc/fstab 文件，如图 11-4 所示（一定要保证/var 是单独的 xfs 分区）。

图 11-4 修改/etc/fstab 文件

在项目 1 的硬盘分区中已经考虑了独立分区的问题，这样就保证了本实训的正常进行。从图 11-3 可以看出，/var 已经自动挂载了。

③ /dev/sda6 分区格式为 xfs，查看是否自动开启磁盘配额功能。

```
[root@Server01 ~]# mount | grep /var
/dev/sda6 on /var type xfs (rw,relatime,attr2,inode64,noquota)
```

④ noquota 说明没有自动开启磁盘配额功能，所以要编辑/etc/fstab 文件，在 defaults 后面增加 ",usrquota,grpquota"，启用配额参数，如下所示。

```
UUID=12de8ef2-8476-43c8-9277-46bc1263e54d /var                    xfs        defaults,
usrquota,grpquota        0 0
```

usrquota 为用户的配额参数，grpquota 为组的配额参数。保存并退出，重新启动系统，使操作系统按照新的参数挂载文件系统。

⑤ 重启系统后查看配额功能的激活情况。

```
[root@Server01 ~]# mount | grep /var
/dev/sda6 on /var type xfs (rw,relatime,seclabel,attr2,inode64,usrquota,grpquota)
[root@Server01 ~]# quotaon -p /var
group quota on /var (/dev/sda6) is on
user quota on /var (/dev/sda6) is on
project quota on /var (/dev/sda6) is off
```

⑥ 设置磁盘配额。

下面为用户和组配置详细的配额限制。使用 edquota 命令设置磁盘配额，命令格式如下。

edquota -u 用户名或 **edquota -g** 组名

为用户 bob 配置磁盘配额限制，执行 edquota 命令，打开用户配额编辑文件，如下所示（bob 用户一定是存在的 Linux 系统用户）。

```
[root@Server01 ~]# useradd bob ; passwd bob
[root@Server01 ~]# edquota   -u   bob
Disk quotas for user bob (uid 1001):
  Filesystem          blocks       soft       hard     inodes       soft       hard
  /dev/sda6                0          0          0          1          0          0
```

磁盘配额参数的含义如表 11-3 所示。

表 11-3　磁盘配额参数的含义

参数	含义
Filesystem	文件系统的名称
blocks	用户当前使用的块数（磁盘空间），单位为 KB
soft	设置用户的磁盘配额的软限制，帮助用户合理管理其磁盘空间使用，并在接近限制时提供警告
hard	设置用户的磁盘配额的硬限制，以防止用户超过其分配的磁盘空间并确保资源的合理分配
inodes	用户当前使用的索引节点数量（文件数）

设置磁盘空间或者文件数限制时，需要修改对应的 soft、hard 值，而不用修改 blocks 和 inodes 值，因为操作系统会根据当前磁盘的使用状态自动设置这两个字段的值。

注意　如果 soft 或者 hard 设置为 0，则表示没有限制。

这里将磁盘空间的硬限制设置为 100MB，编辑完成后存盘退出。

```
[root@Server01 ~]# edquota   -u   bob
Disk quotas for user bob (uid 1001):
  Filesystem          blocks       soft       hard     inodes       soft       hard
  /dev/sda6                0          0     100000          1          0          0
```

任务 11-2　配置 dovecot 服务程序

在 postfix 邮件服务器 Server01 上进行基本配置以后，mail 服务器就可以完成电子邮件的发送工作，但是如果需要使用 POP3 和 IMAP 接收邮件，则还需要配置 dovecot 服务程序。

1. 安装 dovecot 服务程序软件包

（1）安装 POP3 和 IMAP。

```
[root@Server01 ~]# mount  /dev/cdrom /media
[root@Server01 ~]# dnf install dovecot -y
[root@Server01 ~]# rpm -qa |grep dovecot
dovecot-help-2.3.15-5.uel20.x86_64
dovecot-2.3.15-5.uel20.x86_64
```

（2）启动 POP3 服务，同时开放 POP3 和 IMAP 对应的 TCP 端口 110.25 和 143。

```
[root@Server01 ~]# systemctl restart dovecot
[root@Server01 ~]# systemctl enable  dovecot
[root@Server01 ~]# firewall-cmd --permanent --add-port=110/tcp
[root@Server01 ~]# firewall-cmd --permanent --add-port=25/tcp
[root@Server01 ~]# firewall-cmd --permanent --add-port=143/tcp
[root@Server01 ~]# firewall-cmd --reload
```

（3）测试。

使用 netstat 命令测试是否开启了 POP3 的 110 端口和 IMAP 的 143 端口。

```
[root@Server01 ~]# netstat   -an | grep   :110
tcp       0     0 0.0.0.0:110            0.0.0.0:*            LISTEN
tcp6      0     0 :::110                 :::*                 LISTEN
[root@Server01 ~]# netstat   -an | grep   :143
tcp       0     0 0.0.0.0:143            0.0.0.0:*            LISTEN
tcp6      0     0 :::143                 :::*                 LISTEN
```

如果显示 110 和 143 端口已开启，则表示 POP3 以及 IMAP 服务已经可以正常工作。

2. 配置 dovecot 服务程序

（1）在 dovecot 服务程序的主配置文件中进行如下修改。首先是第 24 行，把 dovecot 服务程序支持的电子邮件协议修改为 IMAP、POP3 和 LMTP，删除前面的"#"。不修改也可以，默认使用的就是这些协议。

```
[root@Server01  ~]# vim /etc/dovecot/dovecot.conf
protocols = imap pop3 lmtp
```

（2）在主配置文件中的第 48 行设置允许登录的网段地址，也就是说，可以在这里限制只有来自某个网段的用户才能使用电子邮件系统。如果想允许所有人都能使用电子邮件系统，则修改本参数，并删除前面的"#"，如下所示。

```
login_trusted_networks = 0.0.0.0/0
```

也可修改为某网段，如 192.168.10.0/24。

**特别
注意** 本字段一定要启用，否则在连接 Telnet 使用 25 端口收邮件时会出现错误："-ERR [AUTH]
Plaintext authentication disallowed on non-secure (SSL/TLS) connections."

3. 配置邮件格式与存储路径

在 dovecot 服务程序单独的子配置文件中定义一个路径，用于指定将收到的邮件存放到服务器本地的哪个位置。这个路径默认已经定义好了，只需要将该配置文件中第 25 行前面的"#"删除即可，然后存盘退出。

```
[root@Server01 ~]# vim /etc/dovecot/conf.d/10-mail.conf
mail_location = mbox:~/mail:INBOX=/var/mail/%u
```

4. 创建用户，建立保存邮件的目录

以创建 user1 和 user2 为例。用户创建完成后，建立相应用户的保存邮件的目录（这是必需的，否则会出错）。

```
[root@Server01 ~]# useradd user1
[root@Server01 ~]# useradd user2
[root@Server01 ~]# passwd user1
[root@Server01 ~]# passwd user2
[root@Server01 ~]# mkdir -p /home/user1/mail/.imap/INBOX
[root@Server01 ~]# mkdir -p /home/user2/mail/.imap/INBOX
```

至此，对 dovecot 服务程序的配置全部结束。

任务 11-3　配置一个完整的收发邮件服务器并测试

postfix 邮件服务器和 DNS 服务器的地址为 192.168.10.1，利用 telnet 命令，使邮件地址为 user3@long60.cn 的用户向邮件地址为 user4@long60.cn 的用户发送主题为"The first mail：user3 TO user4"的邮件，同时使用 telnet 命令从 IP 地址为 192.168.10.1 的 POP3 服务器接收电子邮件。

1. 任务分析

当 postfix 邮件服务器搭建好之后，应该尽可能快地保证服务器正常使用。一种快速、有效的测试方法是使用 telnet 命令直接登录服务器的 25 端口，并收发邮件以及对 postfix 进行测试。

在测试之前，先确保 telnet 的服务器软件和客户端软件已经安装（分别在 Server01 和 Client1 上安装，不再一一分述）。为了避免原来的设置影响本实训，建议将计算机恢复到初始状态。具体操作过程如下。

2. 在 Server01 上安装 dns、postfix、dovecot 和 telnet，并启动

① 安装 dns、postfix、dovecot 和 telnet。

```
[root@Server01 ~]# mount /dev/cdrom /media
[root@Server01 ~]# dnf clean all                    //安装前先清除缓存
[root@Server01 ~]# dnf install bind postfix dovecot telnet-server telnet -y
```

② SELinux 默认是关闭的，如果开启，则按要求完成：显示 SELinux 有关的布尔值，在防火墙中开放 DNS、SMTP 服务。

```
[root@Server01 ~]# setsebool  -P  allow_postfix_local_write_mail_spool  on
[root@Server01 ~]# firewall-cmd --permanent --add-service=dns
[root@Server01 ~]# firewall-cmd --permanent --add-service=smtp
[root@Server01 ~]# firewall-cmd --permanent --add-service=telnet
[root@Server01 ~]# firewall-cmd --reload
```

③ 启动 POP3 服务，同时开放 POP3 和 IMAP 对应的 TCP 端口 110.25 和 143。

```
[root@Server01 ~]# firewall-cmd --permanent --add-port=110/tcp
[root@Server01 ~]# firewall-cmd --permanent --add-port=25/tcp
```

```
[root@Server01 ~]# firewall-cmd --permanent --add-port=143/tcp
[root@Server01 ~]# firewall-cmd --reload
```

3. 在 Server01 上配置 DNS 服务器，设置 MX 资源记录

配置 DNS 服务器，并设置虚拟域的 MX 资源记录。具体步骤如下。

① 编辑 DNS 服务器的主配置文件，添加 long60.cn 域的区域声明（options 部分省略，按常规要求配置即可，完整的配置文件见 www.ryjiaoyu.com 或向编者索要或参考项目 8 的相关内容）。

```
[root@Server01 ~]# vim /etc/named.conf
zone "long60.cn" IN {
     type master;
     file "long60.cn.zone";  };

zone "10.168.192.in-addr.arpa" IN {
     type          master;
     file          "1.10.168.192.zone";
 };
#include "/etc/named.zones";
```

注释 include 语句，避免受影响，因为本例在 named.conf 文件中已经直接写入了域的声明，所以不需要再定义 named.zones。也就是本例已将 named.conf 和 named.zones 两个文件的内容合并到 named.conf 一个文件中了。

② 编辑 long60.cn 域的正向解析区域声明文件（注意要在英文输入法下输入分号）。

```
[root@Server01 ~]# vim /var/named/long60.cn.zone
$TTL 1D
@     IN SOA  long60.cn.  root.long60.cn. (
                              2013120800  ;  serial
                              1D          ;  refresh
                              1H          ;  retry
                              1W          ;  expire
                              3H )        ;  minimum

@               IN    NS          dns.long60.cn.
@               IN    MX    10    mail.long60.cn.
dns             IN    A           192.168.10.1
mail            IN    A           192.168.10.1
smtp            IN    A           192.168.10.1
pop3            IN    A           192.168.10.1
```

③ 编辑 long60.cn 域的反向解析区域声明文件（注意要在英文输入法下输入分号）。

```
[root@Server01 ~]# vim /var/named/1.10.168.192.zone
$TTL 1D
@     IN SOA   long60.cn.   root.long60.cn. (
                              0           ;  serial
                              1D          ;  refresh
                              1H          ;  retry
                              1W          ;  expire
                              3H )        ;  minimum

@            IN             NS           dns.long60.cn.
@            IN             MX     10    mail.long60.cn.
```

```
1            IN            PTR            dns.long60.cn.
1            IN            PTR            mail.long60.cn.
1            IN            PTR            smtp.long60.cn.
1            IN            PTR            pop3.long60.cn.
```

④ 利用下面的命令重新启动 DNS 服务，使配置生效，并测试。

```
[root@Server01 ~]# systemctl restart named
[root@Server01 ~]# systemctl enable named
[root@Server01 ~]# nslookup
> mail.long60.cn
Server:        127.0.0.1
Address:    127.0.0.1#53

Name: mail.long60.cn
Address: 192.168.10.1
> 192.168.10.1
1.10.168.192.in-addr.arpa        name = smtp.long60.cn.
1.10.168.192.in-addr.arpa        name = pop3.long60.cn.
1.10.168.192.in-addr.arpa        name = mail.long60.cn.
1.10.168.192.in-addr.arpa        name = dns.long60.cn.
>exit
```

4. 在 Server1 上配置邮件服务器

先配置/etc/postfix/main.cf，再配置 dovecot 服务程序。

① 配置/etc/postfix/main.cf（前面配置过，此处不再详述）。

```
[root@Server01 ~]# vim /etc/postfix/main.cf
myhostname = mail.long60.cn
mydomain = long60.cn
myorigin = $mydomain
inet_interfaces = all
mydestination = $myhostname,$mydomain,localhost
```

② 配置 dovecot.conf（前面配置过，此处不再详述）。

```
[root@Server01 ~]# vim /etc/dovecot/dovecot.conf
protocols = imap pop3 lmtp
login_trusted_networks = 0.0.0.0/0
```

③ 配置邮件格式和路径（**默认已配置好，在第 25 行左右**），建立邮件目录（INBOX 一定大写，此处极易出错）。

```
[root@Server01 ~]# vim /etc/dovecot/conf.d/10-mail.conf
mail_location = mbox:~/mail:INBOX=/var/mail/%u
[root@Server01 ~]# useradd user3
[root@Server01 ~]# useradd user4
[root@Server01 ~]# passwd user3
[root@Server01 ~]# passwd user4
[root@Server01 ~]# mkdir -p /home/user3/mail/.imap/INBOX
[root@Server01 ~]# mkdir -p /home/user4/mail/.imap/INBOX
```

④ 启动各种服务，配置防火墙，允许布尔值等。

```
[root@Server01 ~]# systemctl restart postfix
[root@Server01 ~]# systemctl restart named
[root@Server01 ~]# systemctl restart  dovecot
```

```
[root@Server01 ~]# systemctl enable postfix
[root@Server01 ~]# systemctl enable  dovecot
[root@Server01 ~]# systemctl enable named
[root@Server01 ~]# setsebool  -P  allow_postfix_local_write_mail_spool  on
```

这一步完成后，务必做好快照备份工作，为任务 11-4 做准备。

5. 在 Client1 上使用 telnet 发送邮件

使用 telnet 发送邮件（在 Client1 上测试，确保 DNS 服务器的地址被设为 192.168.10.1）。

① 在 Client1 上测试 DNS 是否正常，这一步至关重要。

```
[root@Client1 ~]# vim /etc/resolv.conf
nameserver 192.168.10.1
[root@Client1 ~]# nslookup
> set type=MX
> long60.cn
Server:      192.168.10.1
Address:  192.168.10.1#53

long60.cn mail exchanger = 10 mail.long60.cn.
> exit
```

② 在 Client1 上依次安装 telnet 所需的软件包。

```
[root@Client1 ~]# rpm -qa | grep telnet
[root@Client1 ~]# dnf install telnet-server -y      //安装 telnet 服务器软件
[root@Client1 ~]# dnf install telnet -y             //安装 telnet 客户端软件
[root@Client1 ~]# rpm -qa | grep telnet             //检查组件是否安装成功
telnet-0.17-76.uel20.x86_64
```

③ 在 Client1 上测试。

```
[root@Client1 ~]# telnet 192.168.10.1 25   //利用 telnet 命令连接邮件服务器的 25 端口
Trying 192.168.10.1...
Connected to 192.168.10.1.
Escape character is '^]'.
220 mail.long60.cn ESMTP Postfix
helo long60.cn              //利用 helo（不是 hello）命令向邮件服务器表明身份
250 mail.long60.cn
mail from:"test"<user3@long60.cn>  //设置邮件标题以及发件人地址。其中邮件标题
                                   //为 test，发件人地址为 user3@smile60.cn
250 2.1.0 Ok
rcpt to:user4@long60.cn            //利用 rcpt to 命令输入收件人的邮件地址
250 2.1.5 Ok
data                               // data 表示要求开始写邮件内容了。输入完 data 命令
                                   // 后，会提示一个单行的 "." 结束邮件
354 End data with <CR><LF>.<CR><LF>
The first mail: user3 TO user4     //邮件内容
.                                  // "." 表示结束邮件内容。千万不要忘记输入 "."
250 2.0.0 Ok: queued as 80D2B8053C5
quit                               //退出 telnet 命令
221 2.0.0 Bye
Connection closed by foreign host.
```

细心的读者一定已经注意到，每次输入命令后，服务器总会回应一个数字代码给用户。熟知这些代码的含义对于判断服务器是否出错是很有帮助的。常见的邮件回应代码及其说明如表 11-4 所示。

表 11-4　常见的邮件回应代码及其说明

回应代码	说明
220	表示 SMTP 服务器开始提供服务
250	表示命令指定完毕，回应正确
354	可以开始输入邮件内容，并以"."结束
500	表示存在 SMTP 语法错误，无法执行命令
501	表示存在命令参数或引述的语法错误
502	表示不支持该命令

6. 利用 telnet 命令接收电子邮件

```
  [root@Client1 ~]# telnet 192.168.10.1 110 //利用 telnet 命令连接邮件服务器的 110 端口
Trying 192.168.10.1...
Connected to 192.168.10.1.
Escape character is '^]'.
+OK [XCLIENT] Dovecot ready.
user user4                    //利用 user 命令输入用户的用户名 user4
+OK
pass 12345678                 //利用 pass 命令输入 user4 账户的密码 12345678
+OK Logged in.
list                          //利用 list 命令获得 user4 账户邮箱中各邮件的编号
+OK 1 messages:
1 299
.
retr 1                        //利用 retr 命令收取邮件编号为 1 的邮件信息，下面各行为邮件信息
+OK 299 octets
Return-Path: <user3@long60.cn>
X-Original-To: user4@long60.cn
Delivered-To: user4@long60.cn
Received: from long60.cn (unknown [192.168.10.1])
      by mail.long60.cn (Postfix) with SMTP id 80D2B8053C5
      for <user4@long60.cn>; Fri, 26 May 2023 14:05:05 +0800 (CST)

The first mail: user3 TO user4
.
quit                    //退出 telnet 命令
+OK Logging out.
Connection closed by foreign host.
```

执行 telnet 命令后有以下命令可以使用，其命令格式及参数说明如表 11-5 所示。

表 11-5　telnet 命令格式及参数说明

命令	格式	详细功能
stat	stat 无须参数	对于此命令，POP3 服务器会响应一个正确应答，此响应为一个单行的信息提示，它以"+OK"开头，接着是两个数字，第一个是邮件数目，第二个是邮件的大小，如"+OK 4 1603"
list	list [n] 参数 n 可选，n 为邮件编号	list 命令的参数可选，该参数是一个数字，表示邮件在邮箱中的编号。可以利用不带参数的 list 命令获得各邮件的编号，并且每一封邮件均占用一行显示，前面的数为邮件的编号，后面的数为邮件的大小

命令	格式	详细功能
uidl	uidl [*n*] 参数 *n* 可选，*n* 为邮件编号	uidl 命令与 list 命令的用途差不多，只不过 uidl 命令显示的邮件信息比 list 命令的更详细、更具体
retr	retr *n* 参数 *n* 不可省略，*n* 为邮件编号	retr 命令是收邮件操作中最重要的一条命令，它的作用是查看邮件的内容，它必须带参数运行。该命令执行之后，服务器应答的信息比较长，其中包括发件人的电子邮箱地址、发件时间、邮件主题等，这些信息统称为邮件头，紧接在邮件头之后的信息便是邮件正文
dele	dele *n* 参数 *n* 不可省略，*n* 为邮件编号	dele 命令用来删除指定的邮件（注意：dele 命令只是给邮件做删除标记，只有在执行 quit 命令之后，邮件才会被真正删除）
top	top *n m* 参数 *n*、*m* 不可省略，*n* 为邮件编号，*m* 为行数	top 命令有两个参数，形如 top *n m*。其中，*n* 为邮件编号，*m* 是要读出邮件正文的行数，如果 *m*=0，则只读出邮件的邮件头部分
noop	noop 无须参数	noop 命令执行后，POP3 服务器不做任何事，仅返回一个正确响应"+OK"
quit	quit 无须参数	quit 命令执行后，telnet 断开与服务器的连接，系统进入更新状态

7. 用户邮件目录/var/spool/mail

可以在邮件服务器 Server01 上查看用户邮件，确保邮件服务器已经正常工作。postfix 在 /var/spool/mail 目录中为每个用户分别建立单独的文件用于存放每个用户的邮件，这些文件的名称和用户名是相同的。例如，邮件用户 user3@long60.cn 的文件是 user3。

```
[root@Server01 ~]# ls    /var/spool/mail
bob rpc user1 user2 user3 user4 yangyun
```

8. 邮件队列

邮件服务器配置成功后，就能够为用户提供电子邮件的发送服务了，但如果接收这些邮件的服务器出现问题，或者因为其他原因导致邮件无法安全到达目的地，而发送的 SMTP 服务器又没有保存邮件，这封邮件就可能会"失踪"。无论是谁都不愿意看到这样的情况，所以 postfix 采用了邮件队列来保存这些发送不成功的邮件，而且服务器会每隔一段时间重新发送这些邮件。通过 mailq 命令来查看邮件队列的内容。

```
[root@Server01 ~]# mailq
```

邮件队列的说明如下。

- Q-ID：表示此邮件队列的编号（ID）。
- Size：表示邮件的大小。
- Q-Time：邮件进入/var/spool/mqueue 目录的时间，并且说明无法立即传送的原因。
- Sender/Recipient：发件人和收件人的邮件地址。

如果邮件队列中有大量的邮件，那么请检查邮件服务器是否设置不当，或者是否被当作了转发邮件服务器。

任务 11-4 使用 Cyrus-SASL 实现 SMTP 认证

为了确保邮件服务器不会成为广告和垃圾邮件的传播中转站，需要开启邮件的转发功能。无论是本地域内的不同用户，还是与远程域用户之间的邮件通信，都要求邮件服务器开启转发功能。为了防止未经授权的访问，我们采用了 SMTP 认证的方法（SMTP 认证机制是通过 Cyrus-SASL 软件包来实现的），该方法要求用户在使用 SMTP 服务器发送邮件之前，必须提供有效的用户名和密码。简而言之，只有在成功提供了用户名和密码后，用户才能登录 SMTP 服务器并发送邮件。这种做法有效地防止了垃圾邮件散播者的滥用。

实例：建立一个能够实现 SMTP 认证的服务器，邮件服务器和 DNS 服务器的 IP 地址是 192.168.10.1，客户端 Client1 的 IP 地址是 192.168.10.20。首先按任务 11-3 完成前 4 步的配置工作，接下来的具体配置步骤如下。

1. 编辑认证配置文件

（1）安装 Cyrus-SASL 软件。

```
[root@Server01 ~]# dnf install cyrus-sasl -y
```

（2）查看、选择、启动和测试所选的密码验证方式。

```
[root@Server01 ~]# saslauthd -v                        //查看支持的密码验证方式
saslauthd 2.1.27
authentication mechanisms: getpwent kerberos5 pam rimap shadow ldap httpform
[root@Server01 ~]# vim /etc/sysconfig/saslauthd        //将密码验证机制修改为 shadow
FLAGS=
MECH=shadow
// 使用 MECH=shadow 来指定本地用户验证机制。这将使用本地系统的 shadow 密码文件进行用户认证
[root@Server01 ~]# vim /usr/lib/systemd/system/saslauthd.service
......
ExecStart=/usr/sbin/saslauthd -m /run/saslauthd -a shadow $FLAGS //将 pam 改为 shadow
......
[root@Server01 ~]# ps aux | grep saslauthd             //查看 saslauthd 进程是否已经运行
root      11012 0.0  0.0 213284  896 pts/0   S+  17:53  0:00 grep --color=auto saslauthd
[root@Server01 ~]# systemctl restart saslauthd
[root@Server01 ~]# setsebool -P allow_saslauthd_read_shadow on
[root@Server01 ~]# testsaslauthd -u user3 -p '12345678' //测试 saslauthd 的认证功能
0: OK "Success."                                       //表示 saslauthd 的认证功能已起作用
```

（3）编辑 smtpd.conf 文件，使 Cyrus-SASL 支持 SMTP 认证。

```
[root@Server01 ~]# vim /etc/sasl2/smtpd.conf
pwcheck_method: saslauthd
mech_list: plain login
log_level: 3                              //记录 log 的模式
saslauthd_path:/run/saslauthd/mux         //设置 SMTP 寻找 Cyrus-SASL 的路径
```

2. 编辑 main.cf 文件，使 postfix 支持 SMTP 认证

（1）在默认情况下，postfix 并没有启用 SMTP 认证。要让 postfix 启用 SMTP 认证，就必须在 main.cf 文件中添加如下配置（放在文件最后）。

```
[root@Server01 ~]# vim /etc/postfix/main.cf
smtpd_sasl_auth_enable = yes                  //启用 Cyrus-SASL 作为 SMTP 认证
smtpd_sasl_security_options = noanonymous     //禁止采用匿名登录方式
broken_sasl_auth_clients = yes
//兼容早期非标准的 SMTP 认证（如 OutlookExpress 4.x）
smtpd_recipient_restrictions = permit_sasl_authenticated, reject_unauth_destination
                                              //允许 SMTP 认证的用户，拒绝没有认证的用户
```

最后一句设置基于收件人地址的过滤规则，允许通过 SMTP 认证的用户向外发送邮件，拒绝不是发往默认转发和默认接收的连接。

（2）重新载入 postfix 服务，使配置文件生效（防火墙、端口、SELinux 的设置同前文内容）。

```
[root@Server01 ~]# postfix check
[root@Server01 ~]# postfix start; postfix reload
[root@Server01 ~]# systemctl  restart  saslauthd
[root@Server01 ~]# systemctl  enable  saslauthd
```

3. 测试普通发信验证

```
[root@Client1 ~]# telnet mail.long60.cn 25
Trying 192.168.10.1...
Connected to mail.long60.cn.
Escape character is '^]'.
220 mail.long60.cn ESMTP Postfix
helo long60.cn
250 mail.long60.cn
mail from:user3@long60.cn
250 2.1.0 Ok
rcpt to:23126653@qq.com
554 5.7.1 <23126653@qq.com>: Relay access denied        //未认证，所以拒绝访问，发送失败
```

4. 通过命令行页面测试 postfix 的 SMTP 认证（使用域名来测试）

（1）由于前文采用的用户身份认证方式不是明文方式，所以要先通过 printf 命令计算出用户名和密码的相应编码。

```
[root@Server01 ~]# printf "user3" | openssl base64
dXNlcjM=                                //用户名 user3 的 Base64 编码
[root@Server01 ~]# printf "12345678" | openssl base64
c29ubml5YTIyLCw=                        //密码 12345678 的 Base64 编码
```

（2）通过字符终端测试认证发信。

```
[root@Client1 ~]# telnet 192.168.10.1 25
Trying 192.168.10.1...
Connected to 192.168.10.1.
Escape character is '^]'.
220 mail.long60.cn ESMTP Postfix
helo localhost                          //告知客户端地址
250 mail.long60.cn
Auth login                              //声明开始进行 SMTP 认证登录
334 VXNlcm5hbWU6                        // "Username:" 的 Base64 编码
dXNlcjM=                                //输入 user3 用户名对应的 Base64 编码
334 UGFzc3dvcmQ6
c29ubml5YTIyLCw=                        //用户密码 12345678 的 Base64 编码，前后不要加空格
235 2.7.0 Authentication successful     //通过了身份认证
mail from:user3@long60.cn
250 2.1.0 Ok
rcpt to:23126653@qq.com
250 2.1.5 Ok
data
354 End data with <CR><LF>.<CR><LF>
This a test mail!
.
250 2.0.0 Ok: queued as A9EE9C02A1A     //经过身份认证后的发信成功
```

```
quit
221 2.0.0 Bye
Connection closed by foreign host.
```

5. 在客户端启用认证支持

当服务器启用认证机制后，客户端也需要启用认证支持。以 Outlook 2010 为例，在图 11-5 所示的对话框中一定要勾选"我的发送服务器(SMTP)要求验证"，否则不能向其他域的用户发送邮件，只能给本域内的其他用户发送邮件。

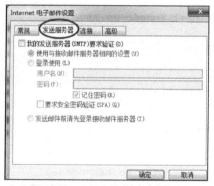

图 11-5 在客户端启用认证支持

11.4 企业实战与应用

11.4.1 企业环境及需求

企业采用两个网段和两个域来分别管理内部员工，team1.smile60.cn 域采用 192.168.10.0/24 网段，team2.smile60.cn 域采用 192.168.20.0/24 网段，DNS 及 postfix 邮件服务器的地址是 192.168.30.3。postfix 应用案例网络拓扑如图 11-6 所示。

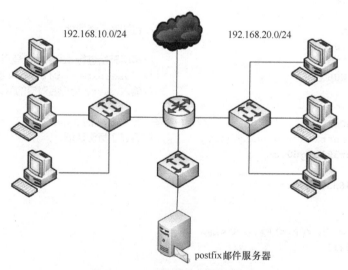

图 11-6 postfix 应用案例网络拓扑

要求如下。

（1）员工可以自由收发内部邮件并且能够通过邮件服务器往外网发邮件。

（2）设置两个邮件群组 team1 和 team2，确保发送给 team1 的邮件，team1.smile60.cn 域内的成员都可以收到；同理，发送给 team2 的邮件，team2.smile60.cn 域内的成员都可以收到。

（3）禁止主机 192.168.10.88 使用 postfix 邮件服务器。

11.4.2　需求分析

要求（1）中设置员工自由收发内部邮件，可以参考任务 11-1 中的相关内容，如果需要邮件服务器把邮件发到外网，则需要设置 Access 文件。

要求（2）需要设置别名来实现群发功能。

要求（3）需要在 Access 文件中拒绝（REJECT）192.168.10.88。

11.4.3　解决方案

特别声明：由于实验原因，用 postfix 邮件服务器代替路由器，postfix 邮件服务器安装的 3 块网卡为 ens32、ens34 和 ens35，IP 地址分别为 192.168.10.3、192.168.20.3 和 192.168.30.3。还必须在 postfix 邮件服务器上设置路由，并开启路由转发功能（3 块网卡的网络连接模式可以都设为 VMnet1）。

1. 配置路由器

（1）增加两个网络接口（在虚拟机中添加硬件——网络适配器），并设置 IP 地址、子网掩码和 DNS 服务器的地址（192.168.30.3）。

（2）增加 IP 转发功能。

```
#启动 IP 转发
[root@Server01 ~]# vim /proc/sys/net/ipv4/ip_forward
……
net.ipv4.ip_forward=1
……
[root@Server01 ~]# sysctl -p
[root@Server01 ~]# cat /proc/sys/net/ipv4/ip_forward
1                      //这是重点，说明 IP 转发已经启动
```

2. 配置 DNS 服务器

（1）配置 DNS 服务器主配置文件 named.conf（options 部分省略，按常规要求配置即可，完整的配置文件见 www.ryjiaoyu.com 或向编者索要）。

```
[root@Server01 ~]# vim     /etc/named.conf
……
zone "smile60.cn" IN {
    type    master;
    file        "smile60.cn.zone";
};
zone "30.168.192.in-addr.arpa" IN {
    type        master;
    file        "3.30.168.192.zone";
};
```

```
zone "team1.smile60.cn" IN {
      type     master;
      file     "team1.smile60.cn.zone";
};
zone "10.168.192.in-addr.arpa" IN {
      type     master;
      file     "3.10.168.192.zone";
 };
zone "team2.smile60.cn" IN {
      type     master;
      file     "team2.smile60.cn.zone";
};
zone "20.168.192.in-addr.arpa" IN {
      type     master;
      file     "3.20.168.192.zone";
 };
#include "/etc/named.zones";          //注意注释该句, 清除前面 DNS 的影响
```

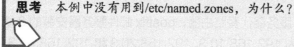

思考 本例中没有用到/etc/named.zones，为什么？

（2）配置/var/named/smile60.cn.zone 正向解析区域声明文件（只显示必需的部分）。

```
$TTL 1D

@       IN     SOA     smile60.cn. root.smile60.cn. (
                2013121400   ; Serial
                28800        ; Refresh
                14400        ; Retry
                3600000      ; Expire
                86400 )      ; Minimum
@             IN          NS          dns.smile60.cn.
dns           IN          A           192.168.30.3
@             IN          MX      5   mail.smile60.cn.
mail          IN          A           192.168.30.3
```

（3）配置/var/named/3.30.168.192.zone 反向解析区域声明文件。

```
$TTL    86400
@       IN     SOA     30.168.192.in-addr.arpa. root.smile60.cn. (
                2013120800      ; Serial
                28800        ; Refresh
                14400        ; Retry
                3600000      ; Expire
                86400 )      ; Minimum
@             IN          NS          dns.smile60.cn.
3             IN          PTR         dns.smile60.cn.
@             IN          MX      5   mail.smile60.cn.
3             IN          PTR         mail.smile60.cn.
```

（4）配置/var/named/team1.smile60.cn.zone 正向解析区域声明文件。

```
$TTL 1D
@       IN     SOA     team1.smile60.cn. root.team1.smile60.cn. (
```

```
               2013121400    ; Serial
               28800        ; Refresh
               14400        ; Retry
               3600000      ; Expire
               86400 )      ; Minimum
@         IN     NS                  dns.team1.smile60.cn.
dns       IN     A                   192.168.10.3
@         IN     MX        5         mail.team1.smile60.cn.
mail      IN     A                   192.168.10.3
```

（5）配置/var/named/3.10.168.192.zone 反向解析区域声明文件。

```
$TTL    86400
@       IN     SOA      10.168.192.in-addr.arpa.  root.team1.smile60.cn. (
                       2013120800     ; Serial
                       28800          ; Refresh
                       14400          ; Retry
                       3600000        ; Expire
                       86400 )        ; Minimum
@       IN         NS                 dns.team1.smile60.cn.
3       IN         PTR                dns.team1.smile60.cn.
@       IN         MX        5        mail.team1.smile60.cn.
3       IN         PTR                mail.team1.smile60.cn.
```

（6）配置/var/named/team2.smile60.cn.zone 正向解析区域声明文件。

```
$TTL 1D
@       IN     SOA      team2.smile60.cn.  root.team2.smile60.cn. (
                       2013121400     ; Serial
                       28800          ; Refresh
                       14400          ; Retry
                       3600000        ; Expire
                       86400 )        ; Minimum
@         IN     NS                   dns.team2.smile60.cn.
dns       IN     A                    192.168.20.3
@         IN     MX        5          mail.team2.smile60.cn.
mail      IN     A                    192.168.20.3
```

（7）配置/var/named/3.20.168.192.zone 反向解析区域声明文件。

```
$TTL    86400
@       IN     SOA      20.168.192.in-addr.arpa.  root.team2.smile60.cn. (
                       2013120800     ; Serial
                       28800          ; Refresh
                       14400          ; Retry
                       3600000        ; Expire
                       86400 )        ; Minimum
@       IN         NS                 dns.team2.smile60.cn.
3       IN         PTR                dns.team2.smile60.cn.
@       IN         MX        5        mail.team2.smile60.cn.
3       IN         PTR                mail.team2.smile60.cn.
```

（8）修改 DNS 域名解析的配置文件。

使用 vim 编辑/etc/resolv.conf 文件，将 nameserver 的值改为 192.168.30.3。

（9）重启 named 服务，使配置生效。

3. 安装 postfix 软件包，配置/etc/postfix/main.cf（配置文件的其他内容同任务 11-1）

```
myhostname = mail.smile60.cn
mydomain = smile60.cn
mydestination = $myhostname, localhost.$mydomain, $mydomain  //设置为邮件服务器应接收
//邮件的域名列表，否则服务器上无法接收邮件
relay_domains = smile60.cn              //允许中继的收件人地址
smtpd_client_restrictions = check_client_access hash:/etc/postfix/access
//特别注意：只有增加这一行，访问控制的过滤规则才生效，配合/etc/postfix/access 才有效
```
删除或注释任务 11-4 增加的支持 SMTP 认证的 4 条语句。
```
#smtpd_sasl_auth_enable = no
#smtpd_sasl_security_options = noanonymous
#broken_sasl_auth_clients = yes
#smtpd_recipient_restrictions = permit_sasl_authenticated, reject_unauth_destination
```

4. 群发邮件设置

（1）设置别名。

aliases 文件的格式为：

```
真实用户账号: 别名1,别名2
[root@Server01 ~]# vim /etc/aliases
team1:    Client1,client2,client3
team2:    clienta,clientb,clientc
```

（2）使用 newaliases 命令生成 aliases.db 数据库文件。

```
[root@Server01 ~]# newaliases
```

5. 配置访问控制的 Access 文件

（1）修改/etc/postfix/access 文件。

在统信 UOS V20 中编辑修改/etc/postfix/access 文件，以实现 postfix 邮件服务器所在主机的用户可以任意发送邮件而不需要任何身份验证。

（2）生成 Access 数据库文件（地址前面不能有空格，中间使用"Tab"键隔开地址与 OK）。

```
[root@Server01 ~]# vim  /etc/postfix/access
127.0.0.1            OK
192.168.10           OK
192.168.20           OK
192.168.30           OK
192.168.10.88        REJECT
[root@Server01 ~]# postmap  hash:/etc/postfix/access
```

6. 配置 dovecot 软件包（POP3 和 IMAP）

请参见任务 11-2。

7. 创建用户，建立保存邮件的目录

```
[root@Server01 ~]# groupadd   team1
[root@Server01 ~]# groupadd   team2
[root@Server01 ~]# useradd   -g   team1    client1
[root@Server01 ~]# useradd   -g   team1    client2
[root@Server01 ~]# useradd   -g   team1    client3
[root@Server01 ~]# useradd   -g   team2    clienta
[root@Server01 ~]# useradd   -g   team2    clientb
[root@Server01 ~]# useradd   -g   team2    clientc
```

```
[root@Server01 ~]# passwd    client1
[root@Server01 ~]# passwd    client2
[root@Server01 ~]# passwd    client3
[root@Server01 ~]# passwd    clienta
[root@Server01 ~]# passwd    clientb
[root@Server01 ~]# passwd    clientc
[root@Server01 ~]# mkdir -p /home/Client1/mail/.imap/INBOX
[root@Server01 ~]# mkdir -p /home/client2/mail/.imap/INBOX
[root@Server01 ~]# mkdir -p /home/client3/mail/.imap/INBOX
[root@Server01 ~]# mkdir -p /home/clienta/mail/.imap/INBOX
[root@Server01 ~]# mkdir -p /home/clientb/mail/.imap/INBOX
[root@Server01 ~]# mkdir -p /home/clientc/mail/.imap/INBOX
```

8. 启动 postfix 邮件服务、设置防火墙、开放端口、设置 SELinux 等

```
[root@Server01 ~]# systemctl restart    postfix
[root@Server01 ~]# systemctl restart    dovecot
[root@Server01 ~]# setsebool  -P  allow_postfix_local_write_mail_spool  on
[root@Server01 ~]# firewall-cmd --permanent --add-service=dns
[root@Server01 ~]# firewall-cmd --permanent --add-service=smtp
[root@Server01 ~]# firewall-cmd --permanent --add-service=telnet
[root@Server01 ~]# firewall-cmd --permanent --add-port=110/tcp
[root@Server01 ~]# firewall-cmd --permanent --add-port=143/tcp
[root@Server01 ~]# firewall-cmd --permanent --add-port=25/tcp
[root@Server01 ~]# firewall-cmd --reload
```

9. 测试端口

使用 netstat –ntla 命令测试是否开启 SMTP 的 25 端口、POP3 的 110 端口及 IMAP 的 143 端口。

```
[root@Server01 ~]# netstat  -ntla |grep :25
[root@Server01 ~]# netstat  -ntla |grep :110
[root@Server01 ~]# netstat  -ntla |grep :143
```

10. 在 192.168.30.0/24 网段测试

测试客户端的网络设置如下。

IP 地址为 192.168.30.110/24，默认网关为 192.168.30.3，DNS 服务器地址为 192.168.30.3。

（1）邮件发送与接收测试。

在统信 UOS V20 客户端（192.168.30.110）使用 telnet 命令，分别用 client1 和 client2 测试邮件的发送与接收。测试过程如下（发件人为 client1@smile60.cn，收件人为 client2@smile60.cn）。

```
[root@Client1 ~]# telnet 192.168.30.3 25          //利用 telnet 命令连接邮件服务器的 25 端口
Trying 192.168.30.3...
Connected to 192.168.30.3.
Escape character is '^]'.
220 mail.smile60.cn ESMTP Postfix
helo smile60.cn                      //利用 helo 命令向邮件服务器表明身份
250 mail.smile60.cn
mail from:"client1"<client1@smile60.cn>     //设置邮件标题以及发件人地址。其中邮件标题
                                     //为 client1，发件人地址为 client1@smile60.cn
250 2.1.0 Ok
rcpt to:client2@smile60.cn           //利用 rcpt to 命令输入收件人的地址
250 2.1.5 Ok
```

251

```
data                                        // data 表示要求开始写邮件内容了。当输入 data 命令按
                                            // "Enter"键后，会提示以一个单行的 "."结束邮件
354 End data with <CR><LF>.<CR><LF>
Client1 TO Client2! A test mail!
.                                           // "."表示结束邮件内容。千万不要忘记输入 "."
250 2.0.0 Ok: queued as C52B36FC9
Quit                                        //退出 telnet 命令
221 2.0.0 Bye
Connection closed by foreign host .
```

（2）在服务器检查 client2 的收件箱。

在服务器利用 mail 命令检查 client2 的收件箱。在本地登录服务器，在统信 UOS V20 命令行下，使用 mail 命令可以发送、收取用户的邮件。

```
[root@Server01 ~]# dnf install mailx -y
[root@Server01 ~]# mail -u client2
Heirloom Mail version 12.5 6/20/10.  Type ? for help.
"/var/mail/client2": 1 messages 1 new
>N  1 client1@smile60.cn   Mon May 29 09:10 10/357
& 1                                    //如果要阅读电子邮件，则选择邮件编号，按"Enter"键确认
Message  1:                            //选择了 1
From client1@smile60.cn  Sun Aug  5 22:08:24 2018
Return-Path: <client1@smile60.cn>
X-Original-To: client2@smile60.cn
Delivered-To: client2@smile60.cn
Status: R

Client1 TO Client2! A test mail!              //查看到的邮件内容

& quit
Held 1 message in /var/mail/client2& 1
```

（3）群发测试。

① 发件人为 client1@smile60.cn，收件人为 team1@smile60.cn。

在客户端使用 telnet 命令进行测试。

```
[root@Client1 ~]# telnet mail.smile60.cn 25
Trying 192.168.30.3...
Connected to mail.smile60.cn.
Escape character is '^]'.
220 mail.smile60.cn ESMTP Postfix
helo smile60.cn
250 mail.smile60.cn
mail from:client1        //省略域名
250 2.1.0 Ok
rcpt to:team1            //群发地址，同样省略域名
250 2.1.5 Ok
data
354 End data with <CR><LF>.<CR><LF>
发件人: client1@smile60.cn, 收件人: team1@smile60.cn
.
250 2.0.0 Ok: queued as 2ECFB6EE5
```

```
quit
221 2.0.0 Bye
Connection closed by foreign host.
```

② 在客户端检查 client1、client2 和 client3 的收件箱。在客户端 Client1 上查看 client3 用户。

```
[root@Client1 ~]# telnet mail.smile60.cn 110
Trying 192.168.30.3...
Connected to mail.smile60.cn.
Escape character is '^]'.
+OK [XCLIENT] Dovecot ready.
user client3                    //用户名
+OK
pass sonniya22,,                //输入用户对应的密码
+OK Logged in.
list
+OK 1 messages:
1 315
.
retr 1
+OK 315 octets
Return-Path: <client1@smile60.cn>
X-Original-To: team1
Delivered-To: team1@smile60.cn
Received: from smile60.cn (unknown [192.168.30.110])
        by mail.smile60.cn (Postfix) with SMTP id 2ECFB6EE5
        for <team1>; Mon, 29 May 2023 09:17:57 +0800 (CST)

发件人: client1@smile60.cn, 收件人: team1@smile60.cn
.
quit
+OK Logging out.
Connection closed by foreign host.
[root@Client1 ~]#
```

（4）在服务器进行测试。

client2 和 client3 用户类似。在服务器可以看到 team1 组成员的邮箱已经收到 192.168.30.0/24 网段中 client1 用户发送的邮件。测试命令如下（team1 包含 client1、client2、client3）。

```
[root@Server01 ~]# mail -u client1
[root@Server01 ~]# mail -u client2
[root@Server01 ~]# mail -u client3
```

11. 在 192.168.10.0/24 网段进行接收测试

（1）测试客户端的网络设置。

IP 地址为 192.168.10.110/24，默认网关为 192.168.10.3，DNS 服务器地址为 192.168.30.3。

按要求更改客户端的 IP 地址信息，默认网关、DNS 服务器地址等一定要设置正确，保证客户端与 192.168.30.3、192.168.10.3 和 192.168.20.3 的通信畅通。

（2）邮件接收测试（在客户端 Client1 上）。

分别用 client2 和 client3 接收邮件，测试成功。下面的代码以 client2 为例。

```
[root@Client1 ~]# telnet mail.smile60.cn 110
Trying 192.168.30.3...
```

```
Connected to mail.smile60.cn.
Escape character is '^]'.
+OK [XCLIENT] Dovecot ready.
user client2
+OK
pass sonniya22,,                      //输入设置账户的密码
+OK Logged in.
list
+OK 2 messages:
1 314
2 315
.
retr 2
+OK 315 octets
Return-Path: <Client1@smile60.cn>
X-Original-To: team1
Delivered-To: team1@smile60.cn
Received: from smile60.cn (unknown [192.168.30.110])
        by mail.smile60.cn (Postfix) with SMTP id 2ECFB6EE5
        for <team1>; Mon, 29 May 2023 09:17:57 +0800 (CST)

发件人：client1@smile60.cn，收件人：team1@smile60.cn
.
```

（3）邮件群发测试。

下面由 team1.smile60.cn 域向 team2.smile60.cn 用户成员群发邮件。

发件人为 client1@smile60.cn，收件人为 team2@smile60.cn。

① 利用 telnet 命令在客户端进行群发测试，如图 11-7 所示。

team2 成员用户会收到 3 封邮件。

② 在服务器上测试。在服务器上查看用户收件箱，如图 11-8 所示（只显示 clientb）。

```
[root@Server01 ~]# mail    -u    clienta
[root@Server01 ~]# mail    -u    clientb
[root@Server01 ~]# mail    -u    clientc
```

图 11-7　在客户端进行群发测试

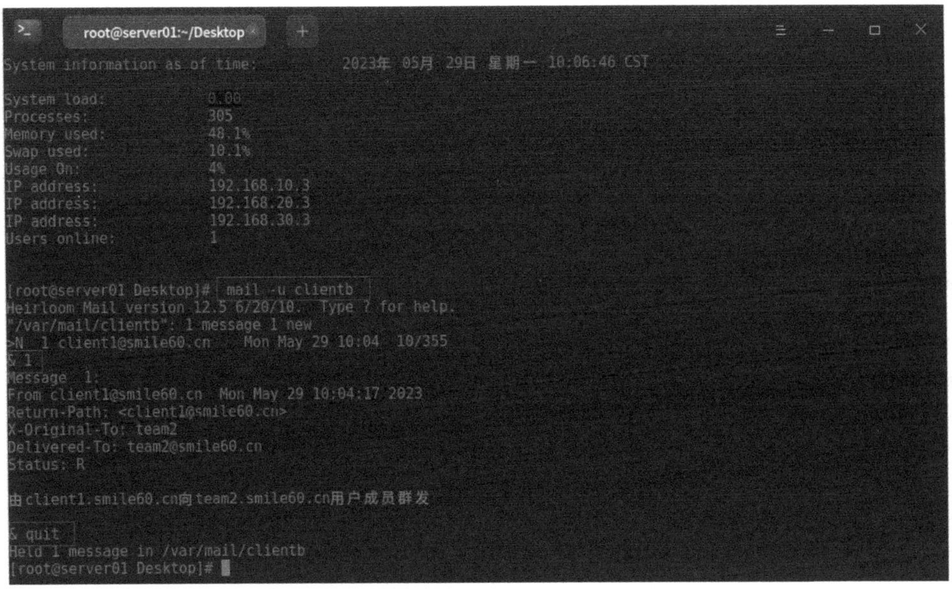

图 11-8　在服务器上查看用户收件箱

12. 在 192.168.20.0/24 网段测试

分别在相应客户端利用 Outlook 进行接收邮件的测试，这里不详述（类似前文的设计，请读者自行设计和测试，相当于换个地址段再测试一次）。

下面由 client1.smile60.cn 向 team2.smile60.cn 用户成员群发邮件。

13. 在 192.168.10.88/24 和 192.168.10.99/24 上测试

在主机 192.168.10.88 上进行测试（将 Client1 计算机的 IP 地址改为 192.168.10.88/24，DNS 服务器地址为 192.168.30.3，默认网关为 192.168.10.3）。

最后测试禁止主机 192.168.10.88 使用 postfix 邮件服务器功能。

① 在 192.168.10.88 上发送邮件，发现主机不能使用 postfix 邮件服务器功能。

```
[root@Client1 ~]# telnet 192.168.10.3 25
Trying 192.168.10.3...
Connected to 192.168.10.3.
Escape character is '^]'.
220 mail.smile60.cn ESMTP Postfix
helo smile60.cn
250 mail.smile60.cn
mail from:Client1
250 2.1.0 Ok
rcpt to:client2
554 5.7.1 <unknown[192.168.10.88]>: Client host rejected: ACCESS(5)     //拒绝！
```

② 在 192.168.10.99（DNS 服务器地址为 192.168.30.3，默认网关为 192.168.10.3）上发送邮件，成功。

```
[root@Client1 ~]# telnet 192.168.10.3 25
Trying 192.168.10.3...
Connected to 192.168.10.3.
Escape character is '^]'.
220 mail.smile60.cn ESMTP Postfix
```

```
helo smile60.cn
250 mail.smile60.cn
mail from:team1
250 2.1.0 Ok
rcpt to:team2
250 2.1.5 Ok
data
354 End data with <CR><LF>.<CR><LF>
Team1 TO team2!!
.
250 2.0.0 Ok: queued as 23FCD6EE5
quit
221 2.0.0 Bye
Connection closed by foreign host.
```

11.5 postfix 排错

postfix 功能强大，但其程序代码非常庞大，配置也比较复杂，而且与 DNS 等组件密切关联，一旦某一环节出现问题，就可能导致邮件服务器出现错误。

11.5.1 无法定位邮件服务器

客户端使用 MUA 发送邮件时，如果收到无法找到邮件服务器的信息，则表明客户端没有连接到邮件服务器，这很有可能是因为 DNS 解析失败。如果出现该问题，则可以在客户端和 DNS 服务器上寻找问题。

1. 客户端

检查客户端配置的 DNS 服务器的 IP 地址是否正确、可用，统信 UOS V20 用户检查/etc/reslov.conf 文件，Windows 用户查看网卡的 TCP/IP 属性，再使用 host 命令尝试解析邮件服务器的域名。

2. DNS 服务器

打开 DNS 服务器的 named.conf 文件，检查邮件服务器的区域配置是否完整，并查看其对应的区域文件的 MX 资源记录。一切确认无误，再重新进行测试。

11.5.2 身份验证失败

对于开启了邮件认证的服务器，saslauthd 服务如果出现问题未正常运行，则会导致邮件服务器认证失败。在收发邮件时，若频繁提示输入用户名及密码，则检查 saslauthd 是否开启，排除该错误。

11.5.3 邮箱配额限制

客户端使用 MUA 向其他用户发送邮件时，如果收到的信息为 Disk quota exceeded 系统退信，则表明接收方的邮件空间已经达到磁盘配额限制。这时，接收方必须删除垃圾邮件，或者由管理员增加使用空间，才可以正常接收电子邮件。

11.5.4　邮件服务器配置的注意事项

（1）一定要把 DNS 服务器配置好，保证 DNS 服务器和 postfix 邮件服务器、客户端通信畅通。

（2）关闭防火墙或者让防火墙放行（服务或端口）。

（3）建议将 SELinux 的 setenforce 设为 0 或 Permissive，或者使用如下命令进行设置。

```
setsebool  -P  allow_postfix_local_write_mail_spool  on
setsebool  -P  allow_saslauthd_read_shadow  on
```

（4）注意各网卡在虚拟机中的网络连接模式，这也是在通信中极易出错的地方。先保证通信畅通，再配置。

（5）注意几个配置文件之间的关联，以及各实例前后的联系，为了不让各实训互相影响，可以恢复到初始状态再配置另一个实例，这对全书都适用！

11.6　拓展阅读　国产操作系统"银河麒麟"

你了解国产操作系统银河麒麟 V10 吗？国产操作系统银河麒麟 V10 面世引发了业界和公众关注。这一操作系统不仅可以充分适应"5G 时代"的需求，其独创的 Kydroid 技术还支持海量安卓应用，将 300 余万款安卓适配软硬件无缝迁移到国产平台。银河麒麟 V10 作为国内安全等级最高的操作系统之一，是首款具有内生安全体系的操作系统，成功打破了相关技术的封锁与垄断，有能力成为承载国家基础软件的安全基石。

银河麒麟 V10 的推出，让人们看到了我国在国产操作系统方面与日俱增的技术实力和不断攀登科技高峰的坚实脚步。

核心技术从来不是别人给予的，必须依靠自主创新。从 2019 年 8 月华为发布自主操作系统鸿蒙，到 2020 年银河麒麟 V10 面世，我国操作系统正加速走向独立创新的发展新阶段。当前，麒麟操作系统在政府、金融、通信等很多领域得到规模化应用，采用这一操作系统的机构和企业已经超过 1 万家。这一数字证明，麒麟操作系统已经获得了市场一定程度的认可。只有坚持开放兼容，让操作系统与更多产品适配，才能推动产品更新迭代，让用户拥有更好的使用体验。

操作系统的自主发展是一项重大而紧迫的课题。实现核心技术的突破，需要多方齐心合力、协同攻关，为创新创造营造更好的发展环境。不久前，国务院印发《新时期促进集成电路产业和软件产业高质量发展的若干政策》，从财税政策、研究开发政策、人才政策等 8 个方面提出了 37 项举措。只有瞄准核心技术埋头攻关、不断释放政策"红利"，助力我国软件产业从价值链中低端向高端迈进，才能为高质量发展和国家信息产业安全插上腾飞的"翅膀"。

11.7　项目实训　配置与管理 postfix 邮件服务器

1.　项目实训目的
- 能熟练完成企业 POP3 邮件服务器的安装与配置。
- 能熟练完成企业邮件服务器的安装与配置。

- 能熟练测试邮件服务器。

2. 项目背景与任务

企业需求：企业需要构建自己的邮件服务器供员工使用；该企业已经申请了域名 long60.cn，要求企业内部员工的邮件地址为 username@long60.cn 格式。员工可以通过浏览器或者专门的客户端软件收发邮件。

任务：假设邮件服务器的 IP 地址为 192.168.10.2，域名为 mail.long60.cn。请构建 POP3 和 SMTP 服务器，让局域网中的用户可以收发电子邮件；邮件要能发送到 Internet 上，同时 Internet 上的用户也能把邮件发到企业内部用户的邮箱。

3. 项目实训内容

（1）复习 DNS 在邮件中的使用。

（2）练习统信 UOS V20 下邮件服务器的配置方法。

（3）使用 telnet 进行邮件的发送和接收测试。

4. 做一做

完成项目实训，检查学习效果。

11.8 练习题

一、填空题

1. 电子邮件地址的格式是 user@server.com。一个完整的电子邮件由 3 部分组成，第 1 部分代表_____，第 2 部分是_____，第 3 部分是_____。

2. 统信 UOS V20 中的电子邮件系统包括 3 个组件：_____、_____和_____。

3. 常用的与电子邮件相关的协议有_____、_____和_____。

4. SMTP 默认工作在 TCP 的_____端口，POP3 默认工作在 TCP 的_____端口。

二、选择题

1. 用来将电子邮件下载到客户端的协议是（　　）。

A. SMTP　　　　B. IMAP4　　　　C. POP3　　　　D. MIME

2. 利用 Access 文件设置邮件中继需要生成新的 access.db 数据库文件，生成新的 access.db 数据库文件需要使用命令（　　）。

A. postmap　　　B. m4　　　　C. access　　　D. macro

3. 用来控制 postfix 邮件服务器邮件中继的文件是（　　）。

A. main.cf　　　B. postfix.cf　　　C. postfix.conf　　D. access.db

4. 邮件转发代理也称为邮件转发服务器，邮件转发代理可以使用 SMTP，也可以使用（　　）。

A. FTP　　　　B. TCP　　　　C. UUCP　　　　D. POP

5. （　　）不是电子邮件系统的组成部分。

A. 邮件用户代理　　　　　　　　B. 代理服务器

C. 邮件传送代理　　　　　　　　D. 邮件投递代理

6. 在 Linux 操作系统中可使用的 MTA 服务器有（　　）。

A. postfix　　　B. qmail　　　C. IMAP　　　D. sendmail

项目 11
配置与管理 postfix 邮件服务器

7. postfix 的主配置文件是（　　　）。

A. postfix.cf　　　B. main.cf　　　C. access　　　D. local-host-name

8. Access 数据库中的访问控制操作有（　　　）。

A. OK　　　B. REJECT　　　C. DISCARD　　　D. RELAY

9. 默认的邮件别名数据库文件是（　　　）。

A. /etc/names　　　　　　　　B. /etc/aliases

C. /etc/postfix/aliases　　　　D. /etc/hosts

三、简答题

1. 简述电子邮件系统的组成。

2. 简述电子邮件的传输过程。

3. 电子邮件服务与 HTTP、FTP、NFS 等服务模式的最大区别是什么？

4. 电子邮件系统中，MUA、MTA、MDA 这 3 种服务角色的用途分别是什么？

5. 能否让 dovecot 服务程序限制允许连接的主机范围？

6. 如何定义用户别名邮箱以及让其立即生效？如何设置群发邮件？

11.9 实践习题

1. 动手操作任务 11-2 中的 postfix 应用案例。

2. 假设邮件服务器的 IP 地址为 192.168.10.3，域名为 mail.smile60.cn。请构建 POP3 和 SMTP 服务器，让局域网中的用户可以收发电子邮件；邮件要能发送到 Internet 上，同时 Internet 上的用户也能把邮件发到企业内部用户的邮箱。设置邮箱的最大容量为 100MB，收发邮件的大小最大为 20MB，并提供反垃圾邮件功能。

系统安全与故障排除（电子活页视频一）

X-1 慕课

项目实录 进程管理与系统监视

X-2 慕课

项目实录 配置与管理 firewall 防火墙

X-3 慕课

项目实录 配置与管理 VPN 服务器

X-4 慕课

项目实录 OpenSSL 及证书服务

X-5 慕课

项目实录 配置与管理 Web 服务器（SSL）-1

X-6 慕课

项目实录 配置与管理 Web 服务器（SSL）-2

X-7 慕课

项目实录 使用 Cyrus-SASL 实现 SMTP 认证

X-8 慕课

项目实录 实现邮件 TLS-SSL 加密通信

X-9 慕课

项目实录 排除系统和网络故障

千丈之堤，以蝼蚁之穴溃；百尺之室，以突隙之烟焚。

——《韩非子·喻老》

拓展提升（电子活页视频二）

XI-1　慕课

项目实录　熟练
使用 Linux
基本命令

XI-2　慕课

项目实录　使用
vim 编辑器

XI-3　慕课

项目实录　安装
和管理软件包

XI-4　慕课

项目实录　配置
与管理 chrony
服务器

XI-5　慕课

项目实录　实现
shell 编程

XI-6　慕课

项目实录　管理
lvm 逻辑卷

XI-7　慕课

项目实录　管理
动态磁盘

XI-8　慕课

项目实录　管理
文件权限

XI-9　慕课

项目实录　管理
文件系统

XI-10　慕课

项目实录　管理
用户和组

XI-11　慕课

项目实录　安装 Linux
Nginx MariaDB PHP(LEMP)

吾尝终日而思矣，不如须臾之所学也。——《劝学》

参 考 文 献

[1] 杨云, 林哲. Linux 网络操作系统项目教程（RHEL 8/CentOS 8）（微课版）[M]. 4 版. 北京: 人民邮电出版社, 2022.

[2] 杨云, 林哲. Linux 网络操作系统项目教程（RHEL 7.4/CentOS 7.4）（微课版）[M]. 3 版. 北京: 人民邮电出版社, 2019.

[3] 杨云. RHEL 7.4 & CentOS 7.4 网络操作系统详解[M]. 2 版. 北京: 清华大学出版社, 2019.

[4] 杨云, 唐柱斌. 网络服务器搭建、配置与管理——Linux 版（微课版）[M]. 3 版. 北京: 人民邮电出版社, 2019.

[5] 杨云, 魏尧, 王雪蓉.网络服务器搭建、配置与管理——Linux（RHEL 8/CentOS 8）（微课版）[M]. 4 版. 北京: 人民邮电出版社, 2022.

[6] 杨云, 戴万长, 吴敏. Linux 网络操作系统与实训[M]. 4 版. 北京: 中国铁道出版社, 2020.

[7] 赵良涛, 姜猛, 肖川, 等. Linux 服务器配置与管理项目教程（微课版）[M]. 北京: 中国水利水电出版社, 2019.

[8] 鸟哥. 鸟哥的 Linux 私房菜 基础学习篇[M]. 4 版. 北京: 人民邮电出版社, 2018.

[9] 刘遄. Linux 就该这么学[M]. 北京: 人民邮电出版社, 2017.

[10] 刘晓辉, 张剑宇, 张栋. 网络服务搭建、配置与管理大全（Linux 版）[M]. 北京: 电子工业出版社, 2009.

[11] 陈涛, 张强, 韩羽. 企业级 Linux 服务攻略[M]. 北京: 清华大学出版社, 2008.

[12] 曹江华. Red Hat Enterprise Linux 5.0 服务器构建与故障排除[M]. 北京: 电子工业出版社, 2008.

[13] 夏栋梁, 宁菲菲. Red Hat Enterprise Linux 8 系统管理实战[M]. 北京: 清华大学出版社, 2020.

[14] 鸟哥. 鸟哥的 Linux 私房菜——服务器架设篇[M]. 3 版. 北京: 机械工业出版社, 2012.

[15] 黄君羡, 刘伟聪, 黄道金.信创服务器操作系统的配置与管理（统信 UOS 版）[M]. 北京: 电子工业出版社, 2022.